Matthias Kolbusa
Konsequenz!

MATTHIAS KOLBUSA

KONSE QUENZ

Management ohne Kompromisse
Führen mit Klarheit und Aufrichtigkeit

ARISTON

Bibliografische Information der Deutschen Bibliothek

Die Deutsche Bibliothek verzeichnet diese Publikation in der Deutschen
Nationalbibliografie; detaillierte bibliografische Daten sind im Internet
unter http://dnb.ddb.de abrufbar.

Verlagsgruppe Random House FSC® N001967

© 2017 Ariston Verlag in der Verlagsgruppe Random House GmbH,
Neumarkter Straße 28, 81673 München
Alle Rechte vorbehalten

Redaktion: Michael Schickerling
Umschlaggestaltung: Hauptmann und Kompanie, Zürich
Satz: Satzwerk Huber, Germering
Druck und Bindung: GGP Media GmbH, Pößneck
Printed in Germany

ISBN: 978-3-424-20137-6

*Dieses Buch ist meiner wunderbaren Familie
und meinen engsten Freunden gewidmet.
Ohne sie hätte ich mich nie zu dem Menschen
entwickelt, der ich heute bin.*

Inhalt

Das Konsequenz-Prinzip:
Was wir warum tun

Als Führungskraft wird es Ihnen sicher nicht an Herausforderungen mangeln. Deutschlands Wirtschaft brummt. Es gibt viel zu tun, und die meisten von uns ackern an vielen Fronten zugleich. Wir machen und tun, schieben diese Maßnahme an und führen jenes Projekt durch, arbeiten mehr, als wir sollten oder wollen, steigen auf oder halten die Stellung. Wir fordern Mitarbeiter und werden gefordert. Wir kooperieren mit Kollegen oder setzen uns mit ihnen auseinander. In den meisten unserer Unternehmen läuft es mit und dank uns rund. Und dennoch laufen zu viele Projekte und Vorhaben aus dem Ruder und irgendwann gegen die Wand oder verschwinden stillschweigend in der Schublade. Trotz all der guten Zahlen ist es diese Unproduktivität, sind es diese Misserfolge und nicht genutzten Chancen, die ich leid bin, sowohl in internationalen Unternehmen als auch im Mittelstand fortwährend zu erleben. Wir wissen doch eigentlich, was zu tun ist, aber wir tun es nicht. Warum? Als langjähriger Unternehmer und Berater vermisse ich eines immer wieder: Konsequenz! Im Denken und im Handeln.

Als Sie zu diesem Buch griffen, zog Sie das Wort »Konsequenz« wahrscheinlich nicht nur wegen der roten Buchstaben an. Was bedeutet es Ihnen, konsequent zu sein? Als Manager, aber auch als Freund und Partner? Etwa zu seinen eigenen Worten zu stehen? Unangenehme Entscheidungen zu treffen, Ihr Kind notfalls zu bestrafen, Mitarbeiter anzutreiben oder im Zweifelsfall gar zu entlas-

sen? Die eigene Organisation oder ein Projekt knallhart weiterzuentwickeln?

Eines vorweg: Verwechseln Sie Konsequenz nicht mit Härte!

Einen ersten Eindruck davon, was ich mit Konsequenz meine und
wie vielfältig ich dieses Prinzip interpretiere, geben Ihnen die folgenden Fragen, deren Beantwortung sicher nicht auf der Hand liegt:

- Orientieren Sie sich an Plänen und Meilensteinen? Oder han-
  deln Sie konsequent ergebnisorientiert?
- Lassen Sie andere nur aussprechen? Oder sind Sie konsequent
  offen für andere Meinungen?
- Genießen Sie Ihren Erfolg? Oder genießen Sie konsequent Ihre
  Aufgabe?
- Machen Sie klare Ansagen? Oder vermitteln Sie konsequent Er-
  wartungen und sorgen für die notwendigen Bedingungen zur
  Umsetzung?
- Treffen Sie Verabredungen, wer was bis wann zu erledigen hat?
  Oder sorgen Sie konsequent für Verbindlichkeit?
- Wünschen Sie sich eine konstruktive Streitkultur? Oder sagen
  Sie konsequent, was es zu sagen gilt?

Wie konsequent sind Sie? Eine gar nicht so einfache Frage für jeden
von uns, auch für mich selbst. Dieses Buch gibt Ihnen darauf keine
fertigen Antworten, aber jede Menge Inspiration zum Weiterden-
ken und Reflektieren Ihrer eigenen Persönlichkeit als Mensch und
besonders als Führungskraft. Wie Sie genau mit diesem Buch arbeiten können, erfahren Sie im nächsten Kapitel, der Gebrauchs-
anleitung.

Aber vielleicht wollen Sie zuerst wissen, was gerade mich dazu bewegt, mehr Konsequenz von Ihnen einzufordern? Ich, ein Unternehmer und Berater Mitte vierzig, der die meiste Zeit seines Lebens selbst alles andere als konsequent war. Was alleine schon ein

Grund ist, warum ich mich mehr als andere mit diesem Thema ausgiebig beschäftigt habe.

Meine Ehefrau, die mich vor fast fünfundzwanzig Jahren während meines Studiums kennenlernte, meinte einmal zu mir, dass sie sich bei unserem ersten Treffen niemals hätte vorstellen können, einen Menschen wie mich zu heiraten. Wer ich damals war?

Ein durchaus zielstrebiger Student der Informatik und Wirtschaftswissenschaften, der noch vor seinem Abschluss von einer großen Beratungsgesellschaft als Senior-Berater fest angestellt wurde. Dann die Gründung der eigenen Firma. Mit Ende zwanzig ein Beratungshaus mit dreißig Mitarbeitern. Ein Überperformer wie aus dem Lehrbuch.

Was nicht nur meine Frau damals in mir sah? Einen selbstverliebten Ehrgeizling, der viel auf seine scheinbare unbestechliche Rationalität hielt, zugleich aber aufbrausend, ungeduldig, misstrauisch, immer wieder auch neidisch war, in hohem Maße statusbedürftig, getrieben vom Wunsch nach Anerkennung durch Bekannte und Kollegen. Kurz gesagt: in den meisten Momenten meines damaligen Lebens hochgradig unzufrieden.

Man könnte sagen, ein unangenehmer Charaktermix – und damit die besten Voraussetzungen für beruflichen Erfolg. Schließlich belohnt unser System nicht selten solche Eigenschaften. Ich nenne hier nur Steve Jobs, mit dem ich mich, auch was die beruflichen Leistungen angeht, in keiner Weise vergleichen will. Aber dennoch: Angenehme Typen sehen anders aus.

Und doch war und bin ich, so viel sei gesagt, empfindsam gegenüber anderen und dem, was Menschen bewegt. Immer im Ringen mit mir selbst, ohne aber den Schlüssel zur Erkenntnis und persönlichen Weiterentwicklung allzu schnell in die Hand zu bekommen. Das begann sich erst zu ändern, als ich Menschen kennenlernte, die wie meine Frau aus ganz anderen Kulturkreisen kommen und die ich heute zu meinen besten Freunden zähle. Echte Freunde bringen uns zum Reflektieren über uns selbst. Mit ihren neuen Perspektiven auf Werte wie Vertrauen, Loyalität, Anerkennung oder Demut stellten sie mich auf ehrliche, aufrichtige Weise infrage. Und ich wich diesen Fragen nicht aus.

Dabei halfen mir auch große Philosophen wie Immanuel Kant oder Mark Aurel und all die anderen Denker der östlichen und westlichen Hemisphäre, deren Denkansätze ich suche, die ich immer wieder zur Hand nehme, um für mich selber mehr Klarheit zu bekommen.

Würde ich mich heute als weiser und reifer bezeichnen? Sicher. Aber bin ich auch weise und reif? Auf keinen Fall. Sobald jemand das von sich behauptet, ist er unreif. Als ich vor einigen Jahren trotz meines großen beruflichen Arbeitspensums noch vehement Triathlon trainierte – Hunderte Kilometer Schwimmen, Tausende Radfahren und Laufen im Jahr –, kam mir nicht in den Sinn, warum ich mir das eigentlich antat. Obwohl ich zu dieser Zeit dachte, mich persönlich gehörig weiterentwickelt zu haben. Meist ist es doch so, dass wir erst im Nachhinein unser unreifes Motiv erkennen.

Reifer zu werden bedeutet für mich zu wissen, warum wir uns wie verhalten. Schauen wir der Fratze Wahrheit immer wieder ins Gesicht und versuchen, die Werte und Motive hinter dem zu erkennen, was wir oder andere tun. Manchmal entlarven wir uns dabei, entdecken, wie lächerlich wir uns verhalten haben. Hart ins Gericht gehen müssen wir deshalb nicht mit uns, sondern wohlwollend konsequent mit uns und unseren Mitmenschen umgehen. Perfekt werden wir dennoch nie sein. Das macht uns Menschen aus und auf der anderen Seite auch so liebenswürdig. Wollen wir als Manager mit uns selbst zufrieden sein, Wirkung erzeugen, ist die Entwicklung von mehr Reife eine unabdingbare, notwendige Bedingung dafür. Nur reife Führungskräfte können für nachhaltige Produktivität und Innovationsstärke sorgen.

Was bedeutet diese Reife in Form von Konsequenz im Miteinander? Mit Klienten, Mitarbeitern, Kollegen und Freunden? Mein Motto: Handele stets so, dass du mehr Menschen nützt als schadest. Das schließt ein, dass ich nicht jedem Menschen, auf den ich treffe, nur Vorteile bringe. Selbst wenn ich es versuchen würde: Konsequentes Verhalten, vor allem im Management, bedeutet Klarheit, Aufrichtigkeit und hin und wieder auch Kompromisslosigkeit. Dementsprechend versuche ich mich zu verhalten.

Die Folge: In meinem eigenen Führungsalltag wie auch bei der Beratung von Managern stoße ich auch immer auf Ablehnung, gar Widerstand. Die Menschen unterstellen mir Arroganz und auch teils eine unangenehme Klarheit. Doch was Ihnen widerfährt, ist Konsequenz.

Das für viele Menschen Irritierende daran: Ich betrachte schonungslos, was uns Menschen bewegt und antreibt. Mit Sozialromantik und jeder Form der Schönfärberei kann ich nichts anfangen. Ob im alltäglichen Miteinander, dem Entwickeln von Strategien oder der Umsetzung von Themen: Es geht mir darum, auf den Kern dessen zu kommen, was konsequentes Management ausmacht. Und das zu erkennen, was uns, so wie wir Menschen eben sind, häufig dabei im Wege steht und wie wir in unserer Unperfektheit doch ergebnisorientiert, klar und aufrichtig, also konsequent, sein können.

Dafür begegne ich auch scheinbar weichen Themen des Miteinanders mit scharfer, glasklarer Logik. Mit einem mathematisch geschulten Geist, der mit großer Empathie einhergeht. Ich bin der Überzeugung, dass wir gerade schwammige, unklare Begriffe wie Macht, Angst oder Zuverlässigkeit für uns greifbar und anwendbar machen müssen, wollen wir klar und konsequent mit uns und anderen umgehen. Indem wir ein Phänomen durchdenken und für unser Handeln konkretisieren.

Ein Beispiel. Treffe ich auf jemanden, der sich gegen jede Abmachung zu einem Workshop zum zweiten Mal nicht vorbereitet hat, dann zögere ich nicht, zu dieser Person vor allen anderen Teilnehmern zu sagen:»Ich halte Ihr Verhalten für unzuverlässig. Sie können an diesem Workshop nicht teilnehmen.« Klingt das hart? Sicher. Der Betroffene ist beschämt. Ich folge dabei aber nur einem für mich klar definierten Wert von Verlässlichkeit und Verbindlichkeit.

Was ist die Folge? Mit der Zeit gewöhnen sich Menschen an diese Konsequenz und, oh Wunder, sie verändern ihr Verhalten und genießen die Zusammenarbeit immer mehr. Denn jetzt werden Zusagen eingehalten, Projekte laufen, man kommt zu Ergebnissen, Entscheidungen werden umsichtiger getroffen und konsequenter umgesetzt. Auch ein größeres gegenseitiges Vertrauen erwächst daraus. Eine Haltung der Konsequenz ist im ersten Moment unangenehm, mit der Zeit aber das Beste, was uns selbst und anderen widerfahren kann.

Ich wünsche Ihnen, dass die Reflexionen dieses Buches für Sie zum Anstoß werden. Nicht als wortgetreue Blaupause zur eigenen Veränderung, sondern als ein Angebot zur Selbstreflexion. Im besten Fall entwickeln Sie Ihre ganz eigene Definition von Konsequenz.

Gebrauchsanleitung

Dieses Buch beschäftigt sich mit einer Vielzahl von Fragen, Situationen und Phänomenen, auf die Sie im Managementalltag eine Antwort finden müssen oder wollen. Für Sie selbst und für andere, Ihre Mitarbeiter und Kollegen.

Wie sorgen Sie etwa in einem Projekt für Leidenschaft? Wie gehen Sie überhaupt mit all den Emotionen um, die vieles so kompliziert machen? Wann müssen Sie Widerstand aushalten? Und wo lassen Sie auch mal fünfe gerade sein? Wie schaffen Sie es, mehr Verbindlichkeit und Verlässlichkeit zu erzeugen, wenn Ihre Kollegen kaum mehr einen Termin einhalten? Und wie kommt es zu so etwas wie einer Unternehmenskultur? Wie verhalten Sie sich auf internen Kriegsschauplätzen? Und was verteidigen Sie dort?

Mit diesem Buch liefere ich Ihnen keine fertigen Antworten. Kein Einmaleins des Managements. Keinen Werkzeugkasten voller einsatzbereiter Instrumente, mit denen Sie jede Führungssituation meistern. Dafür sind Unternehmen, Menschen und die Situationen, die uns herausfordern, immer wieder und jedes Mal viel zu unterschiedlich! Vor allem möchte ich mit dem, was ich schreibe, nicht recht haben, sondern Sie zum Nachdenken anregen. Aus der Überzeugung heraus: Je reflektierter wir im Management sind, desto weiser werden wir und desto reifer und besser werden die Entscheidungen, die wir jeden Tag treffen.

Die in diesem Buch enthaltenen Reflexionen sollen Sie nicht nur als Führungskraft, sondern als Mensch ansprechen. Somit finden Sie in *Konsequenz!* neben grundsätzlichen Managementphänomenen auch eine Menge über Ehre, Mitgefühl, Mut, Demut oder Kameradschaft und viele weitere Werte, mit denen wir uns auseinandersetzen können, um zu reifen, an Charakter zu gewinnen oder diesen zu schärfen.

Nehmen Sie dieses Buch zur Hand, wenn Sie sich mit Führung oder Führungssituationen beschäftigen. Wenn Sie Anregungen suchen, ein wenig hinter den Vorhang blicken, sich Zusammenhänge auf neue Art und Weise erschließen wollen. Dieses Buch ist ein Angebot zur Reflexion: Durch ungewöhnliche Perspektiven auf vermeintlich etablierte Sichtweisen. Durch das Vertiefen ins Wesentliche. Durch das Aufdecken und den Umgang mit den unvermeidlichen Widersprüchen unseres Alltags. Es bietet Ihnen alltägliche Beispiele und, daraus abgeleitet, kleine und große Erkenntnisse, die Sie in Ihren Ansichten vielleicht herausfordern oder auch bestätigen. Im besten Fall werden die vielfältigen Managementreflexionen Sie inspirieren und auf neue Ideen und Wege bringen. Die Kernfrage dabei: Was zeichnet konsequentes Management aus, bei dem wir mit einer ausgesprochenen Klarheit und Fokussierung ans Werk gehen?

Diese Frage lässt sich nur aus einem Zusammenspiel zahlreicher Werte und Prinzipien beantworten. Ein Grund dafür, wieso dieses Buch in der folgenden Struktur verfasst ist: ein Netz von ineinander verflochtenen und zueinander in Beziehung stehenden Reflexionen. Als genau diese betrachte ich die einzelnen Kapitel dieses Buches.

Das Buch ist so aufgebaut, dass Sie einen beliebigen Einstiegspunkt wählen können. Steigen Sie ein, wo Sie möchten, lassen Sie ihre Gedanken schweifen. In jeder Reflexion finden sich Verweise, die Sie, wenn Sie das wollen, zu anderen Reflexionen führen. So können Sie sich diesem Fluss hingeben, um sich Ihre eigenen Gedanken zu notieren, Ableitungen vorzunehmen. Bis zur nächsten Gelegenheit, wenn Sie sich etwa fragen, worauf es beim Thema Feedback wirklich ankommt oder wie Rahmenbedingungen für konsequentes Management gestaltet werden müssen. Sie werden feststellen, dass das Buch je nach Situation und Phase, in der Sie sich selber befinden, anders mit Ihnen spricht.

Lassen Sie dieses Buch Ihren alltäglichen Managementbegleiter in ruhigen Minuten sein. Oder vor schwierigen Situationen, um sich der wirklich relevanten Aspekte bewusst zu werden. Oder nutzen Sie es, wenn Sie das Gefühl haben, festgefahren zu sein, und die notwendige Gelassenheit oder einen größeren Wirkungsgrad für sich entwickeln möchten.

Folgende Einstiegsmöglichkeiten möchte ich Ihnen je nach Bedarf anbieten:

1. Sollte es Ihnen ähnlich wie mir gehen, dass sie es leid sind, Leute ständig an Dinge erinnern zu müssen, steigen Sie ein beim Kapitel Zuverlässigkeit (38).
2. Wenn Sie an Agilität, Steigerung der Wettbewerbsstärke und einer echten Streitkultur in diesem Sinne interessiert sind, lohnt sich für Sie das Kapitel Mut (76).
3. Wenn Ihnen die unendlichen Meeting-Arien auf die Nerven gehen, dann nehmen Sie sich bitte als Erstes das Kapitel Rechthaberei (14) vor und fahren bei Meeting (36) fort.
4. Wenn Sie damit zu kämpfen haben, dass aus einer guten Strategie einfach nichts werden will, ein Projekt nicht so in die Gänge kommt, wie Sie es sich vorgestellt haben, dann beschäftigen Sie sich am besten mit Leidenschaft (8) und Erwartungen (17).
5. Arbeitet man in Ihrem Unternehmen mehr gegeneinander als miteinander und richtet die eigene Energie nicht auf den Kampf mit dem Wettbewerber, steigen Sie bei Krieg (65) ein.

Was Ihr Ansporn oder Anspruch auch sein mag: Machen Sie sich Ihre eigenen Gedanken. Nur daraus kann echte Konsequenz erwachsen!

Teil 1:
Konsequent gegen Ziellosigkeit

In jungen Jahren erlebte ich etwas, was zu vielen von uns ein Leben lang verwehrt bleibt. Als ich mit vierzehn Jahren mein erstes Unternehmen gründete, geschah dies aus reiner Passion: Ich wollte allein auf mich gestellt eine Software für Architekturbüros entwickeln. Anders als im Schulalltag ließ ich mich dabei nicht gedankenlos hin und her treiben. Entscheidend war, dass ich die Architekten förmlich vor mir sah, wie sie vor ihren Bildschirmen saßen und mit meinem Produkt arbeiten, wie sie ihre Zeitpläne einrichten, sich abstimmen würden. Allein dieses Bild ließ mich Berge versetzen – und das auf einem Gebiet, wo ich bei Weitem nicht so firm war, wie ich vorgab. Und dennoch schaffte ich es. Weil sich Sinn, Leidenschaft, Ehrgeiz und auch Arroganz verbanden und mich in meiner Arbeit versinken ließen. Dabei hielt ich mich nicht ängstlich an meinen bisherigen Erfahrungen fest, sondern wollte unbedingt Neuland betreten. Auch lähmte mich nicht das Schuldgefühl, meine Schulaufgaben zu vernachlässigen – ich tat es einfach.

Es ist schwer, eine Tätigkeit und ein Ziel zu finden, das zu uns passt, für das wir vorbehaltlos brennen, das wir direkt ansteuern. Würde ich vor meinem inneren geistigen Auge nicht sehen, was ich schaffen will – sei es, wie ich beim Ironman über die Ziellinie renne oder wie die umgesetzte Strategie bei einem Klienten konkret aussehen wird –, ich würde es nie wirklich konsequent und damit vollkommen auf dieses Zielbild gerichtet erreichen können.

Umso schwieriger ist es, wenn wir nicht nur für uns selber eine absolute Klarheit für das anzustrebende Ziel und den Zielzustand haben möchten, sondern für eine ganze Organisation oder zumindest für erfolgsentscheidende Mitarbeiter. In allen Projekten rund um Strategie oder Veränderung in den letzten zwanzig Jahren verzweifelte ich schier daran, Menschen hinter einer Idee zu vereinigen. Immer mehr habe ich dabei gelernt, dass das Engagement von Menschen nicht durch Logik und Überzeugungskraft zu haben ist, sondern einzig durch ihre Emotionen ausgelöst wird, sei es Leidenschaft oder auch Angst, die sie mit einem Ziel verbinden. Das Auslösen der Emotionen gelingt nur, wenn wir immer wieder versuchen, den angestrebten Ergebniszustand so konkret, so bildhaft, so stimulierend wie möglich im Kopf unseres Gegenübers entstehen zu lassen und ihn dann konsequent zu verfolgen.

In Teil 1 setze ich mich damit auseinander, was uns bei all dem Aktivitätenzirkus im Unternehmensalltag Orientierung verschafft, aber auch die Sicht vernebelt und uns vom Weg abbringt: etwa das Kleinklein von Kontrolle, Rechthaberei und Schuldzuweisungen, in denen wir uns zu oft verlieren, und indem wir Dinge anfangen, die ins Stocken geraten oder gar komplett versanden. Seien Sie gespannt, welche Rolle unsere Erwartungen spielen oder Faktoren wie Disziplin und das Durchhalten im Angesicht des klaren, aber noch fernen Zieles. Und entdecken Sie, wie eine unmissverständliche Sprache, die sich nicht hinter Abstraktionen versteckt, konsequent jeder Ziellosigkeit Einhalt gebietet.

Rahmen: Das Grundsätzliche klären

 **Sinn**

Es ist die Frage aller Fragen, eine, die uns im Leben in unterschiedlichen Situationen umtreibt, uns mit Melancholie erfüllt oder uns mit unendlicher Energie versorgt, wenn wir eine – wenn auch nur vorläufig – klare Antwort darauf haben: Welchen Sinn hat unser Leben? Worin liegt der Sinn bei dem, was wir gerade tun? Die Suche oder auch nur die Sehnsucht nach Sinn zeichnet uns Menschen aus. Eine Sehnsucht, mit der Buchläden ganze Regale füllen.

Aber ergibt diese ganze vorgebliche Sinnsucherei überhaupt einen Sinn? Haben Sie schon einmal eine Antwort auf die Frage gefunden, warum Sie auf der Welt sind, indem Sie tagelang darüber sinniert haben, am besten ganz weit weg in Indien? Wahrscheinlich nicht. Denn Sinn entsteht erst durch die Tätigkeit selbst, das schlichte Tun also, das Anfangen und Weitermachen. Wenn wir mittendrin sind, ein neues Produkt zu entwickeln, an Details feilen, Ideen ausprobieren, uns mit anderen darüber auszutauschen, dann stellen wir uns nicht die Frage, ob das jetzt sinnvoll ist. Genauso wenig wie wir den Sinn einer Beziehung hinterfragen, wenn wir diese aktiv leben, wenn wir intensive Gespräche führen, Freude dabei empfinden, uns gegenseitig inspirieren.

Auf die Frage nach dem Sinn kommen wir immer erst, wenn wir anfangen, uns über etwas zu beklagen, oder wenn etwas gewaltig schiefläuft. Sinnfragen sind letztlich emotional getrieben, ausgelöst durch bestimmte Ereignisse. Wie bei der Leiterin des Controllings eines großen Unternehmens, die ich im Rahmen eines Umstrukturierungsprojektes kennenlernte. Die Mittdreißigerin, die kurz zuvor in die Führungsposition aufgestiegen war, arbeitete mit ihrem zehnköpfigen Team monatelang an einem Konzept zur besseren Unternehmenssteuerung. Keine leichte Aufgabe, aber was sie und ihr Team währenddessen erlebten, war pure Handlungsenergie: Jeder der Beteiligten ging in seinem Tun auf, verschrieb sich der gemeinsamen Aufgabe. Kein Gemurre, keine Politik, keine Zweifel (63) an sich selbst oder den anderen. Einfach nur der Sinn im eigenen Tun.

So lange, bis das Ergebnis dem Vorstand vorgelegt wurde, wo die Arbeit kaum Beachtung fand und letztlich im Papierkorb landete. Nach solchen Erlebnissen steigt bei den meisten Menschen unweigerlich aus den Untiefen des eigenen Unterbewusstseins die Sinnfrage wie ein finsterer Geist empor. Von einem auf den anderen Moment hinterfragen wir eine Tätigkeit, deren Wozu und Warum uns bisher nicht beschäftigt hat. Allein schon deshalb, weil wir solch eine negative Erfahrung nicht noch einmal erleben wollen. Der enttäuschten Abteilungsleiterin kam der Sinn und damit jede Motivation abhanden, als Folge kündigte sie. Konsequenterweise! Denn warum sollten wir uns freiwillig Sinnlosigkeit aussetzen?

Doch wer ist in unserem Leben überhaupt für den Sinn verantwortlich? Wer für die Sinnkrise der beschriebenen Führungskraft? Sie selbst, weil sie mit dem niederschmetternden Ergebnis nicht umgehen konnte? Oder der Vorstand, der nichts dafür tat, der Managerin in ihrer Situation Orientierung und damit Halt (67) zu geben?

Sinn zu stiften in Unternehmen, das ist die größte aller Managementherausforderungen. Denn es ist gerade diese unglaubliche Kraft, die dafür sorgt, dass Menschen sich über Gebühr engagieren, in Ihrem Tun aufgehen, mit Leidenschaft (8) für ein Vorhaben brennen. Folglich lohnt es sich, dass Sie sich als Führungskraft damit auseinandersetzen, wie Sie diese im höchsten Maße Produktivitäts-, Innovations- und Wettbewerbsstärke stiftende Kraft bei Kollegen und Mitarbeitern zur Entfaltung bringen.

Zugleich sind Sie als Manager aber nicht dafür da, jedem Mitarbeiter dabei zu helfen, seinem Leben einen tieferen Sinn zu verpassen.

Unternehmen sind keine Therapiezentren. Der Produktionsleiter eines mittelständischen Verpackungsspezialisten kümmerte sich beispielsweise nicht nur um Verarbeitung und Qualität der Kartonage. Der durch seine mitfühlende Art sehr beliebte Mann kannte am Ende auch die gesamten Probleme und persönlichen Schwierigkeiten seiner Mitarbeiter, aus denen er am liebsten noch bessere Menschen gemacht hätte. Doch das ist weder sein Auftrag als Führungskraft noch ist es Ihrer. Und sinnvoll im Rahmen der Wertschöpfung ist es schon gar nicht. Darauf zu achten, dass Menschen bei dem, was sie für uns und unsere Organisation leisten, einen Sinn sehen, um möglichst viel Produktivität zu erleben, das können Sie als Führungskraft dagegen sehr wohl als Aufgabe annehmen. Durch was aber erfahren Menschen bei dem, was sie tun, überhaupt Sinn?

Stellen wir uns nur einmal einen Altenpfleger vor, der an jedem Arbeitstag Enormes leistet, dafür aber oftmals weder eine adäquate Gratifikation noch die Wertschätzung durch Patienten und deren Angehörigen erfährt. In der Regel lässt die Qualität der Pflege sehr bald zu wünschen übrig. Klar, jeder von uns freut sich über Anerkennung. Aber der Altenpfleger braucht für seine Arbeit nicht unbedingt ein Dankeschön. Das allein ist es nicht.

Der Altenpfleger muss sehen, spüren, nicht für die anderen, nur für sich selber: Das, was ich mache, bringt mir und anderen etwas, hat eine positive Wirkung und ergibt damit Sinn. Wenn er sich beispielsweise mit großer Passion um seine Schutzbefohlenen kümmert, sieht, wie sich diese durch sein Zutun in ihrem Bett wohlfühlen. Nicht anders der Gärtner, der beim Anblick einer blühenden Grünanlage den Sinn seiner Handlung erkennt. Er braucht niemanden, der ihm dafür dankt. Und dennoch freut er sich mit seinen Kollegen, wenn er zu Weihnachten ein kleines Präsent erhält.

Oder was ist mit einer Krebsforscherin, die zwanzig Jahre ihres Lebens vergeblich mit der Suche nach einem Heilmittel verbracht hat? Sicher kommt sie immer wieder ins Grübeln. Aber letztlich weiß sie, dass ihre unzähligen Fehlversuche anderen zeigen, welche Wege sie nicht mehr gehen müssen, und damit die Forschergemeinde voranbringen.

Es geht also immer um die Rückkopplung aus dem System, in das wir hineinwirken. Es lohnt sich als Führungskraft, sich mit dieser Frage zu beschäftigen: Woran erkennen Mitarbeiter, dass sie mit ihren Handlungen den erwünschten Effekt erzielen? Denn aus welcher Tätigkeit und welchem Ergebnis diese Sinn schöpfen, das ist individuell höchst unterschiedlich. Indem Sie die Ergebnisorientierung Ihrer Mitarbeiter stärken, erhöhen Sie auch die Sinnhaftigkeit ihrer Tätigkeit. Diese Erfahrung macht Menschen resistenter gegen fachliche und emotionale Herausforderungen.

Da ist der immer gut gelaunte, anpackende Geschäftsführer eines mittelständischen Unternehmens aus dem Sauerland, der über Jahrzehnte hinweg von den Eignern, einer zerstrittenen Unternehmerdynastie, nur misstrauisch drangsaliert wurde. Seine Arbeit bereitete ihm dennoch derart Freude, dass ihn das über Jahre hinweg nicht weiter störte. Doch wie in so vielen Fällen war das Maß irgendwann voll und er fragte sich, worin der Sinn denn hier eigentlich bestünde. Für ihn war das schnell beantwortet: ein Unternehmen, das durch sein Zutun wächst und gedeiht, Mitarbeiter und Kollegen, die auch durch seinen Einsatz wirken und erfolgreich sein konnten. Sinnfrage beendet! Und das trotz fehlender Anerkennung seitens der Eigentümer.

Wirkliche Sinnbefriedigung erfahren wir nur durch das Tun selber und das, was wir an Wirkung sehen. Und genau das ist Ihre Aufgabe: Sorgen Sie dafür, dass Ihre Mitarbeiter aus ihrem Wirkungskontext dieses Sinn-Feedback ziehen können. Es braucht keine große Dankbarkeit oder Wertschätzung. Es genügt, wenn ein

Mitarbeiter erkennt, um wie viel leiser der Motor durch seine Arbeit läuft. Oder um wie viel schneller die Zulieferungen beim Kunden landen. Oder dass einem Mitarbeiter der Beschwerde-Hotline vor Augen geführt wird, dass seine Arbeit den Unterschied zwischen Kundentreue und Wechsel zu einem anderen Anbieter ausmacht. Wollen Sie mehr Leistung, müssen Sie durch klare Ziele und kluge Feedbackschleifen Mitarbeitern die Möglichkeit geben zu sehen, was ihre Arbeit bewirkt, und sie das genießen lassen. Das wirkt viel mehr als alle möglichen Incentivierungs- und Bonifizierungsmechanismen.

Doch der Managementalltag sieht anders aus. Ständig werden alle möglichen Aktivitäten losgetreten. Das führt dazu, dass ich in Organisationen auf Führungskräfte und Mitarbeiter treffe, die aufgrund der mangelnden Priorisierung und unklaren Erwartungen Sinnlosigkeit erleben. Sie fühlen sich wie Schwimmer, die stundenlang im Wasser umherirren. Sie kommen nicht vorwärts, es ist aber unglaublich anstrengend. Wenn es wie bei dem Schwimmer wenigstens eine Trainingseinheit wäre, aber das ist es nicht.

Als Führungskraft wie als Mitarbeiter: Menschen brauchen ein Umfeld, in dem sie schnell Effekte oder eben auch Nichteffekte dessen erkennen, was sie tun. In dem sie Erwartungen (17) an ihre Tätigkeit kennen und annehmen, in dem der Einzelne überhaupt Ergebnisse erreichen kann. Sind Sie an wahrhaftiger Wettbewerbsstärke interessiert, kann es lohnend sein, sich die Schlüsselfunktionen einer Organisation vorzunehmen und darüber nachzudenken: Woraus lässt sich in der jeweiligen Position Sinn schöpfen? Woran sehen Mitarbeiter in unterschiedlichen Bereichen, welchen Beitrag sie leisten? Wie können wir ihnen das vor Augen führen, ohne nur Leistung zu belohnen? Es ist Ihre Aufgabe, dieses Gefühl von Sinn bei möglichst vielen Mitarbeitern zu erzeugen. Nur das führt zu mehr Produktivität!

Es kann dabei hilfreich sein, unterschiedliche Menschen in einer Organisation zu fragen, ob sie das, was sie machen, sinnvoll finden. Diskutieren Sie nicht über das, was Sie zu hören bekommen. Machen Sie sich einfach Notizen und überlegen Sie später, was Ihnen die Aussagen vermitteln. Häufig entdecken Sie so die geheimen, entscheidenden Pfade zu mehr Wettbewerbsstärke.

In dieser Form sinnstiftend zu führen, ist eine schwere Aufgabe. Sie erfordert intensives Nachdenken und Auseinandersetzen mit der eigenen Rolle. Es hilft ungemein, unabhängig von äußeren Einflüssen den eigenen Auftrag im Leben zu finden, wollen Sie der Welt klar gegenübertreten und nicht immer wieder aufs Neue in Fallen von Unzufriedenheit oder gar Gereiztheit tappen.

Denn nur wenn Sie für sich Sinnerfüllung erleben und anderen dazu verhelfen, dies zu erleben, können Sie konsequent managen. Sich selber und andere. Stellen Sie sich ein paar grundlegende Fragen: Was lässt Sie einen wirklich zutiefst zufriedenen Blick auf ein Ergebnis werfen? Brauchen Sie das Lob von anderen? Freuen Sie sich, wenn das eigene Team durch Ihre Art der Führung selbstständig auf Lösungen kommt, die Sie selbst so nie entwickelt hätten? Was gibt Ihnen Zufriedenheit und wie können Sie anderen dieses Gefühl verschaffen, ohne darüber sprechen zu müssen?

Es lohnt sich zu wissen, wer Sie sind und wofür Sie stehen. Wohl wissend, dass sich das im Laufe des Lebens mehrfach ändern wird.

2 Ehrgeiz

Ehrgeiz ist eine menschliche Urleidenschaft. Eine innere Unruhe, die uns unablässig vorwärtstreibt, uns dazu bringt, uns nicht zufriedenzugeben mit dem, was ist. Wo stünden wir als Menschheit, wenn Einzelne nicht davon getrieben wären, mehr erreichen zu wollen als den Status quo? Kaum eine bahnbrechende Erfindung ist ohne den besonderen Ehrgeiz ihres Erfinders denkbar, aber, und das ist die andere Seite von Ehrgeiz, ebenso wenig die grausamsten Kriege unserer Geschichte.

Ehrgeiz ist eine höchst ambivalente Eigenschaft. Ein Streben, das weniger auf den Erwerb materieller Besitztümer, sondern vielmehr auf das Erreichen persönlicher Ziele wie Leistung, Erfolg, Anerkennung, Einfluss (42) oder Macht (41) gerichtet ist. Personalabteilungen erwarten von Führungskräften wie ambitionierte Eltern von ihren Zöglingen einen gesunden Ehrgeiz. Andererseits ist offener, sichtbarer Ehrgeiz verpönt, wenn damit nicht Teamgeist und Empathie einhergehen.

Insbesondere wenn wir von anderen behaupten, sie seien ehrgeizig, erhält diese Zuschreibung einen negativen Beigeschmack. Der oder die sei von Ehrgeiz getrieben, nämlich einem falschen, heißt es dann. Die Trainingspartnerin gebe sich nicht damit zufrieden, einfach mal nur so zum Spaß zu joggen. Der Leiter des anderen Bereiches greife nach dem Budget, das doch im eigenen Projekt viel besser angelegt sei. Ehrgeiz wird zum giftigen Vorwurf. Weil der Ehrgeiz der anderen uns selbst bedroht? Sicher. Und selbst in der scheinbar positiven Feststellung, ein Kollege sei besonders ehrgeizig, schwingt nicht selten ein wenig Neid mit.

Schauen wir uns das Wort »Ehrgeiz« genauer an: Es geht auf die beiden Begriffe »Ehre« und »Gier« zurück. Wir gieren also nach Ehre. Hielt Martin Luther deshalb Ehrgeiz für die Sünde schlechthin? Denn wenn der Mensch, so Luther, die eigene Ehre suche, diene er nicht – wie das Evangelium dies lehrt – seinem Nächsten. Auch Paulus mahnte Demut (59) und Bescheidenheit an.

Differenzierter war der griechische Philosoph Aristoteles, der Ehrgeiz weder als Tugend noch als Laster einordnete. Lob und Tadel, so Aristoteles, würden jeweils im Hinblick auf das Zuviel und das

Zuwenig erteilt. Dabei gehe es um das rechte Maß zwischen den Extremen.

Das richtige Maß finden? Wann wird Ehrgeiz zu etwas Richtigem, wann zu etwas Falschem, das uns und anderen schadet? Ein Beispiel: Wenn eine Mutter ihren sportverrückten Sohn tadelt, dem sie ungesunden Ehrgeiz vorwirft, schwingt sicher eine berechtigte Sorge mit. Ein Trainer aber sieht in der Bereitschaft des jungen Sportlers, über die eigenen Grenzen hinauszugehen, die Grundlage für herausragende Leistungen. Letztlich ist es nicht entscheidend, wie Trainer, Vorgesetzte oder Eltern über uns urteilen. Wir selbst schauen in den Spiegel, um unser eigentliches Motiv hinter unserem Ehrgeiz zu erkennen.

Ein älterer Bekannter von mir, der auf eine erfolgreiche Karriere als Wirtschaftsanwalt zurückblickt und ab und an Unternehmen noch beratend zur Seite steht, wies in geselliger Runde immer wieder darauf hin, was er in letzter Zeit nicht alles Besonderes geleistet hätte, um sich von den Anwesenden bestätigendes Nicken einzuholen. Als er final noch darauf hinwies, das Streben nach Anerkennung mit siebzig Jahren zum Glück längst hinter sich gelassen zu haben, konnte ich ein gut gemeintes Grinsen nicht unterdrücken. Darüber, wie wir Menschen – und da schließe ich mich bewusst ein – uns selbst und anderen immer wieder etwas vormachen. Warum? Weil wir nicht fähig oder bereit dazu sind, die Ursache unseres paradoxen Verhaltens zu entlarven.

Warum etwa streben Sie nach einer höheren Führungsposition? Um mit der wachsenden Machtfülle für das Unternehmen und somit auch für andere einen Beitrag zu leisten? Oder ist es allein des höheren sozialen Status wegen, der Ihnen ein Überlegenheitsgefühl und mehr Anerkennung verspricht?

Jeder der genannten Gründe wäre für sich genommen völlig in Ordnung, solange Sie sich es selbst ehrlich eingestehen. Denn warum sollten wir uns selbst für unser Verhalten verurteilen? Es geht lediglich darum zu beobachten, was uns warum antreibt. Je tiefer wir dabei bohren, desto klarer werden wir uns über den Sinn oder Unsinn unserer Handlungen. Nur wenn wir uns selbst hinterfragen, können wir als Persönlichkeit reifen, stabiler und souveräner werden. Und uns als Führungskraft so steuern, dass die Kompassnadel nicht nur Richtung soziale Anerkennung ausschlägt, sondern auch in Richtung eines echten Beitrags für das Unternehmen.

Klären Sie in puncto Ehrgeiz, was Sie warum erreichen möchten. Indem Sie anhand der eigenen Werte reflektieren, ob Ihnen dies wirklich Befriedigung verschafft oder nur zu einer Entwicklung führt, die in einer unendlichen Unzufriedenheit endet. Wo nach jedem erreichten Ziel das Noch-Mehr und noch mehr steht. Bis Sie sich irgendwann verzweifelt fragen, wozu überhaupt das alles. Machen Sie sich die Mühe, für sich selber herauszuarbeiten, wofür Sie Ehrgeiz entwickeln und auf welche Ziele Sie diesen aus welchem Grunde richten.

Wer sich selbst aufmerksam beobachtet, dem wird es nicht schwerfallen, sein wahres Motiv zu erkennen. Um es entweder zu überwinden oder – auch das ist wichtig – selbstreflektiert dazu zu stehen. Allein durch Letzteres gewinnen Sie an Klarheit in Ihrem Denken und Handeln und werden in Ihren Handlungen konsequenter.

Als ich mit einem Werftmanager über die Gestaltung seiner Führungs- und Steuerungssysteme sprach, erzählte er mir, dass er die besten Schiffe der Welt bauen will. Als im Laufe der nachfolgenden Treffen der Aspekt der Mitarbeiterzufriedenheit ins Spiel gebracht wurde, meinte er, dies sei für ihn nicht relevant. So abschreckend sein unverstellter Ehrgeiz erscheinen mag: Der Manager war mit seinen Motiven durch und durch reflektiert. Er wusste, was er wie erreichen mochte, und stand dazu. Ob seine zum Ausdruck gebrachte Haltung nun richtig oder falsch ist – es wäre müßig, darüber zu streiten. Er hat das für sich geklärt, allein das ist selten.

Zu oft treffe ich auf Führungskräfte, deren Ehrgeiz etwas Künstliches, Aufgesetztes hat. Wenn jemand vorgibt, dass er alles für den Erfolg seiner Mitarbeiter tut, sich im Gespräch aber die antrainierten Floskeln dieser sozial erwünschten Aussage überschlagen. Die Frage ist doch: Handeln wir nach unserem eigenen Motiv oder dem anderer? Woraus speist sich unser Ehrgeiz tatsächlich? Mögen wir das Bild, in das wir dabei blicken, oder wollen wir's überdenken? Ein lohnender Prozess, der zu mehr Klarheit, Fokussierung und folglich konsequenteren Management führt.

Als junger Mensch macht es Sinn, Vorbildern nachzueifern. Dadurch entwickelt sich überhaupt erst Ehrgeiz. Als Erwachsene richten wir unsere Energie darauf aus, im Leben einen eigenen Beitrag zu leisten. Denn nichts ist im Nachhinein frustrierender, als fremden Zielen hinterhergejagt zu haben. Der Sportler, der es nur seinem Trainer recht machen will. Oder die Führungskraft, die Karriere macht, um den Ansprüchen ihres sozialen Umfeldes zu entsprechen. Was für eine Verschwendung von Lebenskraft!

Wer fremdgesteuert wird, kann sich selbst über das Erreichen eines Zieles nur bedingt freuen. Vor allem laugt uns das seelisch mehr aus, als wir uns eingestehen wollen. Die Folge: Irgendwann geben wir frustriert auf. Verzichten auf die Kraft des eigenen Ehrgeizes und stellen damit das persönliche Wachstum ein. Nein, geben Sie sich eigene Ziele, die Ihren gesunden Ehrgeiz entfachen, um vorwärtszukommen.

Was wiederum passiert mit uns, wenn Ehrgeiz unser beständiger, unbarmherziger Begleiter ist? Wer vom Ehrgeiz zerfressen ist, leidet im Falle eines Misserfolgs unendlich. Macht sich unentwegt Vorwürfe. Bestraft sich selbst und lässt andere unter seiner Wut leiden. So entstehen seelische Trümmerfelder, aber kein produktives Umfeld.

Wie reagieren Sie, wenn Sie es bei Ihrer täglichen Laufrunde nicht schaffen, den Läufer vor sich zu überholen? Wie als Bereichsleiter, dessen Konkurrent die Gelder für sein Projekt einstreicht? Wie geht der Chef der Werft damit um, dass der Wettbewerber die Nummer eins bleibt?

Gesunder, denn maßvoller Ehrgeiz ist keine verbissene Angelegenheit. Wir schaffen es nicht, den Jogger vor uns zu überholen, und gönnen uns für unsere Anstrengung danach lustvoll ein Eis. Als Leiter der ambitionierten Werft lassen wir uns nicht von unseren Emotionen leiten, sondern bleiben fokussiert und geduldig, greifen den erfolgreicheren Wettbewerber immer wieder an – ohne unsere Mitarbeiter und uns selbst mit selbstzerstörerischem Arbeitseinsatz in die Verzweiflung zu treiben. Wir leben und arbeiten auf eine Art entspannt und zugleich hoch konzentriert weiter. Ein Glas Wein (82) nach einem nicht gewonnenen Auftrag? Warum denn nicht? Es gilt, sich fürs Engagement zu belohnen, nicht nur für Ergebnisse.

Setzen Sie sich Ziele, hinter denen Sie einen Sinn sehen, und gehen Sie dann im Tun auf. Denn schließlich findet das Leben nur im Moment statt; Ärger und Frustration kosten nur viel Energie, die Sie im aktuellen Moment brauchen, um weiterzuarbeiten und für Ihr Ziel zu kämpfen. Die Haltung dahinter ist eine sportliche. Sie nehmen den Wettbewerb voller Ehrgeiz an, machen aber vom Erfolg nicht Ihre Daseinsberechtigung, das eigene Lebensglück abhängig.

③ Arroganz

Stellen Sie sich vor, da stolziert so ein Hahn von Kollege in das Meeting. Mit geschwellter Brust und lauter Stimme stellt er ausführlich dar, wie er die Situation einschätzt und was seiner Meinung nach zu tun ist. »Was für eine arrogante Person!«, denkt sich der eine oder andere und beobachtet den selbstbewussten Auftritt halb angewidert, halb bewundernd. Mit diesem Gefühl im Magen ist uns gar nicht bewusst, dass wir gerade eine andere Person nicht nur beurteilen, sondern auch verurteilen und dabei uns selbst für besser oder zumindest für »normaler« halten. Genau das sollte uns aber bewusst sein!

Denn vielleicht ist dieser »arrogante Hahn« einfach nur sehr klar und sicher in dem, wie er die Dinge sieht. Vielleicht hat er mit seiner Einschätzung des Problems tatsächlich recht? Vielleicht ist sein herausfordernder Ansatz sehr nützlich, um der Situation Herr zu werden, dem Ziel näher zu kommen? Auf Durchzug zu schalten und uns von einer scheinbar überheblichen Person nichts sagen zu lassen, beraubt uns selbst und unsere Organisation der Chance auf Erkenntnisgewinn. **Wer also meint, nichts mehr dazulernen zu können, ist somit entweder wahrhaft arrogant oder erleuchtet.** Von Letzteren gibt es bekanntlich sehr wenige. Und auch auf Führungskräfte, die sich allein aus Niedertracht (10) oder aufgrund einer narzisstischen Störung (58) überheblich verhalten, treffen wir nicht allzu häufig.

Seien Sie deshalb auf der Hut, wenn Sie jemanden der Arroganz bezichtigen. Dass der andere mehr vorgibt, als er tatsächlich ist, ist letztlich eine Unterstellung. Wenn wir das Verhalten anderer beobachten und nach den eigenen Wertmaßstäben beurteilen, stellen wir unsere Werte automatisch über die des anderen.

Und merken Sie es? Genau: Sie selbst denken und handeln dadurch arrogant. **Die Arroganz gegenüber der vermeintlichen Arroganz ist letztlich nur eine Schutzreaktion, mit der wir unser kleines, bedrohtes Ego im Angesicht des selbstbewussten, vielleicht sehr kompetenten Gegenübers schützen möchten.**

Das eigene Denken und Verhalten zu entlarven, dafür bedarf es echter Größe. Denn sobald Sie sich bewusst werden, dass sich hinter Ihrer Arroganz eine Schwäche verbirgt, braucht es den Mut, diese Schwäche zu nehmen, zu betrachten und zu entscheiden:

Trainiere ich gegen diese Schwäche an oder akzeptiere ich sie nicht nur, sondern umarme sie, weil sie ein Teil von mir ist?

Stellen Sie sich vor, Sie stehen in der nächsten Managementrunde auf und stellen fest: »Konzeptionelles Denken ist nicht meine Stärke. Ich bin gut in der Umsetzung und bringe gerne meine Meinung ein, wenn diese aus eurer Sicht relevant ist.« Und ziehen sich danach zurück und überlassen anderen die Diskussion. Kürzlich erlebte ich solch ein Verhalten von einem Manager eines deutschen Industriekonzerns. Welch ein Zeichen von Größe! Anstatt die eigene Schwäche durch aufgesetzte Arroganz zu kaschieren, was sowieso nicht gelingt und die Kollegen im Nachgang lächelnd kommentieren würden, ist es Ausdruck eines echten, reifen Selbstbewusstseins. Denn: Niemand ist perfekt, niemand kann wirklich vieles richtig gut. Gestehen Sie sich das am besten nicht nur ein, sondern ganz bewusst zu.

Ist arrogantes Denken und Handeln also etwas, das es um jeden Preis zu überwinden gilt? Wenn es darum geht, sich gegenüber anderen herablassend zu verhalten, dann definitiv ja. Aber Arroganz im Sinne von Selbstüberschätzung bedeutet auch, sehr viel von sich selbst zu halten. Arrogante Personen schätzen ihren eigenen Rang, ihren Wert oder ihre Fähigkeiten unrealistisch hoch ein. Ist das so verkehrt?

Für jeden Leistungssportler ist es Routine, sich vorzustellen, wie er den Sprint, die Schwimmbahn, die Formel-1-Strecke sicherer und schneller fährt als jemals zuvor. Wir alle kennen die Bilder von Bobfahrern, wie sie im geistigen Auge den Eiskanal herunterrauschen, und das schneller als zuvor.

Was machen wir dazu im Vergleich als Führungskraft? Trainieren Sie sich etwa mental? Wer setzt sich schon mal hin und entwickelt mit geschlossenen Augen ein Bild davon, wie die Führungsrunde am Montagmorgen ablaufen wird? Welche Fragen auf den Tisch kommen werden? Wem wir wie begegnen? Und zwar besser und souveräner als jemals zuvor? Unser Gehirn unterscheidet nicht, ob es nun wirklich passiert oder nicht. Wenn wir uns also vorstellen, wie wir uns in einer Situation verhalten werden, generieren wir Erfahrungsmuster, die dann greifen, wenn der Montagmorgen da ist. Streng genommen eine Form der Arroganz, die uns und unseren Organisationen sehr nützt. Mentaltraining in dieser Form ist nicht nur im Sport, sondern auch für Führungskräfte ein Weg zum Erfolg.

Fangen Sie an, in diesem Sinne arroganter zu sein. Trainieren Sie mental Situationen, in denen Sie besser, souveräner und ergebnisorientierter sind, als Sie es sonst von sich erwarten. Lassen Sie diese Situationen vor Ihrem geistigen Auge ablaufen. Spüren Sie förmlich, wie sich das anfühlt. Frei nach dem Motto »First fake it, than make it«. **Wenn Sie über sich selbst und den Status quo hinauswachsen wollen, darf Sie die Realität (15) nicht stören.** Eine ordentliche Portion Arroganz ist dabei durchaus hilfreich.

Der vermeintlichen Arroganz der anderen gegenüber aber gilt es sich fair zu verhalten. Nicht zuletzt, weil sich dahinter möglicherweise echte Kompetenz und damit ein satter Erkenntnisgewinn für Sie selbst verbirgt.

Präsenz

Als würde unser Verstand von übermächtigen Kräften unentwegt hin- und hergezogen, sind wir in unseren Gedanken oft überall, nur nicht im Hier und Jetzt. Entweder wir ärgern uns über Vergangenes, das Verhalten eines Freundes oder den verpassten Auftrag. Oder wir sind in der Zukunft unterwegs, machen uns Sorgen darüber, was beim morgigen Treffen der Projektleiter alles schieflaufen könnte. Dabei ist das, was in unserem Kopf an Vergangenem und Zukünftigem herumspukt, in keiner Weise real! **Das einzig Reale in unserem Leben ist der aktuelle Moment.**

Das, was in unseren Köpfen beständig herumspukt, hat wenig zu tun mit dem aktuellen Moment, der aktuellen Tätigkeit, die vor uns liegt, mit der Besprechung, die wir gerade führen. Wir ärgern uns über etwas, machen uns Sorgen und verschwenden dabei nur jede Menge Energie. Einfach abzustellen ist dieses unnütze, unproduktive Verhalten nicht. Machen Sie sich dennoch bewusst, dass Sie damit nicht die Brillanz, Kreativität und Produktivität und zu guter Letzt auch nicht die Gelassenheit an den Tag legen, die Ihnen möglich wäre.

Wie zeigt sich diese mangelnde Präsenz im Alltag? Im Workshop denken wir nicht über das Kärtchen nach, das der Kollege gerade an die Wand heftet, sondern über das, was wir selbst als Nächstes präsentieren werden, und ob wir das schaffen oder besser sein lassen sollten. Oder wir schalten völlig ab und spielen auf unseren Smartphones und Tablets herum. Beim abendlichen Glas Wein mit einem Freund geben wir uns insgeheim den Fantasien vom nächsten Urlaub hin, statt dem Gespräch intensiv zu folgen.

Selbst wenn wir auf ein konkretes Ziel ausgerichtet sind, kommt uns die mangelnde Präsenz in die Quere. Wir sitzen am Schreibtisch und wissen genau, was eigentlich zu tun ist. Jahr, Quartal, Monat und sogar der aktuelle Tag mögen geplant sein. Jetzt steht das Verfassen eines Konzeptes auf der Tagesordnung. Aber damit anfangen? Erst einmal einen Kaffee, dann E-Mails checken und online noch diesen wirklich spannenden Artikel lesen. Voller Konzentration verlieren wir uns in der eigenen Unproduktivität.

In solchen Augenblicken sind wir weder bei der Sache noch bei uns selbst. Dabei lässt uns die Aufgabe, die wir eigentlich jetzt angehen müssten, nicht los. Dementsprechend schlecht fühlen wir uns. Wenn wir wenigstens so konsequent wären, alles liegen zu lassen, um ordentlich zu entspannen! Aber mit unserem Eskapismus, dieser Flucht vor der Realität (15), verschwenden wir Lebenszeit und Energie. Und verzichten damit nicht nur auf Wachstum und Wertschöpfung für uns selbst oder unsere Organisation, sondern wir erholen uns nicht einmal mehr. Unsere abendliche Erschöpfung, sie resultiert aus unserem Ärger, unserer auf die Vergangenheit gerichtete Verzweiflung und die Sorgen darüber, was möglicherweise kommen wird. Beides ist völlig sinnlos, da es Sinn nur im aktuellen Tun gibt.

Es ist nicht leicht, diese ganzen Gedanken, sämtliche Überlegungen, die sich auf die unveränderbare Vergangenheit oder die ungewisse Zukunft richten, abzustellen. Beobachten wir uns, um immer wieder zu dem zurückzukehren, was wir gerade tun. Es lohnt sich, sich bewusst zu machen, dass unser Gedankenchaos uns einen Tag verhageln kann. Letztlich gilt: Sie leben Ihr Leben so, wie Sie Ihre Tage leben. Sorgen Sie also dafür, dass Sie gute Tage haben. Indem Sie sich auf das konzentrieren, was gerade ist, und Ihre Gedanken weder nach vorne noch nach hinten abschweifen lassen.

Das Gute daran: Ob wir essen, lieben, entspannen, Verhandlungen führen, Ideen entwickeln oder einem Kollegen Feedback geben – wer wirklich präsent ist, geht in seinem Tun auf. Dieser unglaublich erfüllende Zustand, wenn alles um uns herum keine Rolle mehr spielt, weil wir alles so hinnehmen, wie es gerade ist. Wir sind im höchsten Maße produktiv – selbst bei einer ungeliebten Tätigkeit. Dafür braucht es gar keinen »Flow«, es braucht einfach den Willen (73), präsent zu sein und zu tun, was zu tun ist.

Bedeutet dies, dass Sie sich keine Gedanken über die Zukunft machen und folglich von jeglicher Planung ablassen können? Nein, auf keinen Fall. Für eine gesunde Ergebnisorientierung gilt es einen Spagat zu meistern. Einerseits sich selbst grundsätzlich Sinn und Ziele zu geben, also – mit absoluter Präsenz – ein Vorhaben in die Zukunft zu denken. Auf der anderen Seite dann diesen Ergebniszustand vor lauter Machen und Tun am besten wieder zu vergessen. Wenn Sie sich einmal entschieden haben, stellen Sie Ihr Vorhaben nicht mehr infrage, sondern schalten auf Autopilot und überlassen sich dem eigenen Tun. Bis Sie geplanterweise in eine Reflexion dessen gehen, was erreicht wurde und wie der weitere Kurs auszusehen hat.

Ob Sie so weit kommen, wie Sie es beabsichtigt haben, bleibt offen. Darum geht es im jeweiligen Moment auch nicht. Es ist vollkommen egal, ob Sie das Konzept wie erwartet fertig schreiben oder nicht. Mehr als unsere Präsenz können wir einer Aufgabe nicht geben. Genießen (82) Sie also Ihre bewusste Gegenwärtigkeit, ohne sich zu grämen, wenn es nicht so schnell vorangeht wie gewünscht.

Schon ein gewisses Urvertrauen in den Fluss der Dinge bewirkt wahre Wunder. Sowohl bei der Planung eines Vorhabens als auch bei der Durchführung. So durfte ich für mich erleben: **Durch die Präsenz im Moment entsteht auch eine Brillanz im Moment – zur richtigen Zeit kommen die richtigen Impulse.** Die Kreativität im entscheidenden Moment, die richtige Eingebung in wichtigen Gesprächen. Und das ist kein Wunder, denn unsere Intuition, diese überlegene Kombination aus Erfahrung und Wissen, lässt die besten Ideen gerade dann aufsteigen, wenn wir selbst in einer Aufgabe, und nur in dieser, versinken. Warum also müllen wir unsere wertvollen Gedanken mit dem ständig kursierenden Ballast (50) aus Sorgen, Hoffnungen, Ärger oder Angst zu? Versuchen Sie, Ihre Gedanken so gut wie nur möglich sauber zu halten!

Sie glauben nicht, dass Sie sich in diesen Zustand hineinbegeben können? Ich kann Ihre Bedenken aus eigener Erfahrung nachvollziehen. Es ist zäh und anstrengend, dieses Trainieren des eigenen inneren Beobachters. Behalten Sie einen Teil Ihrer Aufmerksamkeit bei sich selbst, beobachten Sie, was Sie denken und fühlen, während Sie etwas tun (12). Ohne sich dabei selbst zu be- oder verurteilen, stellen Sie nur fest, wann Sie sich gerade ablenken lassen – und dann holen Sie sich bewusst zurück. Es wird, so zumindest war es bei mir, eine Zeit lang dauern, bis Sie die besagten Effekte erleben, doch der Lohn wiegt diese harte Arbeit an sich selber bei Weitem auf.

Wie präsent sind Sie jetzt in diesem Moment?

Hamsterrad: Darauf kommt es an

⑤ Ergebnisse

»Sagen Sie mal, sind Sie ergebnisorientiert?« Diese scheinbar be-
langlos, ja rhetorisch klingende Frage wird meist mit großer Selbstverständlichkeit bejaht. Es mangelt schließlich weder an Fleiß und
Überzeugung noch an einem überquellenden Terminkalender. Im
Dienste der Sache hetzt jeder von uns von einem Meeting zum
nächsten. Nur viel zu selten fragen wir uns: Wozu eigentlich? Ist das
eigene Beisein im anstehenden Meeting oder Workshop wirklich
notwendig oder lediglich hilfreich? Fördert der morgendliche Gang
durch die Werkshalle die Motivation der Mitarbeiter? Oder ist das
nur eine unreflektierte Routineveranstaltung ohne nennenswerten
Effekt?

**Nur der wohlüberlegte Umgang mit Zeit ist ein klarer Ausdruck
von echter Ergebnisorientierung.** Fragt mich ein Manager auf
dem Flur, ob wir uns morgen für eine Stunde zusammensetzen
könnten, frage ich zurück: »Wozu?« Ich will nicht unhöflich sein,
aber sicherstellen, dass meine Teilnahme notwendig ist und meine
Zeit nicht verplempert wird. Denn Zeit, die eigene und die der anderen, ist unser kostbarstes Gut. Alle unnötigen Aktivitäten gilt es
im unternehmerischen Leistungskontext folglich zu eliminieren.
Dabei ist das Wort »unnötig« bedeutsam!

Ist etwa das CRM-Projekt (zur Verbesserung der Kundenpflege)
notwendig, um den angestrebten Vertriebserfolg herbeizuführen –
oder ist es nur hilfreich? Insbesondere im Nachhinein, wenn Dinge
schon länger laufen, scheuen wir vor dieser Frage, die auf einmal
deutliche Veränderungen in der Ausrichtung oder Gestaltung unserer Projekte zur Konsequenz haben könnte, zurück.

Zu schnell fallen wir aus unserem Aussichtsturm wie durch eine Falltür mitten hinein in den Aktivitätenzirkus und machen fleißig mit. Treiben Projekte voran, vertiefen uns hier in Details, gehen dort in jedes Steuerungsmeeting und verlieren flugs den Überblick. Vor lauter Akteuren und Aktivitäten in der Manege ist das angestrebte Ergebnis nicht mehr zu sehen. Denn sobald uns etwa der Blick auf den starken Wettbewerber oder das eigene, unvorteilhafte Spiegelbild herausfordert, verspüren wir den starken Impuls, daran umgehend etwas zu ändern. Und dann legen wir los, stürzen uns in alle erdenklichen Aktivitäten, um das trügerische Gefühl zu haben, die Dinge unter Kontrolle zu bekommen.

Um der Umsatzherausforderung Herr zu werden, schrauben wir am Bonifizierungssystem oder initiieren eine Vertriebsmaßnahme nach der nächsten. Wenn einem die eigene Figur nicht mehr behagt, besorgt man sich kurzerhand Ernährungsratgeber, füllt den Kühlschrank mit Low-Fat-Produkten, tritt in einen Fitnessklub ein. Alles frei nach dem Motto »viel hilft viel«. Das fühlt sich anfänglich gut an, denn schließlich handeln wir und gehen die Dinge an! Doch früher oder später rächt sich das, weil unser Handeln sich eben nicht am zu erreichenden Ergebnis orientiert, sondern an der Aktivität selbst. Vielleicht verlieren wir anfangs tatsächlich ein paar Gramm lästiges Körperfett, aber macht uns das dauerhaft schlanker? Wird das Unternehmen mit der Vertriebsmaßnahme mittelfristig an Wettbewerbsstärke gewinnen? Oder veranstalten wir im Zweifel lediglich einen großen Zirkus? Viel gemacht und nachher wenig geleistet?

Natürlich ist es zum Erreichen des angestrebten Umsatzzieles unter Umständen hilfreich, die Vertriebssteuerung neu zu gestalten, neue Key-Account-Manager einzustellen, Produkttrainings anzusetzen, das CRM anzupassen und die Reportings in Art und Frequenz zu ändern. Aber ist alles davon wirklich notwendig? Und in dieser Kombination hinreichend?

Pläne und Aktivitäten, das Wie, drängt gerade bei komplexeren Projekten, die gerne etwas länger dauern, das Was, worauf es wirklich ankommt, zunehmend in den Hintergrund. Der Macher ist uns näher als der Denker.

Aus einem gefährlichen Cocktail aus Erfahrungen, Neugier, Unzufriedenheit, Ehrgeiz (2) und Intuition werden optimistisch alle möglichen Maßnahmen gefordert und angeschoben. »Was machen wir jetzt konkret?« wird viel zu schnell gefragt – und auch beantwortet.

Manchmal kommt es noch schlimmer. Da wird aus der Aktivität selbst ein Ziel. So erlebte ich bei einem Energieversorger ein CRM-Projekt, das sich von geplanten 5 auf 12 Millionen Euro und schließlich auf ein Budget von über 20 Millionen Euro aufblähte und noch lange nicht auf der Zielgeraden war. Im Rahmen der Ursachenforschung fragte ich, was denn das Ziel des Projektes sei. Ein CRM einzuführen. Aha!? Also nicht etwa die Marktanteilssicherung oder die Steigerung der Effizienz stand im Vordergrund – nein, eine schlichte Aktivität! Die CRM-Einführung. Zum Schmunzeln? Nein, bittere Realität.

Sie kennen das sicher: Einzelne Personen, Teams und ganze Organisationen verzetteln sich in Aktivitäten, ohne diese infrage zu stellen. Oder wer stellt sich vor seinen Vorgesetzten und fragt, wozu diese oder jene Tätigkeit eigentlich gut sein soll? Stattdessen verschwenden wir lieber unreflektiert Energie und Zeit! Hauptsache, wir sind in Bewegung und haben das Gefühl, etwas zu tun.

Wenn Sie fragen, was konkret anders sein wird, wenn ein Projekt erfolgreich endet, werden Ihnen viele Verantwortungsträger – Sie ahnen es schon – einen Wust an Aktivitäten aufzählen. Wenn Sie hartnäckig bleiben und sagen: **»Nein, mich interessiert nicht, was Sie tun, mich interessiert, was konkret anders ist, wenn Sie fertig sind«**, werden Sie in große Augen schauen. Aber

ist dies nicht wahre Ergebnisorientierung? Zu wissen, was anders sein wird, wenn man fertig ist? Nicht selten antworten mir Führungskräfte, dass sie das nicht sagen könnten. Meine Retourkutsche an dieser Stelle ist immer: »Wenn Sie's nicht wissen, ich weiß es auch nicht! Wie wollen wir wirklich ergebnisorientiert managen, wenn wir keine Ahnung davon haben, was genau anders sein wird, wenn wir fertig sind?«

Die Auseinandersetzung mit dieser Frage ist das zentrale Element wahrhaft konsequenten, ergebnisorientierten Managements. Stellen Sie diese Frage in das Zentrum jeglicher Projekt-Kick-offs und jeder Statusdiskussion, und Ihre Energie und die der anderen richtet sich mehr darauf, einem angestrebten Zustand näherzukommen, als darüber zu diskutieren, welche Aktivitäten erledigt wurden oder auch nicht und welche als Nächstes anstehen.

Sie denken, das ist kleingeistige Wortklauberei? Es sind zwei völlig verschiedene Welten, die sich in der Managementhaltung dahinter auftun: Die eine Welt fokussiert sich auf Aktivitäten, das Wie, die andere auf Ergebnisse, das Was. In beiden Welten muss selbstverständlich etwas getan werden, um vorwärtszukommen. Nur dass es in der Aktivitätenwelt wesentlich unflexibler, uneffektiver und damit auch langsamer zugeht. Dabei ist die Frage nicht ob Aktivität oder Ergebnis. Die entscheidende Frage lautet vielmehr: Welches Element in unseren Diskussionen ist das Führende?

Als ich einen internationalen Konzern bei der Entwicklung eines Regelwerkes für die Unternehmensführung unterstützte, konfrontierte ich die Leiterin des Corporate-Governance-Projektes mit der obigen Frage. Sie antwortete, dass es Rollen zu definieren und Schnittstellen zu klären gelte. Alles Aktivitäten! Mein Tipp an sie: »Schließen Sie die Augen und stellen Sie sich vor, Sie gehen nach Beendigung Ihres Projektes durch die Flure, in Meetings und beobachten, welche Entscheidungen von wem wie getroffen werden. Was wird wirklich anders sein als heute?« **Die Vorstellung von ei-**

nem veränderten Zustand, das ist Ergebnisorientierung pur! Wenn Sie dazu nicht fähig sind, springen Sie bei jedem Projekt zwangsläufig so direkt wie gedankenlos in die nächste Maßnahme. Aber: Aktivitäten sind nie mehr als Mittel zum Zweck.

Orientieren wir uns an dem zu erreichenden Ergebnis, diskutiert niemand mehr darüber, wie man nun genau vorgeht oder wie der Plan aussieht. Der angenehme Effekt: Fokussiert auf das Ergebnis, halten wir ständig nach kürzeren und besseren Wegen dorthin Ausschau. Das ist übrigens wahre Agilität. Denn ein Projekt kann nur agil gemanagt werden, wenn sich das Management nicht auf Aktivitäten und Pläne konzentriert, also auf das Wie, sondern auf das Was – auf Ergebnisse und den Fortschritt auf dem Weg dorthin.

6 Neuland

Alle Rasenmäher sehen gleich aus? »Von wegen«, dachte sich ein junger Geschäftsführer, revolutionierte kurzerhand das Traditionsprodukt und schickte mähende Formel-1-Wagen in Deutschlands Vorgärten. Der Innovator erkannte: Wer wirklich besser und erfolgreicher werden will, muss damit aufhören, sich am Wettbewerb zu orientieren (34) oder an seinen alten Verkaufsschlagern festzuhalten und diese immer wieder zur Grundlage des eigenen Denkens zu nehmen. Das bereits Bestehende steht uns viel zu oft nur im Weg.

Neues erschaffen, statt fortwährend das bereits Existierende zu verbessern? Mal ehrlich: Schrauben Sie nicht lieber an einer Präsentation herum, die Ihnen schon lange als Standard dient, statt an einem neuen, besseren Auftritt zu arbeiten? Wir geben uns der Aufgabe hin, Bestandskunden zu pflegen, statt ein völlig neues Kundensegment zu erobern. Wir feilen ewig an unserer nur halbwegs gelungenen Skulptur herum, statt aus einem völlig unberührten Materialblock ohne Form und Farbe etwas wirklich Außergewöhnliches zu schaffen.

In Organisationen werden die längst überholten Prozesse permanent angefasst und verbessert, manchmal »verschlimmbessert«, statt sich die Frage zu stellen, ob die Prozesse überhaupt noch sinnvoll sind oder ob man die gesamte Produktion nicht völlig anders organisieren muss, weil morgen ganz andere Produkte den entscheidenden Wettbewerbsvorteil bringen. Der unberührte Materialblock, die neue Präsentation, die neuen Kunden und Prozesse: Was hindert uns daran, uns diesen Herausforderungen konsequent zu stellen?

Optimieren ist gut und notwendig, aber es ist eben nur eine Facette von Management, der wir uns zu häufig und zu ausschließlich hingeben. Optimieren, das ist eben auch bequemer. Es ist viel einfacher zu beobachten, ob sich Durchlaufzeit, Kundenzufriedenheit oder auch Mitarbeiterzufriedenheit positiv entwickeln. Wir diagnostizieren den Status quo, ergreifen die üblichen Maßnahmen, spielen in Gedanken ein paar Alternativen durch und warten ab, was die nächste Diagnose ergibt. Scharf nachgedacht werden muss dabei nicht. Damit aber bestreiten Sie Ihren Wettbewerb nur auf kurze Sicht, kämpfen ausschließlich mit dem Feedback aus Ihrem System – den Reaktionen von Wettbewerbern, Kunden oder Mitarbeitern.

Was dabei nicht stattfindet: Sie stellen das System als solches nicht auf den Kopf oder nicht infrage. Doch frei nach Joseph Schumpeter gilt: Wollen wir wirklich Neues schaffen, das uns in Zukunft unternehmerisch nach vorne bringt, müssen wir Bestehendes schöpferisch zerstören.

Dabei ist es gerade unser Hang zur Perfektion, der uns daran hindert, Neuland zu betreten. Wie geht es Ihnen damit? Fürchten Sie sich vor dem wenig greifbaren, unbekannten Terrain? Schließlich gehen Sie damit das Risiko des Scheiterns ein. Sind Sie deshalb nicht bereit, Ihrer Kreativität freien Lauf zu lassen, weil Sie im ersten und auch im zweiten Anlauf scheitern könnten? Ja, es stimmt:

Keine originelle Idee, kein neuer Ansatz wird gleich beim ersten Anlauf perfekt! Aber das ist nicht tragisch.

Ein schwieriger Text, ein anspruchsvolles Konzept, das Design eines neuen Produktes: Warum machen Sie nicht einen schnellen halb fertigen Entwurf, von dem Sie wissen, dass er nicht wirklich gut sein wird? Höher muss unser Anspruch für den Anfang gar nicht sein. Kündigen wir unser Vorgehen an, dann lassen wir das Kundenfeedback einfließen, berücksichtigen die Anmerkungen der Kollegen, lernen, welcher Zweck erfüllt wird, welcher noch nicht. **Verschwenden Sie nicht zu lange Ihre Zeit damit, etwas Fertiges endlos zu verbessern – der Nutzen von Optimierungen geht schnell gegen null.** Wieso noch lange an einer Präsentation zur Abstimmung mit den Kollegen feilen? Wir gehen mit einem ersten Entwurf und der bewussten Ansage in ein 20-Minuten-Meeting, ein erstes Feedback und reichlich Kritik (79) zu bekommen, um in der folgenden Woche den finalen Stand vorzustellen. Kein Perfektionismus, der macht nur langsam!

Letztlich ist es eine Frage der Haltung: Was wollen Sie erreichen? Das Bestehende optimieren und erhalten wie ein Hausmeister, der ein Gebäude in Schuss hält? Oder wollen Sie ein völlig neues Haus erbauen, das viel besser zu Ihnen und Ihren Vorstellungen vom Leben passt?

Das beständige Weiterentwickeln ist zum Mantra unserer Zeit geworden. Ob Ernährung, Beziehung, Sport, Karriere oder Management: Ganze Scharen von Ratgebern verdienen ihr Geld mit dem Postulat der Optimierung.

Große Sprünge nach vorne, seien Sie sicher, gelingen damit niemandem! Suchen Sie sich besser neue, große Ziele, die vor allem eines erfordern: die radikale Kreativität. Um das, was Sie jeden Tag ganz selbstverständlich tun, infrage zu stellen und völlig neu zu denken.

Wenn wir uns etwa im Vertrieb nicht mehr nur der Aufgabe stellen, die üblichen einstelligen Steigerungsraten zu erzielen, sondern einer radikal anderen Herausforderung. Warum nicht darüber nachdenken, wie sich der Anteil der Neukunden auf über 30 Prozent erhöhen lässt? **Je radikaler Erwartungen (17) nach oben geschraubt werden, desto mehr Kreativität ist gefragt!** Jetzt können wir nicht anders, als die eingetretenen Pfade zu verlassen. Warum fordern wir als Führungskräfte die Kreativität unserer Mitarbeiter nicht viel öfter auf diese Weise heraus?

Wundern Sie sich nicht, dass Sie auf solche herausfordernden Fragen erst einmal kaum Antworten bekommen. 30 Prozent neue Kunden! Wie soll das nur gehen? Zum Beispiel, indem Bestandskunden nicht nur gefragt werden, ob sie einen weiterempfehlen, sondern an wen genau sie das eigene Unternehmen empfehlen werden. Ist solch eine konkrete Alternative zum bestehenden Vorgehen auf dem Tisch, sind es genau dieselben Mitarbeiter, denen zuvor selbst nichts eingefallen ist, denen nun tausend Gründe einfallen, warum das niemals funktionieren wird.

War das bei dem Rasenmäherinnovator anders? Als der junge Geschäftsführer seine bahnbrechende Idee erstmals äußerte, war der Kreis seiner Unterstützer an einer Hand abzuzählen, die Skeptiker dagegen umso zahlreicher. Das aber änderte sich mit jedem Schritt in Richtung des anvisierten Zielzustandes – und der Rasenmäher im Rennwagen-Look nahm zunehmend Gestalt an.

Fordern Sie sich selbst und andere so heraus, dass nur eine wirklich kreative Antwort eine akzeptable Lösung bringt.

7 Erfahrung

Hand aufs Herz: Würden Sie sich einem Herzchirurgen anvertrauen, der gerade mal ein Jahr Berufserfahrung vorzuweisen hat? Ob Arzt, Dachdecker oder Strategieberater: Es fällt uns leichter, denjenigen zu vertrauen, die ihre Expertise unzählige Male unter Beweis gestellt haben, die erwiesenermaßen jeden Handgriff aus dem Effeff beherrschen. Aber können wir wirklich davon ausgehen, dass wir selbst oder andere aus Erfahrung heraus die bessere Entscheidung treffen? Zugespitzt gefragt: Wird uns ein über Jahrzehnte erfolgreicher Herzchirurg nicht gerade dann gefährlich, wenn er vor allem auf seine Routine setzt?

Wiederholung ist die Basis für Professionalität. Je häufiger wir etwas auf dieselbe Art und Weise tun, desto weniger Fehler begehen wir. In der Industrie steigt mit der Erfahrungskurve die Effizienz. In Zeiten, in denen Innovationen und neue Geschäftsmodelle immer häufiger disruptiven Veränderungen unterworfen werden, geht es weniger um Effizienz als vielmehr um Flexibilität und Geschwindigkeit. Eigenschaften, die den meisten Unternehmen irgendwann abhandenkommen oder dort noch nie vorhanden waren.

Organisationen neigen dazu, Erfahrungen, die lange Zeit Wachstum bescherten, zu institutionalisieren. Die Folge: Prozesse laufen nach eingespielten Mustern ab, Neues wird selten oder nie ausprobiert, während sich die Verantwortlichen gleichzeitig darüber wundern, dass ihre Organisation auf der Stelle tritt. Natürlich ist es von Vorteil, wenn aus Erfahrungen Routinen werden, die uns die alltägliche Arbeit erleichtern, weil wir nicht jedes Mal aufs Neue einen Arbeitsschritt durchdenken müssen. Zugleich laufen wir Gefahr, dass wir auf diese Weise irgendwann abstumpfen, Gegebenes einfach hinnehmen, einen Prozess nicht mehr infrage stellen. So wird aus Routine zwangsläufig Stillstand oder sogar Rückschritt. Bis ein äußerer Umstand uns endlich zum Handeln zwingt.

Nehmen wir die Versicherungsunternehmen. Über Jahrzehnte haben sie das Erfolgsprodukt Kapitallebensversicherung an Millionen Deutsche verkauft. Obwohl mittlerweile dauerhaft niedrige Zinsen längst den eigenen Bestand und die Altersvorsorge der Kunden gefährden, halten sie daran fest.

Es sind gerade die viel zu leicht errungenen Siege der Vergangenheit, die uns in Bedrängnis bringen. Immer wieder erstaunt mich, wie Führungskräfte, die den Service neu gestaltet, die Ausrichtung des Vertriebs optimiert oder die Bekanntheit einer Marke vorangebracht haben, für alle Zeit davon überzeugt sind, den Königsweg zu kennen.

Da diskutiere ich mit Vorständen einer Direktbank über eine bevorstehende Transformation ihres Unternehmens. Das Ziel: Der Bankkunde soll keine Nummer mehr sein, sondern eine Persönlichkeit. Wie bekommt die Bank dieses Umdenken in Vertrieb und Service hin? Einer der Vorstände gibt kund, dass er genau Bescheid wisse, was zu tun sei. Schließlich habe er bereits im Mutterkonzern solch ein Vorhaben begleitet. Es spricht ja nichts gegen einen profunden Erfahrungsschatz, was mich in diesem Fall jedoch stutzig machte: Der Mann wollte einfach sein Schema F herunterspulen. Ein Schema, das zu einer bestimmten Situation gepasst und zum Erfolg geführt hat, frei nach dem Motto: »Was einmal richtig war, kann beim nächsten Mal nicht falsch sein«. Ein kolossaler Irrtum mit möglicherweise fatalen Folgen! Weil Umstände, Verlauf und angestrebte Zielzustände eben nie dieselben sind. Positive Erfahrungen gaukeln uns eine Sicherheit vor, die es so nicht gibt.

Projekte werden ungeheuer aufwendig, gerade weil man sie nach irgendeinem Schema F ausrichtet, welches die letzten Male so exzellent funktioniert hat. Anstelle des eigentlichen Ergebnisses (5), des Was, rückt der Prozess an sich und damit das Wie in den Fokus. Zentrale Aspekte bekommen dann nicht das Gewicht, das sie brauchen. So sind in vielen Unternehmen die jährlichen Effizienzsteigerungsprogramme längst zum reinen Selbstzweck verkommen.

Obwohl ich selbst schon Hunderte Strategieentwicklungsprojekte mitgemacht habe, darf das nächste nie so laufen wie das davor. Natürlich sind Standards bequem. Aber jedes Projekt, ob Strategie oder eine standardisierte ERP-Einführung, hat seine spezifischen Erfolgsparameter und seinen jeweiligen Zweck, den es zu erfüllen gilt. Kurz: Jedes Projekt muss anders laufen! Je nach Aufgabe können wir mal mehr, mal weniger auf die bisherigen Erfahrungen und Routinen vertrauen. Warum legen wir nicht einfach Vorlagen und Best Practices zur Seite und nehmen ein weißes Blatt Papier? Um uns zu überlegen, worum es nur bei diesem einen Projekt genau geht, worauf es dieses eine Mal ankommt und was wir dabei wirklich erreichen wollen.

Aber das passiert nicht. Warum? **Erfahrungen sind ein schleichendes Gefängnis, aus dem wir nur sehr schwer heraustreten wollen und können.** Wir kennen uns auf unserem Terrain bestens aus, fühlen uns sicher und vermitteln diese Sicherheit an andere. Nur wie lange? Bleiben Sie Ihren bewährten Rezepten und Methoden und damit dem eigenen Status quo auf ewig treu, droht Ihnen früher oder später der Absturz. Denn für die Welt da draußen gibt es keinen Status quo! Erfahrungen machen uns nicht weise, keine Erfolgsgeschichte geht ewig weiter.

Beispiele gefällig? Als Berater bleiben die Aufträge aus, weil niemand mehr etwas von Six Sigma hören will. Manager auf Autopilot versauern in ein und derselben Position und werden womöglich gekündigt, wenn sich die Organisation notwendigerweise tief greifend verändert. Schuld am eigenen Absturz ist dann nicht die Welt, die einfach nicht stillstehen will, sondern die eigene Unmündigkeit.

Und wenn es in einem Unternehmen nicht mehr rundläuft, wird aus lauter Angst viel zu schnell nach sogenannten Experten gerufen, damit es ja nicht schiefgeht. Wieso trommeln wir nicht stattdessen die Querköpfe aus allen Bereichen zusammen? Rufen die jungen Betriebsstudenten oder fähige Leute aus ganz anderen Bereichen oder gar Kulturen dazu und schauen, welche Ideen und Sichtweisen Menschen einfallen, die völlig unbedarft auf das Thema schauen? Nutzen Sie das Potenzial dieser unverbrauchten Geister. Und zwar ernsthaft! Mit voller Absicht und dem Willen zu verstehen, wie jemand mit anderen Augen auf Altbekanntes schaut. Es reicht ein klarer Verstand, der auch gerne naiv (48) auf die Dinge und Möglichkeiten blickt, die sich anbieten.

Letzten Endes geht es immer um das Treffen guter unternehmerischer Entscheidungen. **Erfahrungen können dafür nützlich sein, solange Sie sie nicht dogmatisch einsetzen, sich nicht daran festklammern, weil Sie so viel Zeit in ihren Erwerb investiert haben und ihre festen Planken Ihnen Halt geben.**

Als Führungskraft, aber auch privat mögen Sie ohne Ihre Erfahrungen nicht denkbar sein. Entscheidend ist: Spulen Sie aus Prinzip Ihr eingespieltes Programm aus Methoden, Werkzeugen und Prozessen ab? Oder hinterfragen Sie immer wieder deren Nützlichkeit und Sinn?

Fahren Sie jedes Jahr an denselben Urlaubsort und gehen Sie immer wieder in Ihr Lieblingsrestaurant? Oder sind Sie hin und wieder bereit, sich völlig neuen, fremdartigen Erlebnissen auszusetzen, die Sie als Mensch wachsen lassen? Nur weil das eigene Leben bisher wunderbar funktioniert hat, heißt das eben nicht, dass es nichts mehr dazuzulernen gibt.

Selbst der Herzchirurg, dessen großer Erfahrungsschatz viele lebensgefährliche Fehler verhinderte, ist längst nicht mehr so gut wie der Herzchirurg, der sich regelmäßig überprüft, aktuelle Forschungsarbeiten liest, sich mit neuen Verfahren auseinandersetzt und dadurch seine eigenen Erfahrungen immer wieder über Bord wirft.

Gönnen Sie sich einen klaren Blick auf das, was Sie erreichen wollen. Was ist der nächste Entwicklungssprung aus Ihrem Erfahrungsgefängnis, den Sie wagen wollen?

Emotionen: Es geht nie um die Sache

8 Leidenschaft

Warum *muss* man am Montagmorgen zur Arbeit und zählt in Meetings die Minuten? Und warum vergessen wir dagegen die Zeit beim Planen des nächsten Urlaubs, beim Malen, Handwerken oder Wandern? Wir alle haben unsere Leidenschaften. Mit etwas Fügung gibt es sogar eine Schnittmenge mit dem, was wir in unserem Job tun, und wir erleben so etwas wie Zufriedenheit und Glück. Im schlimmsten Fall aber leisten wir nur Dienst nach Vorschrift. Wie ein Verwandter von mir, der sich Tag für Tag als Angestellter einer Versicherung in ein Büro schleppt, Akten wälzt und Schadensfälle bearbeitet, obwohl er in Wahrheit nur in handwerklicher Arbeit Erfüllung findet.

Selbstverständlich sind in jedem Job unliebsame Dinge zu tun. Davon gibt es bei mir eine ganze Menge, und dennoch liebe ich das, was ich meine Arbeit nenne. Wenn aber das Negative dauerhaft überwiegt, warum verschwenden wir dann mit einem ungeliebten Job unsere Lebenszeit? Sollten wir uns nicht besser nach Alternativen umschauen? Denn wie wollen wir, ohne mit dem Herzen bei der Sache zu sein, erst Kollegen, Mitarbeiter und Kunden begeistern? Es mag für das, was wir als Einzelne oder Unternehmen leisten, einen Bedarf geben, und wir mögen auch über die Kompetenz verfügen, um diese Leistung anzubieten. Aber: **Ohne Leidenschaft gibt es keine echte Performance und keine außergewöhnliche Produktivität!** Leidenschaft, diese riesige Emotion, die selbst die uninteressanteste Angelegenheit in ein sprühendes Feuerwerk verwandeln kann, ist unverzichtbar, um uns selbst und andere nachhaltig in Bewegung zu versetzen. Warum schenken wir diesem Zündstoff in unserem Leben und im Beruf so wenig Beachtung?

Kaum eine Führungskraft setzt sich hin und denkt für sich oder mit ihrer Mannschaft ernsthaft darüber nach: »Mensch, wie schaffen wir es, dass wir für eine Sache brennen? **Der Erfolgsfaktor Leidenschaft wird, anders als die diversen Zahlenwerke, in Unternehmen nicht bewusst gemanagt, sondern auf stiefmütterliche Weise dem Zufall überlassen.** Und weil wir nie gelernt haben, wie man Menschen dazu bewegt, Außerordentliches zu leisten, setzen wir gegenüber Kollegen und Mitarbeitern allein auf die Kraft der Argumente, die unbestreitbare Logik.

Wenn von oben die Ansage kommt, den Verkauf anzukurbeln, sich alternative Vertriebswege zu überlegen oder den Kunden besser zu bedienen, dann in der Erwartung, dass damit bei den Mitarbeitern automatisch ein Knopf gedrückt wird und alle engagiert ans Werk gehen. Aber das ist so gut wie nie der Fall. Der Auftrag »Verbessere die Kundenbeziehung« allein wird nicht dazu führen, dass sich langjährige Mitarbeiter im Callcenter eines Telekommunikationsanbieters gegenüber ihren Kunden kooperativer, offener, freundlicher verhalten. Selbst dann nicht, wenn man Maßnahmen und Projekte aufsetzt, Seminare veranstaltet, Leitfäden herausgibt und den Sachverhalt ausführlich erklärt und alle nachvollziehen können, warum bessere Kundenbeziehungen für das Unternehmen sinnvoll sind. **Dass Menschen aus Logik heraus agieren, ist ein Trugschluss, der sich täglich in Unternehmen erleben lässt.** Ohne Leidenschaft werden wir, zumindest an zentralen Stellen im Unternehmen, immer unter unseren Möglichkeiten bleiben.

Da ist der Geschäftsführer eines Flugzeugkabinenbauers. Er hat die Kabine der Zukunft vor Augen (6): Die »iCabin«, in der auf den Seitenwänden Filme ebenso wie Werbung laufen, während der Fluggast aufgrund der Verbindung zu seinen sozialen Profilen mit seinen Lieblingsgetränken und Zeitschriften versorgt wird und vieles mehr. Ein voll vernetztes Wohlfühlerlebnis, wie es bisher noch kein Flugzeugbauer erdacht hat. Für diese Kabine der Zukunft sollen alle Unternehmensbereiche noch enger kooperieren. Doch keiner seiner Kollegen begeistert sich für seine Idee. Weil der Geschäftsführer auf die bestechende Logik seiner Strategie setzt, statt im Management mit einem greifbaren, emotionalen Bild des eigentlich so attraktiven Zielzustandes für Leidenschaft und Aufbruchsstimmung zu sorgen.

Würden Sie Ihrer Familie ein Reiseziel mit Charts schmackhaft machen wollen, auf denen Kostenkurven, Anreisewege und Zufriedenheitsgarantien aufgeführt werden? Natürlich nicht. Und dennoch glauben wir im Job, dass mehr Logik automatisch mehr Begeisterung oder Gefolgschaft generiert. Klarheit und Verstehen sind aber keine hinreichenden, noch nicht einmal notwendige Bedingungen dafür, auch wenn sie ohne Frage durchaus hilfreich sein können.

Die Rede eines Vorstandes, die Ansprache des Teamleiters, die Präsentation vor Kunden: So viele kluge, sorgfältig und detailliert aufbereitete Ideen verhallen folgenlos. Völlig unabhängig davon, wie klar sie durchdacht und präsentiert werden. Geht es in Organisationen um neue Ideen, die mit Veränderung verbunden sind, so gilt: Ohne Leidenschaft für etwas versuchen Menschen, ihren Besitzstand zu wahren.

Erst wenn wir den konkreten Zielzustand vor uns sehen und als überaus positiv empfinden, ihn vor unserem inneren Auge greifen können, werden wir uns freiwillig mit aller Kraft dem Erreichen dieses Zustandes widmen. Ein passionierter Oldtimer-Fan schraubt nur deshalb unentwegt an seiner Maschine, weil er dieses wunderbar klare Bild vor dem eigenen geistigen Auge hat – den glänzenden Oldtimer, sich selbst hinterm Steuer, die Landstraße vor sich. Motorensound und Fahrtwind hört und spürt er lange vor der ersten Fahrt, wahrscheinlich sogar bevor seine Hände zum ersten Mal zu Schraubenzieher und Schmieröl greifen.

Nicht anders bei unseren Mitarbeitern. Statt sie davon zu überzeugen, dass sie ab morgen in anderen Strukturen zusammenarbeiten müssen, um die Kunden mit neuen Produkten bedienen zu können, und ihnen hierfür trockene Analysen und Fakten aufzutischen: Wieso lassen wir nicht ein Fake-Modell dessen bauen, was wir den Kunden in ein oder zwei Jahren bieten werden? Die vernetzte Flugzeugkabine der neuen Generation, ein Wohnhaus, das mit Steuerungsmechanismen ausgestattet ist, die es so noch nicht gibt? Oder ein gespieltes Telefonat, wie ein Versicherungsnehmer eine zusätzliche Leistung unbedingt will oder wie die Konkurrenz über das neue Produkt sprechen wird? Vielleicht drehen wir einen Film darüber? Allein, um die Zukunft in den Köpfen unserer Kollegen und Mitarbeiter zum Leben zu erwecken.

Lassen Sie Ihre Mitarbeiter sehen, schmecken, spüren, was Sie mit ihnen schaffen wollen. Helfen Sie ihnen dabei, vor ihrem inneren Auge das Bild, den Zustand zu erleben, den es zu erreichen gilt. Erst dann hat diese mächtige Emotion Leidenschaft eine Chance, bei einigen Ihrer Mitstreiter zu zünden.

Bei einem Automobilzulieferer bin ich einem Bereichsleiter begegnet, der die Verantwortlichkeiten in der Fertigung ändern sollte: Statt nur für den Bau von Chassis oder Getriebe sollten Teams die komplette Verantwortung für einen Fahrzeugtyp bekommen. Seine ersten Versuche, die Zukunft zu beschreiben, waren furchtbar theoretisch und technokratisch. Nach langatmigen Erklärungsversuchen, die mich nicht berührten, bediente er sich einer Metapher: »Meine Programmleiter werden wie die Dirigenten eines Orchesters sein.« Funken waren in seinen Augen zu sehen, er war in einer anderen Welt. Mittendrin in einem Zukunftsbild, das zeigt, wie es sein wird, wenn das Projekt, die neue Organisation steht. Geschafft!

Es gilt, so lange mit sich selber und anderen zu arbeiten, bis dieser Funke (11) in den Augen der relevanten Mitspieler zu sehen ist. Eine greifbare, klare Vorstellung von der Zukunft, die man mit Leidenschaft verfolgen möchte. Das ist echte Strategie!

Helfen wir unseren Organisationen, ein Bild dessen zu sehen, was wir zusammen schaffen wollen, und bitten dann jeden Einzelnen zu skizzieren, was für ihn, den eigenen Verantwortungsbereich, die Konsequenzen wären? Wie sieht das Zukunftsbild im Service, im Vertrieb, in der Produktion aus? Was ist anders als heute? Lassen Sie Ihre Mitarbeiter dazu Texte schreiben, die vor den geistigen Augen aller anderen ein Bild entstehen lassen. Im besten Fall wirkt der Text wie ein guter Zeitungsartikel.

Es entsteht beim Lesen eines Textes noch kein Bild im Kopf? Dann sind die Ausführungen zu abstrakt oder zu aktivitätenlastig. Es wird also weniger davon erzählt, was der Kunde oder andere Bereiche zukünftig erleben, sondern was zu tun ist. Oder es wird pauschal davon gesprochen, dass das »innovativere Produkt den Kunden begeistern wird«. Einer solchen abstrakten und nichtssagenden Aussage begegnen Sie am besten mit den Fragen: »Was siehst du vor dir, wenn du von dem innovativen Produkt sprichst? Was genau begeistert den Kunden daran?«. Bohren Sie, fordern sie sich gegenseitig heraus, bis klare Bilder entstehen, denen man nachstreben kann.

Kümmern Sie sich nicht gleich zu Anfang eines Projektes um den Zündstoff Leidenschaft, dann vertun Sie nicht nur eine Chance, sondern haben es später, wenn die ersten Schwierigkeiten auftreten, mit ganz anderen Emotionen zu tun: mit Schuld, Scham und Angst. Und die bremsen uns und unser Vorhaben gewaltig aus. Zwangsläufig bleiben wir so unter den Möglichkeiten der Organisation. Ein gemeinsames Bild vor den geistigen Augen der Beteiligten setzt viel mehr Kreativität frei, mit der sich die Schwierigkeiten auf diesem Weg meistern lassen, als wenn Sie sich nur an abstrakten Aktivitäten, Plänen und Abstimmungen orientieren.

9 Angst

Sie ist da, ob wir das wollen oder nicht, ob begründet oder Produkt unserer Fantasie, ob wir sie unbewusst wahrnehmen oder absichtlich übersehen: Angst, dieser ständige, außerordentlich mächtige Begleiter findet sich bei jedem Aufeinandertreffen, in jedem Meeting, wenn Menschen befürchten, das Falsche zu sagen oder für ihr Handeln die Folgen zu tragen. Sie ist dabei, wenn Ergebnisse präsentiert und Entscheidungen gefällt werden. Angst prägt das Verhalten jedes Einzelnen und damit auch das Verhalten ganzer Gruppen. Und dennoch wird sie im Unternehmensalltag weder thematisiert noch von Führungskräften, weil scheinbar moralisch verwerflich, gezielt eingesetzt. Und wenn, dann häufig aus Verzweiflung oder Frustration.

Es ist aber fahrlässig, wenn wir einer solch starken Emotion nicht den ihr gebührenden Raum geben. **Denn Angst ist pure Energie – und damit auch ein Führungsmittel.** Ein Führungsmittel? »Das gehört sich doch nicht, das mache ich nicht«, höre ich Führungskräfte bei diesem Thema sagen. Eine etwas vorschnelle Aussage, wie ich meine. Sei es eine Präsentation vor Kunden, die über die Fortsetzung des Auftrags entscheidet, oder eine Budgetüberschreitung, für die wir uns rechtfertigen müssen: Im Angesicht unausweichlicher Konsequenzen geben Menschen fast immer ihr Bestes. Also gestehen wir uns ein: Wir alle führen auch mit Angst, ob wir es wahrhaben wollen oder nicht.

Die Frage ist nur: Wie sorgsam und gerichtet setzen wir dieses Führungsmittel ein? Und wenn wir Angst nicht als Führungsmittel verwenden wollen: Wie sorgen wir dafür, dass Angst nicht zum Produktivitätsvernichter wird? Angst kann zum echten Leistungsbeschleuniger werden oder eine enorme Bremswirkung entfalten. Machen Sie sich diese Ambivalenz bewusst. Nur dann können Sie Angst kontrolliert einsetzen. Oder eben auch, selbst wenn es zum Verzweifeln ist, keine Angst vor unzureichenden Ergebnissen verbreiten.

Natürlich muss es Ihr Bestreben sein, ein Umfeld zu schaffen, das die uns allen innewohnende Trägheit durch Vertrauen und Leidenschaft überwindet. Dort aber, wo diese positiven Emotionen nicht zünden, braucht es klar formulierte Erwartungen – verbunden mit positiven oder negativen Konsequenzen.

Positive Konsequenzen im Sinne von Boni, Incentives und Co., erzeugen Glücksgefühle oder Begierde, die, ähnlich wie Widerwille und Ekel, nicht lange vorhalten und niemanden dauerhaft zu Höchstleistungen bringen. Angst ist von einem ganz anderen Kaliber, ihre Schubkraft ist ebenso wie ihre potenzielle Bremswirkung wesentlich stärker. Auch wenn es eine Frage der Verhältnismäßigkeit ist, gilt das Motto »Wo nichts passiert, wenn nichts passiert, passiert nichts« (75). Wenn Sie dies nicht wahrhaben wollen, werden Sie als Führungskraft wenig erreichen.

Das Problem: **Manager gehen mit dem Führungsinstrument Angst in der Regel unreif um.** Sie setzen Angst nicht gezielt ein, sondern bauen aus ihrer eigenen diffusen Unsicherheit, aufgrund unreflektierter Schuld- oder Neidgefühle Druck auf. Die so erzeugte situationsbedingte Angst der Mitarbeiter schafft Stress und Panik, ist aber nicht auf ein zu erreichendes Ergebnis ausgerichtet.

Die Energie der unter Druck gesetzten Mitarbeiter wirkt sich stattdessen kontraproduktiv auf das Leistungsniveau aus: Risiken, die mit innovativen Konzepten einhergehen, werden vermieden. Verantwortung für anspruchsvolle Aufgaben wird nicht übernommen, Tätigkeiten werden lediglich abgearbeitet. In einem Klima der Angst gedeihen keine mutigen Ideen, keine Innovationen, sondern nur Vorsicht und hektische Betriebsamkeit, die Leistung vorgaukelt – wie die Potemkin'schen Dörfer, hübsch bemalte Kulissen, welche die russische Zarin über die verheerenden Zustände in ihrem Land hinwegtäuschen sollten.

Warum stellen Sie sich dieser Emotion nicht bewusst? Haben Sie etwa Angst vor der Angst? Stellen Sie sich vor, Sie würden in einem Meeting diese Emotion gezielt abfragen, um sie als Energieverschwender klein zu halten. Dafür müssten Sie nicht einmal direkt darauf zusteuern und andere lächerlich machen. Eine einzige Frage würde reichen:»Was bereitet Ihnen mit Blick auf das zu erreichende Ziel Sorge?« Um dann zu klären: Sind das nur Hirngespinste oder Dinge, die Sie ernst nehmen müssen? Die Sie als Führungskraft aus dem Weg räumen müssen, damit die Organisation angstfrei performen kann?

Viele Sorgen sind letztlich unbegründet. Wie oft befürchten wir etwa eine harsche Reaktion der Unternehmensführung? Aber mal ehrlich, wie viele Menschen kennen Sie, die tatsächlich wegen eines vermeintlichen Fehlverhaltens ihren Hut nehmen mussten? Die Angst ist real, die Vorstellung dahinter überzogen!

Die tatsächliche Macht im Management entfaltet sich erst, wenn wir uns mit der Zukunft beschäftigen und überlegen: Wie lässt sich das, was die Mitarbeiter ängstigt, vermeiden? Denn Angst haben Menschen immer nur vor dem, was in der Zukunft passieren könnte. Davor, dass das neue Produkt nicht so erfolgreich wird wie geplant, der Umsatz sinkt und Mitarbeiter gehen müssen. Davor, dass die eigenen Ideen vom Vorgesetzten abgelehnt werden.

Führungskräfte aber denken viel zu wenig über Maßnahmen nach, die dafür sorgen, dass die nächsten Ebenen beruhigt und damit effizient und effektiv im Jetzt arbeiten. Weil die Mitarbeiter wissen: Alle relevanten möglichen Katastrophen sind durchdacht und mit Maßnahmen adressiert, die den Eintritt der Katastrophe verhindern oder im Ernstfall die Folgen eindämmen. Dass also ein Unternehmen ausreichend darauf vorbereitet ist, dass ein neues Produkt im Markt scheitern könnte und niemand kurzerhand entlassen wird. Oder dass ein Mitarbeiter, wenn er im ersten Anlauf ein schlechtes Konzept abliefert, immer eine zweite und dritte Chance bekommt sowie die Unterstützung seines Vorgesetzten.

Ängste bei Mitarbeitern zu vermeiden, das schaffen Sie nur, wenn Sie Angst in ihrer ganzen Ambivalenz verstehen. Und das zuallererst bei sich selbst. Wie oft erlebe ich, dass sich Führungskräfte ihrer eigenen Gefühlszustände nicht im Geringsten im Klaren sind. Jeder Mensch hat Angst. Wer das leugnet und mir erzählt, er sei kein irrationales Weichei, der ist in Wahrheit schlicht unreif. Nur wer selber mit seinen Ängsten angemessen umgeht, ist in der Lage, diese mächtige Emotion zu erkennen und gekonnt einzusetzen.

Emotionen zu managen bedeutet nicht, sie zu unterdrücken, sondern sie sich eingestehen zu können: »Ich habe Angst.« Gute Führung verlangt von Ihnen aber auch, dass Sie die Angst des Gegenübers erkennen und dabei helfen, souverän damit umzugehen. Sprich: im Sinne wahrhaftiger Ergebnisorientierung klug und richtig und eben nicht aus einem Affekt heraus zu handeln. Das ist es doch, was uns vom Tier unterscheidet: die Möglichkeit der Reflexion, der Wahl. Umso erschreckender, wie unreflektiert Führungskräfte mit Angst umgehen und wie oft das Drücken eines Knopfes bei uns selbst und anderen reicht, den eigenen Kopf zu verlieren.

Was können Sie erreichen, wenn Sie Ängste bei sich selbst und anderen ernst nehmen und sie endlich gezielt ausschalten oder einschalten?

⑩ Finsternis

Er will es nicht wahrhaben, der Unternehmenseigner und Topmanager. Nicht annehmen, dass er in den vergangenen Jahren die Firma durch zahlreiche Fehlentscheidungen Richtung Abgrund gesteuert hat. Jetzt der Stress mit den Banken, die Berater im Haus, alles steht auf dem Prüfstand. Dann die so wichtigen Strategiesitzungen, in denen durch die nächsten Ebenen mit viel Schweiß und Mühe über Monate hinweg die neue Ausrichtung mit bestechender Logik und Leidenschaft hergeleitet wird. Nur der Topmanager zeigt keinerlei Bereitschaft, den notwendigen Richtungsschwenk zu unterstützten. Nicht, weil er es nicht nachvollziehen kann. Nein, schlicht, weil es ihm peinlich ist, weil er sich für das, was unter seiner Regie in den vergangenen drei Jahren schiefgelaufen ist, schämt. In der Verweigerung, sich dieses Gefühl einzugestehen, entwickelt er eine geradezu manische Sturheit, die in einer einzigen Blockade endet.

Aus Scham den Erfolg, sogar die Existenz eines Unternehmens gefährden? Sie mögen das vielleicht für eine kuriose Ausnahme halten, das ist es aber nicht. Was glauben Sie, welche zerstörerischen Energiesauger mir beim Blick auf das Miteinander in Organisationen am häufigsten auffallen? Es sind die dunklen Seiten unserer mächtigen Emotionen.

Da ist das unsägliche Kindergartengetue in den Meetings dieser Welt, das Rechtfertigen am Mittagstisch, das Lästern hinter den Kulissen. Wer trägt hier für was die Verantwortung? Ich nicht, aber der oder die! Nichts ist in einem hierarchischen Umfeld einfacher von oben nach unten aufgebürdet als Schuld, nichts ergreift uns schneller als Angst, nichts ist verletzender als Niedertracht, nichts bohrender als Neid auf den echten oder vermeintlichen Konkurrenten.

Umso mehr tun wir alles dafür, diese emotionalen Schmerzen zu vermeiden. In einer Diskussion mit Kollegen halten wir uns mit unseren Ansichten zurück, wenn wir befürchten, damit in die Ecke gestellt zu werden. Wenn wir uns in einem Meeting dafür schämen, dass ein Projekt nicht in die Gänge kommt oder die Produktionsleistung anders als geplant hinter den Erwartungen bleibt, verdrängen wir die negativen belastenden Gefühle umgehend, indem wir die Gründe für die Misere lang und haarklein herleiten und schließlich bei anderen finden.

In der Kaffeepause behaupten wir gegenüber Kollegen, dass irgendetwas gar nicht unsere Schuld sei, denn der Dienstleister performe
ja überhaupt nicht. Wir legen uns die Dinge zurecht, bauen uns
eine Welt, in der wir gut dastehen, und mildern so unseren Schmerz
ab. Wir wollen wieder zurück in unser Gleichgewicht – narzissti-
sche Homöostase (58) –, ein ganz natürlicher Vorgang, da wir sonst
durchdrehen und verzweifeln würden. Aber kein Projekt kommt
voran, indem wir den Schwarzen Peter einfach an Kollegen oder
Geschäftspartner weiterreichen. Und dennoch tun wir dies und
noch viel mehr.

Haben Sie nicht schon einmal wütend daran gedacht, es dem
Schuldigen bei nächster Gelegenheit heimzuzahlen? **Diese dunklen Gefühle sind Teil unseres Menschseins.** Geben Sie sich die
Chance, sich selbst dabei zu ertappen! Dieses andere Ich als solches wahrzunehmen, anzuerkennen und beiseitezuschieben – um
dann eine andere Richtung einzuschlagen. Denn durch diese kleinen unkontrollierten Momente entstehen Kriege (65) zwischen
Abteilungen und Gruppen. Da wird dem Fertigungsmanager von
seinen Kollegen auf die Schulter geklopft, wenn er dem Enginee-
ring-Vertreter verdeutlicht, dass seine Arbeit nichts taugt! Wie
kleingeistig und wie schädlich für die Leistung in beiden Bereichen
und somit für das ganze Unternehmen! Nichts als unkontrollierte,
unreflektierte Auswucherungen unserer Emotionen.

Führungskräften ist häufig nicht bewusst, welche Wirkung sie auf
ihre Mitarbeiter haben. Wir sind immer auch Vorbild. Lästern wir in
einem internen Meeting über Nachbarbereiche oder zeigen mit
dem Finger in die andere Richtung, wenn es um die Lösung eines
Problems geht, so prägen wir damit auch das Verhalten unserer
Mitarbeiter. Gerade im Management gilt es deshalb vor solchen
Affekten auf der Hut zu sein.

Natürlich weiß jeder von uns, was sich eigentlich gehört. Aber aus
Bequemlichkeit, Ignoranz und der Unkenntnis darüber, wie viel

Produktivität unreflektiertes Verhalten vernichtet, schreiten wir nicht ein, agieren als Verantwortliche geradezu unbeholfen. Nur wenn es unerträglich wird, rufen wir den Notarzt, etwa einen Mediator fürs Teambuilding. Dabei lassen sich mit etwas Nachdenken und Empathie die schlimmsten Auswüchse viel früher und vor allem nachhaltiger einfangen.

Beginnen müssen Sie immer bei sich selbst. **Es hilft nichts, Gefühle unterdrücken zu wollen.** Sie sind da! Machen Sie sich also bewusst, was in Ihnen vorgeht. Schauen Sie sich Ihre Gefühle an, um reifer und effektiver zu reagieren und vor allem auch zu ihnen stehen zu können. Der reflektierte und damit reife Umgang mit Emotionen kann so weit führen, dass wir als Führungskraft ein Gefühl wie Scham ebenso bewusst wie kontrolliert erzeugen, um ein unerwünschtes Verhalten abzustellen.

Einem Manager, der seinen Pflichten nur unzureichend nachkommt, erläutere ich vor versammelter Mannschaft, dass ich sein Verhalten für unzuverlässig halte. Das hört niemand gerne, weshalb es mir selbst auch nicht leichtfällt, mich so zu äußern. Geht es mir darum, Menschen zu schaden, sie zu verletzen? Nein, es geht mir um ein produktives Miteinander. Weil niemand solch ein Schamgefühl erleben will, verhalten sich alle Beteiligten bereits nach kurzer Zeit anders, sprich verlässlicher. Sicher, wenn ich das Verhalten von Menschen so deutlich anspreche, mache ich mich damit anfangs nicht gerade beliebt. Sobald aber nach einigen Wochen das neue verlässlichere Verhalten um sich greift, ändert sich das grundlegend.

Auch Neid hilft uns, erfolgreicher zu werden. Es ist falsch zu behaupten, wir selbst seien nie neidisch. Die Frage ist, was wir daraus machen. Sägen Sie aus Niedertracht am Stuhl des Kollegen, der droht, in der Gunst des Vorstandes bald besser dazustehen als Sie selbst? Oder spornt Sie Neid zu Höchstleistungen an?

Unternehmerisch sind Neid und Angst ein ebenso unterschätztes wie mächtiges Führungsinstrument. Sämtliche Anerkennungs- und Statussymbole lösen zugleich Neid und Ehrgeiz (2) aus. Oder was glauben Sie, weshalb Diskussionen darüber, wer in welchem Büro sitzt und welchen Firmenwagen erhält, so häufig sind? Für diejenigen, die selbst täglich mit dem 5er-BMW oder der S-Klasse vorfahren, ist das kein Thema mehr. Für alle anderen umso mehr!

Ob Firmenwagen, die Teilnahme am monatlichen Abendessen mit dem Topmanagement oder der besondere Seminartag: Machen Sie sich also Gedanken darüber, wie Sie Status- und Anerkennungssymbole bewusst einsetzen. Ganze Strategien können neidbasiert ausgelegt werden. Wenn wir einen Wettbewerber herauspicken, der im Moment erfolgreicher ist als das eigene Unternehmen, und zur Maxime ausgeben, diesen ein- und überholen zu wollen, ist das nichts anderes als der Versuch, eine Organisation über die Neid-Emotion in Bewegung zu bringen. Wie gut das funktionieren kann, zeigt der Wettkampf Airbus versus Boeing: Jedes relevante Meeting ist bei Airbus von dem Motto »Beat Boeing« geprägt. Einen starken Wettbewerber zum Feindbild zu erklären, ist eine effektive Art, eine ganze Organisation in Wallung zu bringen. Und dabei dafür zu sorgen, dass der Krieg nicht drinnen stattfindet, sondern draußen, mit dem Wettbewerb.

Als Führungskraft stehen Sie bei Emotionen wie Neid, Scham oder Angst vor der Wahl: Überlassen Sie sich willenlos der dunklen Seite der Macht? Oder bieten Sie den dunklen Emotionen die Stirn, blicken sie an, lernen etwas daraus und nutzen gezielt ihre jeder Rationalität bei Weitem überlegene Kraft, um sich selbst und Ihre Organisationen erfolgreich nach vorne zu bringen?

11 Zündung

Es ist erstaunlich, wie entspannt es bei den jährlichen Budgetrunden oder beim Vereinbaren von Umsatz- oder Einsparungszielen in der Regel zugeht. Die Teilnehmer diskutieren ein wenig, um letztlich mit einer beachtenswerten Leichtigkeit allem Möglichen zuzustimmen. Da sagt der Key-Accounter zu, den Umsatz im nächsten Geschäftsjahr um 20 Prozent zu steigern, der Operationschef erklärt sich bereit, die Kosten um weitere 15 Prozent zu senken. Beide zeigen weder Begeisterung noch ernsthafte Bedenken, kein Entsetzen und auch keine Euphorie. Insgeheim denken sich die Verantwortlichen vielleicht, dass es auch anders kommen könnte. Aber was soll's, Hauptsache, besprochen und erst einmal die Latte hoch gehängt. Dann nimmt das Jahr seinen Lauf, das erste und das zweite Quartal verstreichen, spätestens im vierten bricht die große Hektik aus. Plötzlich meint jeder, die Welt oder zumindest sich selbst retten zu müssen.

Stress, Schuldgefühle, Angst – jetzt zündet die dunkle Seite unserer Emotionen und bringt die gesamte Organisation mächtig in Wallung. Unsere Performance explodiert förmlich. Bei uns selbst und anderen werden Energien freigesetzt, von denen wir im Leben nicht geglaubt hätten, dass wir sie überhaupt besitzen. Und so manch einer beißt sich in den Hintern, wenn ihm klar wird, wozu man im Vorjahr Ja und Amen gesagt hat.

Jahr für Jahr dasselbe Spiel, der scheinbar unveränderliche Kreislauf von Entspannung und Anspannung. Bei Budget-, Umsatz- und Kostenzielen kann dieser Zirkus noch einigermaßen amüsant sein, weil es am Ende schließlich immer irgendwie hinhaut. Bei langfristigen Vorhaben aber gibt es keine eng getakteten Kontrollmechanismen (13), die dazu führen, dass wir rechtzeitig in die Gänge kommen.

Firmen sterben nicht, weil Budgetgrenzen überschritten werden, sondern weil sie sich zu spät damit auseinandersetzen, was in drei, fünf oder zehn Jahren in ihrem Wettbewerbsumfeld passieren wird. Stellen Sie sich eventuellen Veränderungen oder gar Katastrophen nicht rechtzeitig, um daraus Chancen zu entwickeln, reicht im Ernstfall meist die Zeit nicht mehr, um das Ruder herumzureißen. Selbst wenn die Bedrohung noch weit weg erscheint: Der einzig vernünftige Zeitpunkt, um rechtzeitig gegenzusteuern, ist hier und heute!

Ein Lebensmittelspediteur beispielsweise stellt sich deshalb bereits heute Szenarien vor, nach denen in fünf oder zehn Jahren Nahrungsmittelproduzenten unter Umgehung des Handels Verbraucher direkt zu Hause beliefern. Weil es in Zukunft möglicherweise vor jedem Haus Kühlbriefkästen geben wird, in denen frische Ware vor Ort angeliefert werden kann. Eine utopische Vorstellung, die, wenn sie Wirklichkeit werden sollte, das aktuelle Geschäftsmodell des Logistikers zusammenbrechen lässt. Für das Unternehmen und seine Mitarbeiter folgt daraus die Aufgabe, bereits heute in die eigene Zukunft zu investieren.

Die Herausforderung: **Weder Logik noch Fakten, sondern nur Emotionen, ob positive oder negative, bringen Menschen zum Handeln (10).** Zustände, die aber erst in zehn, fünf oder auch in zwei Jahren eintreten, lösen bei den meisten Menschen keinerlei Emotionen aus. Weder Leidenschaft noch Neid oder Angst treiben uns an, wenn es um unsere ferne Zukunft geht.

Wie sehr unsere innere Antriebskraft vom Faktor Zeit abhängt, lässt sich auch an diesem Beispiel beobachten. Jeder, der sich ungesund ernährt oder raucht, verringert seine Lebenserwartung. Trotzdem machen die meisten Menschen einfach weiter. Teilt uns ein Arzt aber mit, dass wir nur noch wenige Monate zu leben haben, wenn wir uns weiter so verhalten, wird uns diese Botschaft im Mark treffen. Die Angst ist mit einem Schlag da und entfesselt ihre Kraft.

Wir beginnen sofort damit, unsere Gewohnheiten zu ändern, sollte es eine realistische Chance aufs Weiterleben geben.

Der, wie ich es nenne, emotional antizipatorische Horizont – das Zusammenspiel von Emotionen, Zielzuständen und dem Faktor Zeit – ist nicht bei allen Menschen gleichermaßen ausgeprägt. Die statistische Verteilung des Phänomens in der Bevölkerung ähnelt einer Gauß'schen Glockenkurve: Auf der einen Seite gibt es eine geringe Zahl von Menschen mit einer äußerst kurzen emotionalen Zündschnur. Bei Drogenabhängigen stellt sich die Frage, warum sie nicht zu einer Therapie in der Lage sind, bei der sie in drei bis sechs Monaten das Schlimmste hinter sich hätten. Der einfache wie tragische Grund: Sämtliches Denken und Handeln der Abhängigen zielt auf Zustände ab, die es in den nächsten achtundvierzig Stunden zu erstreben oder zu vermeiden gilt, weil nur diese mit starken Glücksgefühlen oder Angst verbunden werden. Die Überwindung der Abhängigkeit und Rückkehr in ein normales Leben einige Monate später lösen dagegen weder negative noch positive Emotionen aus – und damit auch keinen Impuls zum Handeln.

Das andere Extrem sind Menschen, die selbst von Zuständen, die erst in zehn oder mehr Jahren eintreten könnten, emotional angestachelt werden. Ich kenne einen umtriebigen, begeisterungsfähigen Manager, der bereits in den Neunzigerjahren Investoren von der Elektromobilität überzeugen wollte. Er brannte für eine Sache, die andere noch nie gehört hatten. Häufig sind es Unternehmertypen, die ihrer Zeit voraus sind. Die Vorstellung, dass in fünf Jahren das eigene Geschäftsmodell nicht mehr funktionieren könnte, kann sie schon in Panik versetzen und eine Handlung auslösen, während die Mitarbeiter noch seelenruhig Dienst nach Vorschrift leisten. Über sechs Monate, so meine Beobachtung, reicht der emotional antizipatorische Zeithorizont der meisten Menschen nicht hinaus.

Was bedeutet dies für unsere Führungsinstrumente, für den Zeithorizont von Planung, Strategie, Reviews und Kontrolle? Wie schaffen wir am besten ein Umfeld, das von hoher Produktivität geprägt ist? **Gerade bei längerfristigen Projekten müssen wir intensiv über die Frage diskutieren, was bereits in sechs Monaten anders sein wird.** Wenn ein Automobilhersteller jetzt proklamiert, auf Elektromobilität setzen zu wollen, aber sich erst zweihundert von zweihunderttausend Mitarbeitern des Konzerns mit diesem Thema beschäftigen: Was wird den Rest der Belegschaft dazu bringen, sich nicht mehr nur mit Verbrennungsmotoren zu beschäftigen, sondern auch sofort mit der Umsetzung der Strategie zu beginnen? Die Angst vor dem baldigen Arbeitsplatzabbau? Oder die Leidenschaft für die Arbeit an einem neuen Modell, die noch in diesem Jahr beginnt?

Wollen Sie, dass Ihr Laden in die Gänge kommt, ein langfristiges Ziel aktiv verfolgt wird, müssen Sie bei den Beteiligten Vorstellungen generieren, die in Sechsmonatsscheiben passen und so ein Momentum auslösen. **Sehnsucht und Leidenschaft müssen auf ein Zukunftsbild gerichtet sein, das nicht weiter weg ist als ein halbes Jahr, anders funktionieren wir als Menschen eben nicht.**

Wer für sich selbst Leidenschaft im Alltag erleben will, macht sich am bestens bereits am Morgen klar, welchen Zustand er bei den wirklich wichtigen Themen am Abend erreicht haben möchte. Verabschieden Sie sich in diesem Sinne von To-do-Listen. Fragen Sie sich morgens drei Dinge: Was steht heute an? Was ist davon am wichtigsten? Und was ist der Zustand, der bei diesen Punkten bis heute Abend erreicht sein soll? Sie werden feststellen, dass Sie für das Erreichen dieser Zustände eine ganz andere Energie und Haltung entwickeln, als wenn Sie anfangen, eine To-do-Liste abzuarbeiten. Es macht eben einen großen Unterschied, ob auf unserer Liste steht: »Gespräch mit Herrn Meier zu Prozesseffizienz führen«, oder ob wir uns vornehmen: »Mit Herrn Meier gemeinsam ein

Verständnis darüber entwickeln, wie wir es schaffen, die Prozesseffizienz um 10 Prozent zu steigern.«

Ziele werden nur erfolgreich erreicht, wenn sie an Emotionen andocken. Und für unsere Emotionen braucht es greifbare Zukunftsbilder. Wenn Sie ein Höchstleistungsumfeld für sich selber und andere schaffen wollen, dann sorgen Sie dafür, dass Sie so weit schauen wie notwendig und dass zugleich jeder Beteiligte erkennt: Was konkret ist in einem halben Jahr zu erreichen? Was wird anders sein und woran werde ich das sehen, spüren, riechen können? Nur so schaffen Sie Leidenschaft und Vertrauen und haben eine gute Chance, dass eine ausreichend kritische Masse anfängt, ebenfalls für das Thema zu brennen.

12 Achtsamkeit

»Moment, meine Damen und Herren, worüber regen wir uns hier eigentlich gerade auf?« Als ein Teilnehmer eines Meetings seine Stimme erhebt, war in der vergangenen halben Stunde bereits über alles Mögliche diskutiert worden: Darüber, wer für die Verzögerungen bei der Umsetzung eines Projektes die Schuld trage oder wo das Haar in der Suppe dieses oder jenes Vorschlags zu finden sei. Der übliche Unsinn also, über den erwachsene Menschen in Unternehmen sich gerne die Köpfe heißreden, ohne zu merken, dass sie damit in keiner Weise zum gemeinsamen Erfolg beitragen. Und dann wirft einer der Streithähne mit einer einzigen Frage das in die Waagschale, was wir in solchen Momenten brauchen: ein gehöriges Maß an Aufmerksamkeit und Bewusstheit gegenüber dem, was in diesem Meeting wirklich geschieht.

Dass der Begriff der Achtsamkeit in den vergangenen Jahren in den Medien Karriere machte, unter anderem im Zusammenhang mit Meditation und Yoga und allen erdenklichen Selbstfindungsansätzen, zeugt davon, dass in unserem Alltag ein gewisser Mangel an

Selbstbeobachtung herrscht. Ich möchte das Thema aber in einem ganz pragmatischen Licht verstanden wissen: Es geht mir schlicht um die Steigerung unserer Ergebnisorientierung und Produktivität. Und das vor dem Hintergrund unserer mächtigen Emotionen.

Leidenschaft, Vertrauen oder Neugier genauso wie Angst, Scham, Neid, Schuld oder Minderwertigkeitsgefühle sind die Kräfte, die darüber entscheiden, was wir und andere tun oder eben auch nicht tun. Wie wir denken, reden, wie wir uns selbst und andere wahrnehmen und welche Schlüsse wir ziehen. Achtsamkeit und Selbstreflexion sind die Schlüssel, um Emotionen besser zu steuern und auf die der anderen intelligenter zu reagieren und damit letztlich effizienter und effektiver zu werden.

Warum tue und sage ich in einem bestimmten Moment etwas und welche Folgen hat das für mich und andere? Stellen wir uns als mündige Menschen, als verantwortungsbewusste Führungskräfte immer wieder dieser Frage. Denn Emotionen sind letztlich der einzige Hebel, mit dem wir als Führungskraft für Bewegung sorgen können.

Warum zum Beispiel verbergen wir uns bei einer Diskussion hinter Floskeln (23), die in Wahrheit nicht dazu beitragen, den Sinn eines Vorhabens für alle Beteiligten klarer zu machen? Warum kontrollieren (13) wir jede Tätigkeit unserer Mitarbeiter oder lesen ihnen vor lauter Unsicherheit die Leviten und vergreifen uns dabei womöglich noch im Ton? Machen wir uns bewusst, warum wir laut und ungefiltert vor uns hinreden (23), unseren Eingebungen freie Bahn lassen, warum wir ungebremst auf äußere Impulse reagieren, etwa die heftige Kritik eines Kollegen. Denn das Einzige, was wir in solchen Momenten ausgiebig präsentieren, ist die mangelnde Fähigkeit zur Reflexion des eigenen emotionsgetriebenen Handelns. Wir sind nicht bei uns selbst und dem, was wir tun. Im Nachhinein bereuen wir das vielleicht sogar: »Mensch, hätte ich das doch anders gemacht!« Oder: »Wieso ist mir das in diesem Moment nicht eingefallen?«

Es heißt, dass die Fähigkeit zur Achtsamkeit in solchen Situationen durch Meditation trainiert werden kann. Sie werden genug Menschen finden, die sich damit schmücken, regelmäßig Meditation oder Yoga zu betreiben, im Alltag aber völlig unreflektiert und unachtsam unterwegs sind. Ob es die Führungskraft ist, die es einmal im Jahr zu einem Schweigeseminar in ein Kloster schafft, aber dennoch völlig unfähig ist, im Berufsalltag mit den eigenen Emotionen und denen anderer effektiv und bewusst umzugehen, oder die Yoga-Damen, auf die ich in einem Café traf und die im Anschluss an ihre Yoga-Einheit einzig damit beschäftigt waren, untereinander nach Anerkennung zu suchen und über nicht Anwesende zu lästern: Da ist keine Spur von Achtsamkeit.

Sie werden als Führungskräfte produktiver, wenn Sie im Alltag den eigenen Beobachter schulen. Wenn es Ihnen gelingt, Emotionen zu erkennen und ihnen ein Etikett zu geben. Etwa sich selbst eingestehen, dass Sie sich vor der Präsentation am nächsten Tag fürchten. Ist das einmal erkannt, lässt sich viel besser damit umgehen. Ganz nach dem Prinzip in der Quantenphysik, nach dem das Beobachtete sich durch die Beobachtung an sich verändert. Mehr müssen Sie gar nicht tun.

Es lohnt sich, darüber nachzudenken, in welchen Situationen wir regelmäßig unachtsam oder unreflektiert handeln, um bereits beim nächsten Mal unser Verhalten bewusst anzupassen. Wissen Sie, wann mit Ihnen im schlimmsten Fall die Pferde durchgehen? Welche Emotionen treiben Sie in solchen Momenten an? Welche Handlungsalternativen bieten sich? Und wie bewerten Sie diese? Es sind Fragen, die im Bruchteil einer Sekunde entschieden werden und den Unterschied zwischen Erfolg und Misserfolg ausmachen. Ob wir als Persönlichkeit reif oder unreif, klug oder unklug agieren, hängt davon ab, wie trainiert unsere Achtsamkeit ist, wie gut wir uns also selber beobachten.

Wenn Sie sich genau beobachten und anfangen, Ihre eigenen Handlungsmuster zu erkennen, wird Ihnen oft nichts anderes mehr übrig bleiben, als über sich selbst zu lächeln. Wunderbar! **Denn wir können uns nur weiterentwickeln, wenn wir uns achtsam, aber ohne Urteil uns selbst stellen!**

Je häufiger wir uns unserer Emotionen bewusst werden, desto souveräner handeln wir in jedem Moment, in dem es darauf ankommt, was wir sagen und wie wir auftreten.

Sackgasse: Darum fahren wir uns fest

⑬ Kontrolle

Auf dem Weg ins Office per E-Mail der erste Check: Wie entwickelt sich die Präsentation für morgen? Bitte um Rückmeldung. Danach ins Meeting: Wo stehen die aktuell laufenden Projekte, was hat wer wann und wie gemacht? Bevor es nach der Mittagspause in den Lenkungsausschuss geht, ein Anruf zu Hause – nur mal prüfen, ob der Sohn wirklich seine Hausaufgaben macht. Mögen Sie auch das gute Gefühl, alles im Griff zu haben? Wir laufen damit Gefahr, uns geradezu durchs Leben zu kontrollieren! Mit zum Teil irrsinnigen Auswüchsen.

Die Führungskraft einer großen deutschen Versicherung beklagte sich mir gegenüber, dass sie zwei Personen damit beschäftige, monatlich einen prall gefüllten DIN-A4-Ordner mit Berichten darüber zu füllen, was in den einzelnen Teilprojekten wie läuft: Welche Aktivität hat welchen Erfüllungsgrad? Welcher Meilenstein ist gefährdet oder nicht? Und wenn nicht, wieso? Diese und viele weitere Daten würden monatlich dem Lenkungsausschuss präsentiert. Zwei fähige Mitarbeiter vergeudeten nicht nur ihre Arbeitskraft und hielten andere auch noch von ihrer eigentlichen Arbeit ab, sondern zögen Ressourcen von dem ab, was es eigentlich zu tun gelte. Das Beispiel zeigt: **Kontrolle an sich ist kein wertschöpfender Akt!**

Also einfach blindlings vertrauen? Nein, denn das wäre schlicht naiv (48) und verantwortungslos. Vertrauen (78) definiere ich als das bewusste Eingehen eines Risikos (49), verletzt oder enttäuscht zu werden. Ohne Mut (76), Reflexion und der richtigen Haltung können Sie nicht vertrauen. Zugleich gilt es, bewusste, keine fahrlässigen Risiken einzugehen.

Das erfordert, dass Sie mit Ihrer eigenen Unsicherheit sowie der den Dingen unweigerlich innewohnenden Unschärfe umgehen können. Andernfalls haben Sie auf jede Aktivität ein Auge und kompensieren damit Ihre Angst, dass etwas schiefgehen könnte.

Wenn ich etwa sicherstellen will, dass mein Sohn im Englischunterricht erfolgreicher wird, ist es nur ein Ausdruck meiner Unsicherheit, wenn ich ihm vorgebe, höchstens zehn Minuten am Tag mit dem iPad zu spielen, dafür aber täglich zwanzig Minuten Englisch zu üben. Kontrollierende Gebote und Verbote, die vorschreiben, was wann zu tun ist, das ist Entmündigung in Reinform – und das Aufzwängen eigener Vorstellungen, obwohl der Kontrollierte es eventuell viel besser weiß.

Und was passiert erst, wenn Unsicherheit und Misstrauen im Unternehmen um sich greifen? Wie etwa bei einem Werkzeughersteller, der sich davor fürchtet, immer mehr Handwerker würden ihren Bedarf über das Internet decken und nicht mehr beim eigenen Vertrieb. Ein CRM-Programm soll den Mitarbeitern vor Ort unter anderem die Zahl und Frequenz der Kundenbesuche vorgeben. Die deutliche Botschaft: »Nur, wenn ihr an der Kundenfront genau das macht, was die Zentrale vorgibt, wird alles gut.« Aber waren unmündige Außendienstmitarbeiter jemals besonders erfolgreich?

Deutlich erfolgversprechender ist es, sich mit den Leitern der regionalen Vertriebseinheiten zusammenzusetzen und sich die Mühe zu machen, gemeinsam herauszufinden: Wie ist der Umgang mit den Kunden heute und was wird in fünf Jahren anders sein? Was leiten sich daraus für Einsichten und Maßnahmen ab? Entscheidend ist, dass aus der Zentrale lediglich die Frage kommt, nicht aber die Antwort! Die Herausforderung: Als Führungskräfte erhalten wir erst einmal keine oder gar eine vermeintlich falsche Antwort.

Auch gegenüber meinem Sohn wäre eine konsequente Ergebnisorientierung richtig: »Was ist aus deiner Sicht notwendig, dass du in der nächsten Klausur erfolgreich bist?« Der Beginn eines Dialogs (31), in dem wir gemeinsam eine Vorstellung davon entwickeln, was getan werden muss und woran wir beide merken, dass es vorwärtsgeht. Beispielsweise durch die Beherrschung von zweihundert Vokabeln, um einen Aufsatz schreiben zu können. Haben wir die Erwartung geklärt, kann er für sich selbst entscheiden, wie er das schafft.

Ob als Eltern oder Manager: Stehen Sie als Sparringspartner zur Verfügung. Denn das ist Führung weit weg von Entmündigung, wie es in Unternehmen zu häufig der Fall ist. Dieses Loslassen (51) um der Freiheit des Denkens willen stärkt den Einzelnen, aber auch eine ganze Organisation.

Wenn Sie stattdessen immer noch mehr Sollwerte und Kontrollpunkte festlegen, obwohl meistens eh alles anders kommt als geplant, programmieren Sie damit lediglich unsägliche Diskussionen darüber vor, warum wer was nicht erreicht hat. Am Ende gibt es zwangsläufig Verlierer. Weshalb diese Art von Kontrolle systematisch und mit fataler Konsequenz eine Atmosphäre aus Angst (9), Scham, Schuld und Verzweiflung produziert. Dabei wollen Sie doch sicher, dass Ihre Mitarbeiter mutig und schnell auf pfiffige, innovativere Lösungen kommen, oder?

Allein dafür lohnt es sich, wesentlich präsenter (4) und achtsamer (12) bei dem zu sein, was Sie warum und wie kontrollieren. Sorgen Sie für Schärfe und Klarheit bei dem, was Sie erreichen wollen! Aber versuchen Sie nicht, mehr Sicherheit zu gewinnen, indem Sie Ihren Mitarbeitern alles haarklein vorschreiben. **Für mich ist ausufernder Kontrollwahn nur ein Ausdruck von Perfektionismus.** Wer aber perfektionistisch ist, der kann Unsicherheit und Unschärfe nicht ertragen. Klären Sie bei sich selbst: Wie hoch ist Ihr erträgliches Maß an Unsicherheit? Und dann steigern Sie es noch einmal in Gedanken!

14 Rechthaberei

Wenn ich Ihnen nur eine einzige Sache erfolgreich vermitteln dürfte, wäre es diese: Hören Sie auf, recht haben zu wollen! Diese sehr klare und simple Haltung würde jeder Organisation solch ein Maß an Souveränität, Ergebnisorientierung und Komplexitätsreduzierung bescheren, dass es uns alle viel zufriedener und erfolgreicher machen würde.

Doch der Alltag sieht so aus: Ein Mitarbeiter stellt gegenüber dem Vorgesetzten fest, dass sich der Rollout des neuen Vertriebswegemodells verzögern wird. Der weist das aber von der Hand und sieht das völlig anders. Und jetzt? Ende der Diskussion oder nächste Eskalationsstufe?

Das Tragische: Je wichtiger Meetings und Diskussionen sind, bei denen es um substanzielle Entscheidungen geht, desto besser bereiten wir uns vor. Wir bilden uns unsere Meinung, legen uns unsere Argumente zurecht, um unsere Position klarzumachen. Daran ist zunächst nichts auszusetzen, beweisen wir damit doch nur, dass uns die Angelegenheit nicht gleichgültig ist, dass wir engagiert sind und uns mit der Sache identifizieren. Zum Problem kommt es, wenn eine Überzeugung mit der Haltung einhergeht, dass die eigene Position, die eigene Sicht der Dinge absolut richtig ist.

Ein von sich selbst sehr überzeugter Geschäftsführer, der im Gegensatz zur Mehrheit seiner Kollegen für die Schließung eines Standortes eintrat, fragte mich einmal: »Aber wenn ich partout nicht der Meinung des Kollegenkreises bin, muss ich mich dennoch der Entscheidung fügen?« Eine Aussage, die tief blicken lässt. Sie bedeutet nichts anderes, als dass die eigene im Vorfeld gebildete Meinung die einzig richtige ist und sie deshalb durchgesetzt werden muss. Und wenn das nicht gelingt, so muss sich der Unterlegene fügen, sich beugen. Und genau das ist der Punkt: Viel zu oft meinen wir, es gehe um Gewinnen oder Verlieren. Verlieren, das wollen wir nicht, es fühlt sich schlecht an. Auch Sie tun sicher alles, um dieses Gefühl zu vermeiden.

Aus dieser Grundhaltung heraus erwächst jedoch kein konstruktives Gespräch. Fatalerweise: Je wichtiger das Gespräch und je mehr es uns selber in der Konsequenz der zu fällenden Entscheidung betrifft, desto mehr erleben wir diese Positionskämpfe um richtig oder falsch.

Machen Sie sich bitte bewusst: **Absolut jede Diskussion, die durch eine Richtig-oder-falsch-Haltung geprägt ist, bedeutet Krieg.** Ein Krieg (65) deshalb, weil es Gewinner und Verlierer geben wird, denn am Ende setzt sich nur eine Meinung durch. Und wie fühlen sich Verlierer? Genau, sie schämen sich oder sind gar verzweifelt. Entstehen so Leidenschaft und Vertrauen? Kaum. Je nach Bedeutung und Frequenz dieser Diskussionen sorgen wir so für ein emotional angespanntes Umfeld, bei dem wenig vertraut, kein Risiko eingegangen und vor allem immer seltener im Sinne der Sache als der eigenen Positionierung agiert wird. Es entsteht ein höchst unproduktives Umfeld, privat eines, das einfach nur anstrengend ist.

Dabei ist klar: Der Kampf findet draußen statt, nicht drinnen, in unseren Organisationen! Und dennoch rüsten die Kontrahenten in Meetings auf, um mit möglichst wenig Blessuren und vielen Siegestrophäen den Kampfplatz zu verlassen. Dabei gewinnt nicht die intelligenteste, sondern die lauteste Lösung, die mit dem größten Waffengeklimper und heftigsten Getöse um die Ecke kommt. Der Wettbewerb braucht gar nichts zu tun: Beständige Rechthaberei wird schon dafür sorgen, dass die eigene Truppe sich selber zerlegt und die Energie nicht auf das richtet, was wir gemeinschaftlich erreichen (71) wollen.

Gefährlich sind übrigens auch einige Formen des Rhetoriktrainings, bei denen es darum geht, die eigenen Positionen so geschickt und gekonnt zu vermitteln, dass unser Gegenüber gar nicht anders kann, als uns zuzustimmen. Diese Manipulation (43) ist aber nicht ergebnisorientiert, sondern purer Egozentrik geschuldet und nicht selten sogar von Niedertracht getrieben! Allein darauf ausgerichtet, uns selbst nach vorne zu bringen und nicht das Unternehmen, nicht die Sache, für die wir eigentlich als Team zusammen kämpfen.

Wenn Sie recht haben wollen, nehmen Sie die Wahrheit für sich in Anspruch. Das ist arrogant, schließlich stellen Sie sich damit über andere. Aber schon bei einfachen Problemen gibt es niemals nur eine Sicht auf die Dinge, niemals nur eine wirklich gute Lösung. Betrachten Sie deshalb Diskussionen und Gespräche als einen gemeinsamen Austausch, als den Versuch des gegenseitigen Verstehens um der besten Lösung willen.

Natürlich geht es darum, eine eigene Meinung überzeugend und selbstbewusst zu vertreten. Und ja, Sie müssen ringen und auch streiten. Aber nicht um den persönlichen Sieg, sondern um den Erfolg des gemeinsamen Vorhabens. Darum, die beste Entscheidung zu fällen und aus den vorgefassten Meinungen und Überzeugungen ganz neue Alternativen zu entwickeln. **Begeben Sie sich in den Ringkampf, um zu sehen, wo Ihre Argumente brüchig sind, wo Sie etwas dazulernen können – Sie selbst, aber auch alle anderen Beteiligten.**

Insbesondere bei anspruchsvollen Gesprächen in entscheidenden Runden, in denen Weichen gestellt werden, sollten sich nicht diejenigen durchsetzen, die am meisten Furcht einflößen oder am dramatischsten auftreten, sondern die, die eine aufrechte Haltung an den Tag legen: Vielleicht hat der andere ja recht! Wenn Sie mit dieser Haltung in ein Gespräch gehen, werden Sie überrascht sein, wie erleichtert sich Menschen auf einen konstruktiven Dialog einlassen.

Die Haltung »Vielleicht hat der andere ja recht« ist etwas völlig anderes als das, was wir »Zuhören« nennen. Letzteres bedeutet nur, so lange höflich zu warten, bis der andere fertig ist mit seinen

Ausführungen und wir endlich das sagen können, was uns schon die ganze Zeit auf der Zunge brennt. Das Gesagte erreicht vielleicht Ihr Ohr, aber nicht Ihren reflektierenden Verstand, der auf Erkenntnisgewinn ausgerichtet ist. Nur bei einem offenen Austausch ohne rhetorische Tricks öffnet sich der Raum für bisher ungesehene Ideen und Perspektiven. Die gemeinsame Erkenntnisorientierung wird zur Ergebnisorientierung: Sie kommen gemeinsam mit Kollegen und Mitarbeitern einen Schritt weiter, hin zu einem Ergebnis. Denn Sie wollen ja zusammen ein Projekt erfolgreich machen, eine Strategie umsetzen oder privat am Ende einer Diskussion das Gefühl haben, sich nicht verhakt, sondern weiterentwickelt zu haben.

Mit solch einer Haltung sorgen Sie außerdem für eine Reduktion von Komplexität – weil Sie sich mit allen relevanten Aspekten eines Themas auseinandersetzen. Aber nicht damit, wie Sie im Wettstreit um die richtige Sicht der Dinge siegen können, welche Argumente Sie dafür ins Feld führen oder mit welchen Gegenangriffen Sie rechnen müssen und wie Ihre Verteidigungsstrategie aussieht – eine völlig unnötige Komplexität, inhaltlich wie emotional.

Idealisiert, meinen Sie? Nein! Denn sobald Sie in einen Wettstreit dieser Art kommen, werden Sie es nicht nötig haben, sich verteidigen zu müssen! Sie werden es nicht nötig haben, jemandem auf geschickte Art und Weise Ihre Sicht der Dinge aufzuzwingen. Gelassen werden Sie erkennen, ob ein ins Feld geführtes Argument tatsächlich etwas mit der Suche nach einer guten Entscheidung zu tun hat. Sie entwickeln einen exzellenten Filter dafür, was relevant ist und was nicht. Und Letzteres sieben Sie aus. Das erzieht Ihr Umfeld entsprechend: Unnötige Komplexität wird einfach gestrichen.

Managementteams erleben aus einer souveränen Reife heraus angstfreie Diskussionen, weil es statt Siegern und Verlierern nur gemeinschaftlichen Erkenntnisgewinn gibt! Niemand muss sich ärgern, wütend oder neidisch sein, weil er auf der Strecke geblieben ist. Folglich gibt es keine Scham und Schuldgefühle, die Energien rauben. Denn jeder profitiert: von besseren Lösungen, einem wertschätzenden Miteinander, das für mehr Vertrauen, Innovationen und Produktivität sorgt. Welch ein Gewinn!

15 Realität

»Nein, das ist so!« Wie oft beharren Sie, ich selbst oder andere so oder ähnlich im Gespräch auf der eigenen Sicht der Dinge? Glauben wir in diesen Momenten tatsächlich, die Wahrheit gepachtet zu haben? Etwa, wenn wir im Urlaub mit Freunden darauf bestehen, dass der gemeinsam genossene Wein im Abgang eine feine Kirschnote habe. Im Job diskutieren wir erbittert darüber, ob das neue Produkt von den Kunden angenommen wird oder nicht. Mein Eindruck, und da schließe ich mich selbst ein: In zahllosen Alltagssituationen tun wir so, als wüssten wir, was Sache ist. Es ist, wie es ist, aber wer weiß denn schon, wie es wirklich ist? Und was ist das überhaupt, Realität? Letzten Endes nichts anderes als ein abstraktes Konstrukt.

Auch Ihre Sicht ist nicht mehr als eine von mehreren Milliarden möglicher Perspektiven, die genauso wahr oder falsch ist wie alle anderen. Theoretisch ist das nachvollziehbar, aber was bedeutet es, danach zu leben? Und mit dieser Einsicht konsequent zu managen?

Nur wenn Sie sich der Wahrnehmung der anderen stellen – der Sichtweisen und Einschätzungen Ihrer Mitarbeiter, Kollegen oder Kunden –, bekommen Sie eine Vorstellung von der Realität. Denn wie gut Sie zum Beispiel einen Kunden oder Kollegen unterstützen, können nicht Sie selbst, sondern nur der Kunde oder Kollege beurteilen. Ihre Wahrnehmung ist die Realität, mit der Sie arbeiten müssen. Diese Einsicht lässt uns offener werden für eine Vielzahl möglicher Perspektiven – die Voraussetzung für ergebnisorientiertes Führen.

Was hilft es der Personalabteilung, wenn diese nach Kennzahlen oder eigenem Befinden einen guten Job macht, die anderen Fachbereiche aber dennoch unzufrieden mit deren Beitrag sind? Wertschöpfung funktioniert nur, wenn die einzelnen Rädchen sauber ineinandergreifen, also der eine Bereich vom anderen das bekommt, was er braucht, um erfolgreich arbeiten zu können. Folglich sind die Kollegen der anderen Unternehmenseinheiten die einzige relevante Instanz für die Einschätzung der Leistungen der Personalabteilung. Warum also nicht einfach regelmäßig die Frage stellen: »Auf einer Skala von 1 bis 10: Wie gut fühlen Sie sich in Ihrem Geschäftsbereich durch die Personalabteilung unterstützt?« Aber nicht, um den Kollegen danach zu erklären, dass das ja so nicht ist und auch nicht sein kann. Sondern diese Realität anzunehmen, sich zu fragen, wie es zu dieser Wahrnehmung kommt und was zu tun ist, um die Dinge voranzubringen.

Ob im Zusammenspiel von Konstruktion und Fertigung, Vertrieb und Marketing oder Produktmanagement und Sales: Nur wenn Sie sich der Realität stellen, wie Sie die anderen wahrnehmen, erhalten Sie die Chance, in einem verbindlichen Miteinander wahrhaftig effektiv, effizient und erfolgreich zu sein. Natürlich könnten Sie sich stattdessen hinter abstrakten, selbst erhobenen Kennzahlen verstecken, um sich nicht einem womöglich unangenehmen Urteil anderer auszusetzen, das Scham und Schuldgefühle auslösen könnte (10). Dabei spielt es überhaupt keine Rolle, ob andere Sie schlecht bewerten, weil diese Ihnen vielleicht nicht wohlgesonnen sind und nie gut beurteilen würden. Es geht allein darum, dass Sie wissen, woran Kunden und Kollegen festmachen, ob Sie einen effektiven Beitrag leisten oder nicht und wie sich die Dinge entwickeln.

Privat mag es ja noch ganz amüsant sein, wenn wegen unterschiedlicher Einschätzungen ein wenig die Fetzen fliegen. Unternehmerisch aber ist es das nicht: Wenn sich Führungskräfte der Wahrnehmung von Kunden, Kollegen oder Geschäftspartnern verschließen und ihr Handeln lieber an sogenannten Fakten ausrichten, handeln sie egozentrisch und gefährden den Erfolg ihrer Organisation. Bringen Sie den Mut auf, sich den Wahrnehmungen der anderen zu stellen, und managen Sie diese. Indem Sie sich immer wieder um die Beantwortung der beiden entscheidenden Fragen kümmern: Was wollen Sie erreichen und woran merken Sie, dass Sie vorwärtskommen?

Einstein hat einmal gesagt: »Nicht alles, was messbar ist, zählt, und nicht alles, was zählt, ist messbar.« Für mich bedeutet das: Es spielt überhaupt gar keine Rolle, wie gut oder schlecht wir wahrgenommen werden. Die Realität darf uns nicht schockieren, sondern nur ein Ansporn sein!

16 Farbenwunder

Man mag es kaum glauben, selbst bei Projekten wie dem Bau des Berliner Flughafens beraten regelmäßig Gremien, die sich vollen Ernstes »Lenkungsausschuss« oder »Steuerungskreis« nennen. Wer steuert und lenkt, dessen vornehmlichste Aufgabe ist es, frühzeitig zu erkennen und zu handeln, wenn ein Vorhaben in der Sache, zeitlich oder budgetär aus dem Ruder zu laufen droht. Dass dies eben kaum passiert, zeigen die zahlreichen Projekte, die im Kleinen wie im Großen gegen die Wand gefahren werden. Ein Grund dafür: **Unsere Gremien mutieren immer wieder zu Gerichtssälen, in denen es weniger um die ungeschminkte Wahrheit geht, dafür aber wahre Farbenwunder zu bestaunen gibt.**

Führen Sie sich nur die Sitzordnung eines solchen Lenkungsausschusses vor Augen. Vorne sitzen einige Topmanager, links und rechts von ihnen irgendwelche Stabsmitarbeiter. Dann kommt ein Projektleiter in den Raum, dem man ansieht, dass er hier und jetzt keine Unterstützung erwartet. Nein, ganz im Gegenteil: »Möge dieser Kelch bitte schnell an mir vorübergehen, damit ich mich wieder der Arbeit widmen kann«, denkt sich der Projektleiter, stellt sich in die Mitte, schmeißt den Beamer an und versucht, den Nachweis über den Status quo zu erbringen und diesen in Bezug zu dem bestehenden Plan zu setzen. Und wehe dem, der dem Plan hinterherhinkt oder womöglich gar das Budget überschritten hat.

Die Gremien – oder in etwas kleinerem Rahmen die Statusmeetings – sind oft nichts anderes als Gerichtsshows mit mehr Anklägern als Verteidigern. Wo Schuldige gesucht werden, braucht sich niemand zu wundern, dass sich kein konstruktives Miteinander im Sinne einer Ergebnisorientierung entwickelt. Aus Angst (9) vor möglichen Konsequenzen gaukeln wir als operativ Verantwortliche uns selbst und anderen lieber eine heile Scheinwelt vor, als uns vorführen und aburteilen zu lassen.

Rückblick: Die Tragikomödie nimmt bereits eine Woche zuvor ihren Lauf. In Vorbereitung auf den Lenkungsausschuss weist der Teilprojektleiter seinen Projektleiter darauf hin, dass das Arbeitspaket »Training im neuen System« wegen der Urlaubzeit der Beteiligten nicht so umgesetzt werden kann, wie man sich das einmal vorgestellt hat. Das Ganze wird sich mindestens um sechs Wochen verzögern. Anstatt an dieser Stelle genau verstehen zu wollen, weshalb dies so ist, und gemeinsam nach alternativen Wegen zu suchen, befindet der Projektleiter schlicht, »dass es höchstens drei Wochen Verzögerung geben kann«. Aus einem an sich roten Teilprojektstatus wird so ein gelber Teilprojektstatus. So weit, so schlecht.

Als zwei Tage später alle Verantwortlichen zu einem Statusmeeting zusammenkommen, sind von den acht Teilprojekten eines auf Rot (Projekt gefährdet) und drei auf Gelb, der Gesamtprojektstatus mindestens auf Gelb (Projekt gefährdet, aber zu schaffen). Nach der zweistündigen Sitzung bekommt unser Teilprojektleiter die Ansage, dass das Arbeitspaket »Training im neuen System« in Wirklichkeit auch in zwei Wochen zu schaffen sei und das Teilprojekt »Rollout« somit auf Grün (Projekt im Plan) steht. Ähnlich geht es drei weiteren Teilprojektleitern, sodass nach der Sitzung der Gesamtprojektstatus sogar auf Grün steht. Ein Farbenwunder ist geschehen! Und sie geschehen immer wieder, jeden Tag. Warum? Anstatt sich als Verantwortliche fordernd und vor allem unterstützend mit den Herausforderungen der Mitarbeiter auseinanderzusetzen, was deutlich mehr Aufwand bedeuten würde, wird in Lenkungs- und Steuerungsgremien auf Kontrolle und Schuldzuweisung gesetzt. Das ist schließlich bequemer, aber auch riskanter.

Die Folge: **Das Miteinander in den Statusabstimmungen dient allein dem Austausch von Lügen (57).** Der Lenkungsausschuss wird vom Programmleiter belogen, der Programmleiter von dem Projektleiter und dieser vom Teilprojektleiter. So werden Teilprojekte, die eigentlich rot sind, auf der Projektebene gelb und schließlich auf der Programmebene grün: Alles läuft nach Plan, selbst wenn dem noch nicht einmal ansatzweise so ist.

In unseren Gremien wollen wir viel zu häufig die Tatsachen nicht wahrhaben, kehren kritische Aspekte bewusst oder unbewusst unter den Teppich. Und wenn uns dämmert, dass doch nicht alles rosig beziehungsweise grün ist, werden aus Verzweiflung nun erst recht die völlig falschen Fragen gestellt, Einwände und gute Argumente plattgemacht.

Was würde passieren, wenn gerade in kritischen Momenten in den Gremien eine Atmosphäre herrschte, in der Istzustände rot sein dürfen, Projektmanager und -mitarbeiter ihre Sorgen äußern und Unterstützung erwarten können? So manches Problem käme erst gar nicht auf den Tisch, kleine Verzögerungen würden sich nicht zum totalen Projektstau ausweiten.

Was Sie als Führungskraft dafür tun müssen? Es würde schon reichen, einem in Bedrängnis geratenen Mitarbeiter die Frage zu stellen: »Was kann ich für Sie tun?« Mit dieser Haltung verwandelt sich jedes Tribunal sehr schnell in ein konstruktives Arbeitstreffen.

Doch seien wir ehrlich: Es sind umgekehrt auch mehr Projektleiter vonnöten, die wiederum ihre Gremien fordern! Selbst wenn Sie als Leiter eines Projektes zum ersten Mal in großer Runde vor dem Topmanagement präsentieren, dann ist es verdammt noch mal Ihre Aufgabe, Rückgrat zu zeigen! Machen Sie Ihren Vorgesetzten klar, was die notwendigen Bedingungen (39) sind, um das Projekt nach vorne zu bringen, und fordern Sie diese Bedingungen ein. Und wenn sich der Lenkungsausschuss nicht darum kümmert, müssen die Erwartungen (17) eben korrigiert werden. Stellen Sie sich rechtzeitig der Wahrheit – damit aus Rot auch wirklich Grün wird!

Klarheit: Wissen, was zu tun ist

 Erwartungen

Der alltägliche Frust und Ärger mit Kollegen, Mitarbeitern, im Freundeskreis oder in der Familie speist sich aus vielerlei Quellen. Die Wichtigste sind zweifelsohne die an uns selbst und andere gerichteten Erwartungen: unsere Vorstellungen über einen Zustand, der in der Zukunft durch unser Zutun oder das der anderen (27) eintreten soll.

Stellen Sie sich einen Fußballspieler vor, den der Trainer in der Halbzeitpause anschnauzt, er solle endlich mal Druck auf seiner Seite machen. Dass Druck entweder bedeuten kann, den Gegner in dessen Hälfte konsequent anzulaufen oder sich den eigenen Mitspielern mehr anzubieten, ist in diesem Moment zwischen Trainer und Spieler nicht geklärt. Was uns nicht bewusst ist: Die Bezugspersonen unserer Erwartungen wissen oft gar nicht oder zumindest nicht im selben Maße wie wir selbst, was wir uns vorstellen. **Zu diffus, zu unklar (25) sind unsere Forderungen, die wir an unser Gegenüber stellen.**

Ein Beispiel aus dem deutschen Mittelstand: Der Geschäftsführer klagt mir gegenüber ständig über den fehlenden Unternehmergeist seiner Manager, insbesondere des Leiters der Controllingabteilung. Diesen hält er zwar für fachlich kompetent, vermisst aber seit Längerem ein gewisses Wadenbeißertum, mit dem er in allen Bereichen entsprechende Kosteneffekte realisieren soll. Leider weiß dieser davon überhaupt nichts, sondern hat eine ganz andere Vorstellung davon, was sein Chef von ihm erwartet: nämlich dass er als Sparringspartner und Dienstleister für die operativen Bereiche zur Verfügung steht, um mit diesen gemeinschaftlich Effizienzpotenziale zu heben. Der Controller spürt zwar, dass etwas zwischen ihm und dem Geschäftsführer nicht stimmt, aber was soll er tun? Als die

Erwartungen letztlich geklärt werden, ist es zu spät: Der Controller muss gehen – unverdienterweise, denn der Mann wäre seiner Aufgabe durchaus gewachsen, hätte man ihn rechtzeitig ausreichend instruiert. Eine tragische Entwicklung sowohl für den Controller als auch das Unternehmen.

Je höher Sie in der Hierarchie unterwegs sind, desto mehr können Sie es sich erlauben, Erwartungen grundsätzlicher Natur zu formulieren. So kann es ausreichen, wenn wir vom Vorstand erwarten, den nachhaltigen Bestand des Unternehmens durch die Etablierung neuer Geschäftsmodelle zu sichern. Eine sehr abstrakte, reichlich interpretationsfähige Erwartungshaltung.

Ob Sie sich als Führungskraft solche generellen Erwartungen erlauben können, hängt auch von dem Erfahrungsschatz und der Kreativität des jeweils Angesprochenen ab sowie von dessen Fähigkeit, mit Unschärfe entsprechend souverän umzugehen. Bei dem einen Mitarbeiter mag eine kurze Ansage genügen, weil er eben genauso tickt wie Sie selbst, mit anderen liegen Sie aber womöglich nicht auf derselben Wellenlänge. Der andere Mitarbeiter ist damit nicht besser oder schlechter. Es gibt eben Menschen, mit denen verstehen wir uns blind, insbesondere wenn man sich über Jahre eingespielt hat. Aber einfach zu unterstellen, dass andere uns schon verstehen werden, das führt schnell zu Enttäuschungen auf beiden Seiten.

Je mehr Leistung und Produktivität gewünscht wird, desto konkreter sprechen Sie Ihre Erwartungen aus. Es reicht nicht, wenn Sie einen Controller, den Sie noch nicht richtig einschätzen können, kurzerhand auffordern, den Business-Case belastbar zu machen, ohne ihm mitzuteilen, auf welche Faktoren er zu achten hat und was zu überprüfen ist. Damit Erwartungen erfüllt werden können, müssen Sie im Sinne von guter Führung den Interpretationsspielraum im Zweifelsfall so gering wie möglich halten. Versuchen Sie, ein Gespür dafür zu entwickeln, was wer wie detailliert an Erwartungen braucht, um diesen entsprechen zu können. Gerade im professionellen Kontext ist es förderlich, sich dabei nur an den angestrebten Ergebnissen zu orientieren.

Natürlich wissen Sie nie genau, was etwa das Ergebnis einer Marktanalyse sein wird oder wie erfolgreich ein Produkt neue Kunden findet. Aber sehr wohl können Sie skizzieren, wie die Marktanalyse nachher aussehen könnte, wenn sie auf fünf Folien vor Ihnen liegen wird und Sie erst einmal nicht auf die Inhalte achten. **Es reicht, wenn sich Erwartungen nicht auf das konkrete Ergebnis, sondern den sogenannten Ergebnistyp beziehen, etwa auf die Struktur oder die Art des Ergebnisses. Das wird viel zu wenig praktiziert!**

Natürlich ist dafür jede Menge Gehirnarbeit notwendig: die aktive Auseinandersetzung mit dem, was wir eigentlich erwarten. Der wunderbare Effekt, den Sie mit solch einer Anstrengung erzielen: eine Klarheit, die den Interpretationsspielraum zwischen allen Beteiligten ebenso verringert wie das Maß an potenzieller Frustration. Sie vermeiden, eine Marktanalyse auf den Tisch gelegt zu bekommen, die Sie sich so niemals vorgestellt haben.

Wenn Sie unzufrieden sind, sich aufregen, heißt das nichts anderes, als dass Sie die Realität (15) nicht akzeptieren wollen oder können. Wollen Sie einen Kunden zu einem bestimmten Datum beliefern, aber die Produktion stellt die Waren nicht rechtzeitig zur Verfügung, geraten Sie unter den Erwartungsdruck Ihres Kunden. Sie haben Stress – weil Sie nicht wahrhaben wollen, dass dieser Erwartung nicht Genüge getan werden kann.

Mir wird häufig vorgehalten, dass ich mich nicht richtig freuen könne. Auf der anderen Seite rege ich mich auch nicht großartig auf, wenn Dinge anders kommen als erwartet. Es ist eben, wie es ist. Um als Führungskraft ergebnisorientiert und zugleich gelassen und souverän zu sein, hilft es Ihnen, einerseits klare Erwartungen zu äußern, diese zu managen und auch zu kontrollieren. Andererseits aber eine Lebenshaltung einzunehmen, die frei von jeglicher Erwartung ist. **Befreien Sie sich von den Erwartungen an Menschen, Zeiten oder Orte.** Entweder freuen Sie sich, weil bestimmte Dinge so eintreten wie einst angedacht. Oder Sie nehmen zur Kenntnis, dass es eben anders gekommen ist. In beiden Fällen haben Sie das Ergebnis zu akzeptieren. Ob Ihnen das Konzept eines Mitarbeiters nicht rechtzeitig vorliegt, die Lieferkette ins Stocken gerät oder das Wetter den Sommerurlaub verhagelt: Ihre Zufriedenheit darf nicht von Dingen abhängen, die Sie irgendwann einmal erwartet haben. Machen Sie das Beste aus dem, was ist.

18 Disziplin

In Deutschland, so heißt es, halten wir viel auf die eigene Disziplin. Wir kommen privat wie im Job zu vereinbarten Treffen. Zeitnah werden E-Mails und Anfragen beantwortet, die nächste Ausschusssitzung fleißig vorbereitet, der morgendliche Marsch durch die Produktionshallen findet, einmal etabliert, immer pünktlich statt. Spätabends setzt man sich übermüdet noch an die Präsentation, die am nächsten Tag gehalten werden soll. Und all das, obwohl einem vielleicht gar nicht danach ist, wir Unlust verspüren, aber die tägliche Arbeit muss eben getan werden. Gemeinhin verbinden wir mit einer solchen Haltung Disziplin. Zu Recht?

Diese Tätigkeiten tun sich im Grunde von selbst. Sie geschehen als Reaktionen auf gesetzte Trigger, dem Druck aus dem Umfeld, den eingegangenen Vereinbarungen, aber auch den eingefahrenen Routinen, in die Sie sich irgendwann selbst hineinbegeben haben. All das läuft genauso automatisch ab wie das Aufstehen und das Duschen. Das Gute daran: Sie sind aus Gewohnheit produktiv und brauchen dafür nicht viel Energie.

Aber wenn ein Vertriebsleiter jeden Tag die Besuchsprotokolle seiner Mitarbeiter durchgeht, um im Bilde zu sein und ihnen Tipps zu geben, was wie besser laufen kann, so mag dies vor Jahren einmal der richtige Mechanismus gewesen sein. Heute spult er damit nur noch emsig sein gewohntes Programm ab, obwohl es möglicherweise längst auf ganz andere Aspekte ankommt. Zum Beispiel darauf, mit neuen Mitarbeitern neue Märkte zu gewinnen, in denen er den Umsatz steigern kann. Und dafür die richtigen Vertriebspartner zu identifizieren. Doch die Disziplin, sich dieser Aufgabe zu stellen, bringt der Vertriebsleiter nicht auf, weil er in seinen alten Routinen feststeckt.

Die Disziplin, die ich meine, brauchen Sie nicht für das Abarbeiten von Routinen, sondern um neue Themen voranzubringen, die von substanzieller Bedeutung sind, weil sie über den Erfolg von morgen entscheiden – an Stellen, wo der Schuh heute noch nicht drückt. Niemand wird Sie zu diesen neuen Tätigkeiten zwingen! Niemand drängt Sie zum Schreiben eines Buches, niemand zu einer Produktinnovation, die den zukünftigen Markterfolg bringen kann. Und ebenso wenig fordern andere Sie dazu auf, sich selbstreflektorisch mit dem eigenen Wertesystem auseinanderzusetzen, um die Persönlichkeit für eine anspruchsvolle Führungsrolle zu entwickeln. Im Gegenteil: Es kommt auf Sie selbst an, darüber zu entscheiden, ob und wann Sie damit beginnen. Und das erfordert wahre Disziplin: das Vollziehen von eigenständig geplanten Tätigkeiten allen inneren und äußeren Widerständen zum Trotz.

Ein Bekannter von mir sagte einmal, dass wahrhaftiger Wohlstand »diskrete Zeit« ist – Zeit, über die wir frei verfügen. Wäre es nicht wunderbar, diese diskrete Zeit maximal zu steigern? Um sie konsequent für Dinge zu nutzen, die Ihnen wichtig sind: für Ihre Berufung im Leben, für die eigene Entwicklung, das Erreichen ehrgeiziger Ziele oder schlicht die bewusste Entspannung, um stets ausgeglichen und energiegeladen zu sein. Um diese freie Zeit gegen jeden Widerstand zu maximieren und konsequent zu nutzen, braucht es Ihren Willen (73), das zu tun, was notwendig ist, und nicht das, was Ihnen oder anderen gerade in den Sinn kommt oder was die etablierten Gewohnheiten an Abläufen mit sich bringen.

Ohne Prinzipien, denen Sie sich selbst unterwerfen, gelingt das nicht.

Bei mir ist es etwa das Prinzip, um 5 Uhr morgens aufzustehen und an der Entwicklung von Konzepten zu arbeiten, ohne mich dabei durch reaktiv-operative Projekttätigkeiten ablenken zu lassen. Bei meinen Meetings folge ich dem Prinzip, nur das zu machen, was wirklich nötig ist, und sie so kurz zu halten wie irgendwie möglich, in der Regel unter zwanzig Minuten. Wenn ich weiß, dass ich in vier Wochen zu einem bestimmten Thema einen Vortrag zu halten habe, plane ich dafür drei Zeitblöcke zur Vorbereitung (40) ein. Diese werden in den Kalender eingetragen und sind von da an ein Termin mit mir selbst, dem ich dieselbe Bedeutung zukommen lasse wie einem Termin mit der Bundeskanzlerin. Das ist ein Prinzip von mir und sicher nicht für jeden das Richtige.

Es braucht wenige solcher Prinzipien, um das eigene Arbeitsleben erfolgreich zu bestreiten. Verfügen Sie nicht über solche Prinzipien, werden Sie von den Kräften gelenkt und geformt, die pausenlos von allen Seiten an Ihnen zerren. Kein Wunder, dass die entscheidenden Tätigkeiten für die Entwicklung des eigenen Ressorts oder der eigenen Persönlichkeit im Alltag untergehen – denn dafür ist ja keine Zeit mehr.

Solche gewinnbringenden Prinzipien wirken erst dann nachhaltig, wenn aus ihnen neue Gewohnheiten werden. **Denn das wahre Potenzial entfaltet Disziplin nicht dadurch, dass Sie sich jedes Mal zu einer Aufgabe zwingen müssen.** Unsere Willenskraft ist begrenzt! Jeden Tag verbraucht sie sich wie eine Batterie, und sie verbraucht sich schnell!

Bei Gewohnheiten ist das anders: Wir denken nicht mehr darüber nach, sondern wir handeln einfach. Ein bestimmter Reiz löst eine bestimmte Verhaltensweise aus und wir legen los, ohne dass es uns noch viel Energie kostet. Das ist beim morgendlichen Zähneputzen so. Und bei dem Werksleiter, der allmorgendlich seine Runden dreht, ohne dass er sich selbst oder sein Team damit wirklich noch voranbringt.

So wie sich Prinzipien für ein erfolgreiches Arbeiten immer wieder ändern, so sind Sie gut beraten, immer wieder Ihre Gewohnheiten bewusst zu ändern. Allein dafür braucht es echte Willenskraft! Sei es, dass Sie sich endlich dazu durchringen, täglich um 5 Uhr morgens aufzustehen, um sich einer Stunde konzentrierter Arbeit hinzugeben. Stellen Sie sich vor, wie um diese Zeit der Wecker klingelt und Sie so gar keine Lust verspüren, die Bettdecke aufzuschlagen. Die Kraft reicht gerade mal dazu, den Wecker in die Schlummerfunktion zu befördern. Die allzu menschliche Neigung ist es, einfach liegen zu bleiben. Disziplin bedeutet, genau dann durchzuhalten und geduldig abzuwarten, was die Frucht Ihrer Anstrengungen sein wird. Sie wird grandios sein!

Bei einem großen Dienstleistungsunternehmen führte eine kleine, neu etablierte Gewohnheit im Vertrieb zu sechs neuen Kunden, und zwar ganz nebenbei. Es reichte aus, sich täglich für zwanzig Minuten mit den Erfordernissen eines ausländischen Marktes auseinanderzusetzen. Das ist privat nicht anders. Täglich grüßt das Murmeltier – nach wenigen Wochen wird aus dem frühen Aufstehen eine Gewohnheit, sodass Sie nicht einmal mehr einen Wecker brauchen und Außerordentliches leisten werden. Es ist diese Art von Disziplin, die mit der Zeit zum Schlüssel wird für unternehmerischen und persönlichen Erfolg.

Welchen Gewohnheiten folgen Sie aktuell? Was meinen Sie, wie gut tragen diese zum Erreichen Ihrer Ziele bei? Ist es vielleicht an der Zeit, neue Prinzipien und Gewohnheiten zu etablieren?

19 Prioritäten

Zum Jahreswechsel tönt es von allen Seiten: das Gerede um die guten Vorsätze verbunden mit Wehklagen darüber, dass das letzte Jahr erstaunlicherweise wieder so schnell vergangen ist. Wieder wurde es nichts mit dem Erlernen einer neuen Fremdsprache, dem Vorsatz, mehr Zeit mit den Kindern zu verbringen. Und auch aus der Sache mit dem Karrieresprung ist eher ein Luftsprung geworden. Die Zeit war einfach nicht da!

Räumen wir das direkt aus dem Weg: Es gibt weder privat noch beruflich Zeit- oder Ressourcenprobleme, es gibt nur Prioritätenkonflikte! Machen Sie dieses oder jenes? Stecken Sie Ihre Zeit in das Erlernen der Fremdsprache oder das Marathontraining? Fokussieren Sie sich auf die Marktbearbeitung oder die interne Prozessoptimierung? Was ist wichtig, was hat Priorität? **Wenn alles Priorität hat, ist nichts wichtig!**

Wer mehr als drei Prioritäten hat, hat keine, so meine ich. Dennoch finden sich privat wie beruflich alle möglichen Absurditäten in dieser Hinsicht. Völlig inflationär wird in Besprechungen alles Mögliche zum »Prio-A-Thema« erklärt, um sich in der Folge zu wundern, warum man mit all diesen Dingen so langsam vorankommt.

Ich gehe noch einen Schritt weiter: **Wer keine Prioritäten setzt, ist faul oder feige!** Das mag hart klingen. Aber sind wir nicht zu oft einfach zu faul, systematisch darüber nachzudenken, was wirklich wichtig ist? Oder zu feige, eine Entscheidung zu treffen und diese Priorität gegenüber den Ansprüchen anderer, aber auch gegenüber den eigenen Selbstzweifeln zu verteidigen?

Wie gerne lassen wir uns stattdessen im Fluss der alltäglichen Anforderungen treiben. Checken nach dem ersten Kaffee erst einmal unsere E-Mails, danach werden noch schnell einige Aspekte für das nächste Meeting ergänzt, das in einer Stunde beginnt. Und warten nicht schon die Kollegen auf unser Konzept zum aktuellen Effizienzprogramm? Was wichtig und dringend ist, das ergibt sich aus dem Fluss der Dinge, das bestimmen Vorgesetzte und Kollegen. So die Klage, die wir ständig hören und nicht selten selber von uns geben.

Der Druck von außen, der Ihnen im Alltag Orientierung gibt, ist so lange gut, wie Sie es selbst sind, der das System um sich herum strukturiert, hegt und pflegt. Solange Sie es sind, der dafür sorgt, dass die Zwänge an den richtigen Prioritäten ansetzen und nicht umgekehrt Sie selbst zum Spielball des Systems werden. Wenn Sie also der Überzeugung sind, ein bestimmtes Projekt bis zu einer gewissen Zeit zu schaffen, dies öffentlich proklamieren und versprechen, kann dieser Druck von außen genau die richtige Wirkung auf Sie selber entfalten. Aber bitte hören Sie auf, sich einfach dem Fluss hinzugeben und auf das zu reagieren, was die Umwelt von Ihnen will, was Ihnen von außen als Prioritäten vorgesetzt werden.

Natürlich, wenn die Hütte brennt, Sie etwa Gefahr laufen, einen Kunden zu verlieren, weil vor Ort die Implementierung eines Programms zu scheitern droht, stellt sich nicht die Frage, was in diesem Moment wirklich wichtig und dringend ist. Sie fahren hin und kümmern sich sofort um die Sache. Aber solche Notfälle kommen nur selten vor. Wie Sie die restliche Zeit nutzen, darüber können Sie nachdenken und bewusste Entscheidungen fällen.

Überlegen Sie sich, wann Sie die meiste Willenskraft (73) haben und worauf Sie diese richten wollen. Es sind meist die Themen, die im Moment nicht brennen, die von größter Bedeutung sind – weil sie etwa den Wettbewerbsvorteil von morgen ausmachen. Das ist die noch nicht existierende Strategie, deren Entwicklung bisher noch von niemandem angestoßen wurde und die nicht heute, aber in zwei Jahren für das Unternehmen überlebenswichtig sein wird. Oder das tägliche Sportprogramm, das verhindert, dass Sie in ein paar Jahren ernsthafte gesundheitliche Probleme bekommen.

Es liegt an Ihnen selbst, ob Sie sich darum kümmern, das Thema ganz oben auf die Agenda setzen und dafür sorgen, dass Ihnen Ihr Umfeld hilft, genau diese Dinge zu schaffen: indem Sie Menschen einbinden, Termine vereinbaren und Deadlines setzen. **Machen Sie sich nicht zum Spielball, ohne dass hinter dem Spiel ein eigener Plan, ein eigenes Ziel steckt.** Mit klugem Selbstmanagement haben Sie es in der Hand, die Dinge so zu gestalten, wie Sie es brauchen und möchten.

Das aber geht immer zulasten von anderen Themen. Sie können niemals alles gleichzeitig leisten. Auch wenn Sie sich vielleicht dieser Illusion gerne hingeben und hektisch von einer Tätigkeit zur nächsten springen: Niemand ist multitaskingfähig. Nichts können wir parallel abarbeiten. Übrigens auch Frauen nicht, was Neurologen schon lange bewiesen haben, für viele Männer aber nach wie vor eine kokettierende Ausrede ist. Wenn Sie sich wie irre im Hamsterrad abstrampeln, lernen Sie dabei nur eine Sache: Sie können doch nur eines nach dem anderen erledigen.

Stress entsteht dadurch, dass wir das Gefühl haben, mehr Dinge bis zu einem bestimmten Zeitpunkt leisten zu müssen, als wir für möglich oder machbar halten. Insbesondere wenn es sehr unterschiedliche Dinge sind, fühlen sich Menschen überfordert und schreien förmlich danach, Prioritäten gesetzt zu bekommen – völlig zu Recht. Denn ständige Kontextwechsel verhindern nicht nur zügige Erfolge, die zufrieden machen und zu mehr antreiben, sondern kosten jedes Mal unnötige Anlaufenergie.

Um zu einem Großteil der höchst relevant erscheinenden Dinge Nein zu sagen, schicken Sie sie bewusst in die Warteschleife. Bis eine der tatsächlichen Prioritäten erledigt und Platz für ein weiteres Thema ist. »Bewusst« ist der entscheidende Punkt: Wenn Sie für sich selbst und andere Prioritäten setzen wollen, benötigen Sie Klarheit darüber, was es bis wann zu erreichen gilt und was die drei Dinge sind, die jetzt Priorität genießen.

Die ersten Prioritäten sind bei den Zielen selbst zu setzen: Soll wirklich der Marktanteil ausgebaut werden? Oder ist es besser, die Kundenbindung zu steigern? Oder doch die Effizienz zu fokussieren? Oder mehr Innovationen voranzutreiben? Hören Sie damit auf, alles für gleich wichtig zu halten. Auch privat können die meisten von uns sich so viele Ziele vorstellen, dass es dafür mehr als ein Menschenleben bräuchte. Was ist Ihnen wirklich wichtig? Freundschaft? Finanzielle Sicherheit? Familienleben? Karriere? Von der Welt viel zu sehen und zu lernen? Diese Prioritäten gilt es nicht nur jeden Tag zu setzen. Was soll dieses Jahr Priorität sein, Sie bei Ihren monatlichen und täglichen Handlungen als Leitgedanke führen? Fällen Sie eine bewusste Entscheidung (20) und bleiben Sie konsequent am Ball.

20 Entscheidung

In Unternehmen stehen permanent Entscheidungen an: für oder gegen eine neue Strategie, für oder gegen eine Investition, über die personellen und fachlichen Ressourcen eines Projektes. Wird nichts entschieden, geht auch nichts voran. Das ist privat nicht anders: Wollen Sie mit Ihrer Familie einen stressfreien Urlaub verbringen, muss irgendwann eine Entscheidung her, wohin es gehen soll. Die Abstimmungsrituale im kleinen Kreis, mögen sie manchmal noch so nervenaufreibend sein, sind übersichtlich. Anders in Unternehmen, in denen über wichtige Entscheidungen oft in möglichst großer Runde debattiert wird – leider häufig, ohne zum entscheidenden Punkt zu kommen. Obwohl es kaum jemand von uns beabsichtigt, verhakt man sich im Laufe der Diskussion, verteidigt Positionen, feilscht um die Deutungshoheit, manipuliert und schmiedet Allianzen, als gäbe es kein Morgen.

Der bequemste Ausweg, bei dem jeder sein Gesicht wahren kann und wir selbst und unsere Kontrahenten wieder Hoffnung schöpfen: Das Thema wird auf nächste Woche oder nächsten Monat vertagt. Dann will man es noch einmal mutig aufgreifen, um zu einer Entscheidung zu gelangen, möglicherweise – wenn das Thema nicht wieder totgeredet wird. Denn wie oft ziehen wir den Stillstand einem Beschluss zu unseren Ungunsten vor?

Auch privat schieben wir schwierige Entscheidungen gerne auf die lange Bank. Legen Sie sich aber etwa in Sachen Familienurlaub nicht rechtzeitig fest, geht es am Ende eben in das einzige Hotel, das noch freie Zimmer hat. Bleiben in Unternehmen erfolgsrelevante Themen liegen oder rotieren in Dauerschleife in irgendwelchen Gremien, wird Ihnen die Entscheidung oft von außen abgenommen. Da ist der Wettbewerber, der Nägel mit Köpfen macht und ein besseres Produkt auf den Markt bringt, welches das eigene Unternehmen unter Zugzwang setzt.

Doch selbst wenn wir in Unternehmen Entscheidungen treffen, sind diese oft nichts mehr als ein Unentschieden in Form eines butterweichen Kompromisses. Das Schöne daran ist natürlich, dass niemand als Verlierer vom Platz geht. Der kleinste gemeinsame Nenner hat aber seinen Preis, kommt doch bei jedem Kompromiss eines immer abhanden: die Reinheit und Präzision einer guten Lösung. Entweder richtet sich ein Unternehmen mit einer Strategie neu aus, oder es bleibt der jetzigen Strategie verhaftet. Entweder wir erfüllen die Bedürfnisse der jungen Zielgruppe oder des älteren Teils der Konsumenten. Alles dazwischen, jede Lösung, die A und B zugleich verspricht, führt zwangsläufig in die Mittelmäßigkeit des Ungefähren.

Dass es häufig keine klaren Entscheidungen gibt, wofür wir unsere Energie investieren, hat letztlich auch damit zu tun, dass gar nicht geregelt ist, wer was zu entscheiden hat. Selbst in Organisationen nicht, in denen per Satzung oder Organigramm alle Zuständigkeiten vermeintlich zweifelsfrei festgelegt scheinen. Papier ist bekanntlich geduldig.

Ist es nicht Ihre Aufgabe als Führungskraft, gerade hier für mehr Orientierung zu sorgen? Wenn etwa bei der Entscheidung darüber, ob ein neuer Fertigungsroboter oder ein Automatisierungssystem angeschafft werden soll, zwölf Manager zusammensitzen und fröhlich über das diskutieren, was ihnen IT- und Fertigungsleiter vorstellen. Jeder Anwesende hat eine Frage und vielleicht auch einen klugen Kommentar. Aber wer entscheidet am Ende: der IT-Manager, der Fertigungsleiter, beide, die ganze Runde oder der Teilnehmer mit dem größten Hang zur Selbstdarstellung? Und wenn die ganze Runde zu einer Entscheidung kommen soll: Wer hat welches Stimmrecht, und reicht eine einfache Mehrheit? Darüber sollten Sie und Ihre Kollegen sich vorher klar sein, um schnell zu den Entscheidungen zu kommen.

Einstimmigkeit ist dabei eine Regel, die nur in den seltensten Fällen notwendig ist. Und doch geben wir uns zu oft dem Bedürfnis der beteiligten Kollegen und Mitarbeiter nach mehr Demokratie hin, die im Mitspracherecht aller das höchste Gut sehen. Selbst dann, wenn sie ein Thema nur am Rande betrifft. Aber warum soll der HR-Manager über das Automatisierungssystem mitentscheiden oder der Produktionsleiter über die Marketingkampagne? Am Ende landen Sie so bei einer halb garen Entscheidung, die Ihr Unternehmen keinen Deut weiterbringt.

Fragen Sie sich einmal, ob Sie selbst Ihre Entscheidungskompetenz in ausreichendem Maße nutzen. Wird doch die Entscheidungsschwäche von Organisationen gerade durch die Scheu des mittleren Managements verursacht, sich gegen den Mitbestimmungswunsch der Kollegen aus anderen Bereichen oder auch der eigenen Mitarbeiter durchzusetzen – anstatt einfach mal zu sagen: »Ich habe die Argumente gehört und die unterschiedlichen Sichtweisen verstanden, und nun treffe ich die Entscheidung, dass wir so und so vorgehen.«

Was spricht etwa dagegen, dass die Entscheidungshoheit über die Einführung eines neuen IT-Systems beim IT-Manager liegt? Wo denn sonst? Die unterschiedlichen Fachbereiche können ihre Anforderungen stellen, ihre Präferenzen nennen sowie die für ihre Sicht sprechenden Argumente vortragen. Doch am Ende entscheidet der IT-Manager, fertig! Es ist ein Unding, dass jeder mit der Entscheidung zufrieden sein soll.

Wenn Sie es allen recht machen wollen, kostet das Ihre Organisationen unendlich viel an Produktivität. Nehmen Sie sich selbst in die Pflicht und schaffen Sie ein klares Verständnis darüber, über welche Entscheidungskompetenzen Sie und Ihre Kollegen tatsächlich verfügen – und was bei einer Besprechung überhaupt geklärt werden muss. Es braucht immer eine unmissverständliche Antwort auf die folgenden Fragen: Was soll heute überhaupt entschieden werden? Wer ist der Entscheidungsträger? Oder was sind die Regeln, nach denen wir entscheiden werden? Bevor das nicht klar ist, brauchen Sie keine Diskussion anzufangen. Aus Prinzip nicht, denn sie kann nur ineffektiv verlaufen. **Mehr Demokratie oder mehr Klarheit und Geschwindigkeit (28):** Wofür entscheiden Sie sich?

21 Toleranz

Punkt 10 Uhr, das Meeting beginnt wie geplant. Während der Bereichsleiter ein Projekt vorstellt, trudeln nach und nach noch einige Teilnehmer gut gelaunt ein. 10.15 Uhr endet der Vortrag, zeitgleich ist die Runde endlich vollständig. Die Zuspätkommer erkundigen sich murmelnd, ob sie etwas verpasst hätten, während der Projektleiter seiner Freude Ausdruck verleiht, dass nun alle da sind und der Nächste zu Wort kommen kann.

Ein Workshop in einem anderen Unternehmen. Einer der zwölf Teilnehmer hat sich entgegen der Absprache zum zweiten Mal nicht auf den Termin vorbereitet. Ich erkläre ihm, dass seine Mitwirkung an dem Workshop deshalb keinen Sinn ergibt, und bitte ihn höflich, den Raum zu verlassen.

Zwei Situationen, eine Frage: **Wissen Sie, wie Sie als Verantwortlicher auf das gezeigte Fehlverhalten konkret reagieren würden?** Was Sie durchgehen lassen oder ansprechen und einfordern werden?

Ihre Toleranzgrenzen kennen Sie nur, wenn Sie sich – wie bei so vielen Herausforderungen im Managementalltag – über Ihr eigenes Wertesystem und die dazugehörigen Regeln, die Sie sich selbst auferlegen, im Klaren sind. Und als Führungskraft beziehen Sie sich dabei nicht nur auf die eigenen Werte: Auch auf die Geschlossenheit mit den Kollegen kommt es an, sei es innerhalb der Team-, Bereichs- oder der Geschäftsleitung.

Ab wie vielen Minuten ist etwa eine Verspätung zu einem Treffen nicht mehr zu tolerieren? Nach fünf oder zehn Minuten oder erst nach einer halben Stunde? Beim ersten Auftreten, dem dritten oder zehnten Mal? Und wie oft tolerieren Sie es, wenn ein anderer sich auf ein gemeinsames Arbeitstreffen nicht vorbereitet hat?

Es ist eine Ihrer zentralen Aufgaben, darüber nachzudenken, was Sie selbst und Ihre Kollegen unter wenigen zentralen Werten wie Zuverlässigkeit (38) oder Vertrauen (78) verstehen. Ab wann dulden Sie ein Verhalten bei sich selbst und anderen nicht mehr, weil Sie das anhand der eigenen Werte oder der Ihrer Organisation nicht vertreten können, und fangen an, sich selber wieder auf Spur zu bringen oder anderen dabei zu helfen, sich wieder einzufügen? Darüber verschaffen Sie sich am besten Klarheit, wenn Sie sich anhand konkreter Situationen mit Werten und Toleranzen auseinandersetzen. Drei Beispiele möchte ich Ihnen vorstellen.

Erstes Beispiel: Die Kollegen aus Produktion, Produktmanagement, Kundenservice und Vertrieb sitzen beisammen, um eine Entscheidung darüber zu fällen, auf welcher Messe sie wie auftreten wollen. Der dafür verantwortliche Marketingleiter spricht über Besucherzahlen, Preisgefüge, Wettbewerbspositionierungen auf den einzelnen Messen und vieles mehr. Wann fangen wir an, dem Kollegen zu sagen: »Du, das ist für dich alles relevant, aber nicht für unsere Entscheidungsfindung hier und jetzt. Welche drei Optionen siehst du? Was ist deine Empfehlung?«

Wann ist bei diesem Beispiel Ihre Toleranzgrenze überschritten? Eine Toleranzgrenze, die Sie mit Ihren Kollegen teilen? Nach zwei Minuten unnötigem Gerede (23) oder erst nach einer Viertelstunde? Nur am konkreten Beispiel können wir erkennen, was wir unter einem Wert wie Zeit verstehen. Zeit ist nicht nur eine Messeinheit, sie ist ein Wert: Zeit, über die wir frei verfügen können, ist pures Gold. Welchen Prinzipien folgen Sie selbst in puncto Zeit? Sie können von anderen nur dann ein bestimmtes Verhalten einfordern, wenn Sie sich auch selbst daran halten. Und etwa die Zeit Ihrer Kollegen genauso achten wie die eigene.

Zweites Beispiel: Was tun wir, wenn mal wieder nach einem Schuldigen gesucht wird? Es reicht, wenn der Produktionsleiter die Frage stellt: »Wieso haben wir den Auftrag bei BMW verloren?« Woraufhin der Vertriebsleiter erläutert, alles richtig gemacht zu haben und dass es letzten Endes am Preis gelegen haben muss – worauf der Produktionschef und der Einkäufer einsteigen, dass sie sich das nicht vorstellen können. Derlei Diskussionen erleben wir ständig, auch wenn jeder weiß, dass sie ziemlich unnütz sind. Wie viel Raum wollen Sie solchen Rechtfertigungsarien (14) geben? Sie sofort im Keim ersticken oder besser abwarten?

Drittes Beispiel: In einem anderen Unternehmenskontext geht es um Verbindlichkeit, wenn etwa in einem Workshop vorbereitende Aufgaben an jeden Teilnehmer verteilt wurden. Einer Ihrer Kollegen kommt nun aber unvorbereitet und erklärt, dass er es leider nicht geschafft habe. Zeigen Sie Verständnis dafür? Oder sagen Sie, dass das so nicht geht, und verschieben den Workshop?

Was ist hier Ihre Toleranzgrenze? **Wie häufig darf jemand eine Vereinbarung brechen, unpünktlich sein, bis Sie Konsequenzen ziehen?** Wie häufig erlebe ich es, dass Führungskräfte überhaupt kein Problem mit an sich nicht tolerierbarem Verhalten haben, wenn es gerade gut läuft. Wenn die Geschäfte aber nicht mehr so gut laufen, wird auf einmal aus jeder Maus ein Elefant gemacht. Einer Leistungskultur ist dies nicht förderlich, gilt es doch in unserem Urteil und Verhalten konsequent zu sein.

Gelingen kann das nur, wenn Sie wissen, was Sie unter welchen Werten verstehen und welche Verhaltensweisen Sie gemäß Ihrem eigenen Werteverständnis für nützlich und welches für schädlich halten. Legen Sie sich im Sinne eines konsequenten, produktiven Managements zu möglichst vielen konkreten Situationen und den damit verbundenen Werten ein klares Verständnis zu. Welche Verhaltensweisen sind für Sie hilfreich und welche im Zweifel nicht tolerierbar im Zusammenhang mit Werten wie Mut (76), Offenheit (77), Vertrauen, Verlässlichkeit, Würde (60), Wertschätzung, Loyalität (69), Konsequenz (75), Zeit und vielleicht noch Geschwindigkeit (28)? Und wo lassen Sie auch mal fünfe gerade sein? Wann stellen Sie gegenüber anderen fest, dass Sie deren Verhalten schlicht für feige halten? Wann, dass jemand Ihre Zeit verschwendet? Wann werfen Sie einer Person vor, sich illoyal zu verhalten?

Wer viel toleriert, wird vielleicht gemocht, aber nicht respektiert. Wollen Sie als Persönlichkeit respektiert werden und eine Hochleistungskultur etablieren? Dann gilt es sehr klar zu sein und zu wissen: Jetzt reicht es, hier hört meine Toleranz auf!

22 Durchhalten

Auf Präsentationscharts mag die Umstrukturierung eines Unternehmens einfach und elegant daherkommen. Dabei weiß jeder von uns aus eigener Erfahrung (7), dass solche Veränderungen äußerst unangenehm sein können. Sie sind unschön, weil sie das eingespielte, durch Gewohnheiten geschmierte und daher so rundlaufende Räderwerk unseres Alltags durcheinanderbringen. Und das ist noch eine Untertreibung!

Jede gute Strategie verändert die Art und Weise, wie Menschen zusammenarbeiten, wie Verantwortung geregelt wird. **Mit der Umsetzung einer Strategie wird das Räderwerk unseres unternehmerischen Alltags auseinandergenommen, neu sortiert, werden etliche Teile ausgetauscht oder ergänzt, um am Ende etwas völlig Neues zusammenzubauen.** Sie können daraus gerne ableiten: Wenn Sie bei der Umsetzung einer Strategie keinen Widerstand spüren, dann haben Sie sich nichts Neues überlegt. Wenn das neue Zukunftsbild keine Veränderungen erfordert, handelt es sich nicht um eine Strategie, sondern bestenfalls um die Optimierung des Status quo.

Wer Veränderungen initiiert, muss wissen: Menschen sind Gewohnheitstiere, und so sind es auch unsere Organisationen. Die Angewohnheit, in bestimmten Geschäftsbereichen auf eine bestimmte Art Entscheidungen (20) zu treffen, zu planen, Dinge abzuarbeiten, bedeutet Professionalität. Weil es eben ohne viel Nachdenken passieren muss und kann und deshalb so wunderbar effizient ist! Denn würden wir jedes Mal darüber diskutieren und entscheiden müssen, wie wir etwa die Budgetierung gestalten, würden wir wahnsinnig werden.

Schwierig wird es, wenn Sie diese ausgetretenen Pfade verlassen. Wenn Sie beispielsweise das Budget aus der Produktion in eine Designabteilung verlagern, die es so vielleicht noch gar nicht gibt. Aufgrund der Erkenntnis, dass durch das veränderte Kaufverhalten der Kunden das Design auf einmal wichtiger wird als Funktionalität. Das Vorhaben wird nicht nur deshalb schwierig, weil sich der Produktionsleiter garantiert auf die Füße getreten fühlt, sondern auch, weil das neue Zusammenspiel nicht sofort reibungslos funktioniert.

Im Gegenteil: Das Chaos wird ausbrechen! Und die meisten Betroffenen werden sich voller Widerstand dagegen sträuben! Warum? Weil viele der Beteiligten gar nicht erkennen können, weshalb die Veränderung notwendig ist. Man ist schließlich erfolgreich, der Istzustand fühlt sich hervorragend an. Umso wichtiger, dass Sie als Verantwortlicher rechtzeitig erkennen, dass ein Geschäftsmodell auf Dauer so nicht funktionieren wird! Und sich deshalb ein Herz fassen und die bestehenden Mechanismen und Strukturen infrage stellen. Doch bevor Veränderungen umgesetzt werden können, gilt es, diese zu durchdenken, um letztlich gute Entscheidungen zu treffen. **Und gut sind Entscheidungen dann, wenn Sie sich die wahrscheinlich unangenehmen Konsequenzen (75) klar vor Augen geführt haben, diese vorwegnehmen und bereits vor ihrem Eintreten reflektieren.**

Stellen Sie sich vor, Sie wollen sich das Rauchen oder Kaffeetrinken abgewöhnen. Das gelingt Ihnen nur, wenn Sie sich zuvor eingestehen, dass das im wahrsten Sinne kein Zuckerschlecken wird – dass Ihnen Kopfschmerzen, Missmut und vieles mehr zusetzen werden. Sich einer solchen Herausforderung unvorbereitet und dennoch erfolgreich zu stellen, ist schier unmöglich!

Nicht anders im Unternehmen. Wenn Sie sich nicht vorab klarmachen, welche Maßnahmen zu welchen Reaktionen und Konsequenzen führen, werden Sie mit den unvermeidlich auftretenden Widerständen schlichtweg überfordert sein. Die Chancen auf Erfolg schmelzen dann schnell dahin!

Wenn in einem Unternehmen Bereiche ins Ausland verlagert werden, gibt es die saubere Lösung nur auf dem Blatt. Im richtigen Leben fühlen sich Mitarbeiter wie eine Manövriermasse hin- und hergeschoben, ausgenutzt und missbraucht (44). Als Verantwortliche haben wir es, sobald wir mit der Umsetzung beginnen, mit kraftvollen, meist destruktiven Emotionen (10) zu tun, die uns ohne Weiteres aus der Bahn werfen, wenn wir uns damit nicht vorab ausreichend auseinandersetzen.

Natürlich werden sich Mitarbeiter gegen uns stellen. Sie würden es ja ebenfalls vehement ablehnen, wenn Ihre Gewohnheiten von außen auf den Kopf gestellt werden, oder? Mitarbeiter werden ihre Gewohnheiten nicht aus eigener Überzeugung über Bord werfen – da können Sie noch so viel erklären, wie Sie wollen.

Wenn Sie möchten, dass sich etwas grundlegend ändert, heißt es: hart bleiben. Geben Sie sich keinen Kompromissen hin, halten Sie Widerstand aus und eine bestimmte Zeit auch durch. Bis die neuen Gewohnheiten sich eingespielt haben, wird es seine Zeit brauchen. Bis dahin sind Sie auf den Fluren oder in den Werkshallen ganz bestimmt nicht Everybody's Darling. Umso mehr genießen Sie selbst und auch alle anderen das unbeschreibliche Gefühl, wenn das Ziel endlich erreicht wird.

Sprache: Das Richtige sagen

23 Gequatsche

Bei einer leidenschaftlich geführten Diskussion mit den Geschäfts-
führern eines großen Mittelständlers über die Vor- und Nachteile
einer Akquisition gönnte ich mir den Spaß mitzuzählen, wie häufig
Aussagen mit »Ja, aber ...« eingeleitet wurden. Was meinen Sie:
zehn-, zwanzig- oder gar fünfzigmal? Acht Teilnehmer, eine Stunde, sage und schreibe einhundertfünfunddreißig »Ja, aber ...«!

Da immer nur eine Person zu einem Zeitpunkt sprechen kann, bedeutet dies, dass in dieser kontroversen Diskussion zweimal pro
Minute gelogen wurde. Lügen (57)? **Ja, Sie haben sich nicht verle-
sen. Denn dialektisch betrachtet, ist jede Ja-aber-Aussage eine
Lüge.** Glauben Sie nicht? Ich gehe sogar noch weiter und behaupte, dass nahezu alle Aber-Sätze Lügen beinhalten oder sich zumindest als völlig unnötig herausstellen.

Zwei Beispiele gefällig? Ein Projektmanager in einer Sitzung: »Wir
werden die Qualität nur einhalten können, wenn wir mindestens noch
zwei Mitarbeiter in das Projekt einbinden und den Go-live um zwei
Wochen verschieben.« Ein Kollege daraufhin: »Ja, aber wir sollten
doch in der Lage sein, mit den Z-Modulen pünktlich in Betrieb zu
gehen!« Oder Ihr Ehepartner: »Ach, ist das schön hier!« Sie: »Ja, aber
die Sonne blendet mich derart, dass ...« Das ließe sich endlos fortsetzen, und Sie würden selber pro Tag Hunderte dieser Lügen sammeln
können. Wieso sagen Sie zu Ihrem Ehepartner Ja und begründen danach genau das Gegenteil? Wieso stimmt der Kollege dem Projektmanager erst zu und führt ihm dann vor, dass der Go-live dennoch
erfolgen kann? In beiden Fällen wurde mit dem Ja gelogen!

Eine Kleinigkeit? Sprachliche Spitzfindigkeit? Das kann man so sehen. Doch glauben Sie, der Projektmanager fühlt sich ernst genom-

men? Nein, tut er nicht. Ernst genommen würde er sich fühlen, wenn sein Gegenüber ihm eine Frage stellt, die auf gemeinsamen Erkenntnisgewinn, auf echtes Verstehen gerichtet ist: »Ich verstehe das nicht! Heißt das, dass der komplette Go-live nicht möglich ist, auch nicht in Teilen?« Oder wenn Sie sich sicher sind, ihn schon komplett verstanden zu haben: »Wie schätzen Sie die Möglichkeit ein, nur mit den Z-Modulen zu dem geplanten Zeitpunkt live zu gehen?« Für mich sind Ja-aber-Aussagen nur die Spitze des Eisberges zahlloser ungerichteter, wenig reflektierter und nicht selten destruktiver Aussagen, mit denen Innovations- und Produktivitätspotenziale im Keime vernichtet werden.

Auch eine Äußerung, die mit »Im Grunde …« beginnt, stellt oft einen sprachlichen Unfall dar. »Im Grunde bin ich Ihrer Meinung, dass wir das Projekt nun anschieben müssen. Nur sollten wir zunächst einmal prüfen, ob wir die notwendigen Ressourcen dafür haben.« Bin ich nun der Meinung, dass wir das Projekt anschieben sollen, oder bin ich es nicht? Will ich damit sagen, dass wir nur noch prüfen müssen, ob wir die Ressourcen haben, und schieben anschließend das Projekt an? Oder möchte ich damit sagen, dass wir dafür keine Ressourcen haben und deshalb das Projekt nicht anschieben werden? Unreflektiertes Geblubber.

Oder was bedeutet es, wenn in einer Teamleiterrunde nach einer längeren Diskussion ein Teilnehmer aufsteht und seine Meinung zum Besten gibt mit: »Jetzt mal ehrlich!« Was soll das? Heißt das, dass alles, was vorher gesagt wurde, gelogen war? Das impliziert ja eine doppelte Agenda: eine offizielle, an der sich vordergründig alle Teilnehmer halten, aber in Wahrheit nicht daran glauben.

»Im Grunde …«, »Ja, aber …« oder »Jetzt mal ehrlich«: Setzen Sie sich damit auseinander, was Sie von sich geben. Sie können nur konsequent managen, wenn Sie in Ihren Überzeugungen, in Ihren Argumenten klar sind. Und wenn Sie darin noch nicht klar (25) sind, sollten Sie sich dessen bewusst sein und dies auch äußern.

Machen Sie sich bewusst: **Sprache ist unser einziges Werkzeug, um uns darüber auszutauschen, wo wir stehen, was wir machen wollen und was dafür zu tun ist.** Ungenauigkeiten, Ungereimtheiten und Widersprüche verhindern einen konstruktiven Austausch. Sie passieren uns auch deshalb, weil wir oft erst beim Sprechen unsere Gedanken entwickeln.

Achten Sie auf sich selbst und andere: Schlucken Sie jedes »Ja, aber ...« und alle sonstigen unreflektierten Aussagen herunter, überlegen Sie stattdessen, was Sie eigentlich fühlen und denken, und formulieren das dann klar! Ein einfacher, aber wirkungsvoller Schritt zu intensiveren und damit produktiveren Gesprächen.

24 Abstraktion

Vielleicht ist Ihnen das auch schon widerfahren. Da spricht man über ein konfliktträchtiges Thema, blickt seinem Gegenüber fest in die Augen – und dann werden die eigenen Formulierungen mit einem Mal auffallend unkonkret. Die Kritik (79), die eben noch klar geäußert werden sollte, kommt nicht wirklich auf den Punkt. Von der Absicht, einem Mitarbeiter zu erklären, dass er einen Kunden schlecht beraten hat, kommen wir womöglich auf das generelle Thema Kundenbindungspotenzial. Der Mitarbeiter ahnt vielleicht, dass sich hinter den Marketingschlagworten eine Kritik an seinem konkreten Verhalten verbirgt. Aber versteht er wirklich, was wir ihm eigentlich sagen wollen?

Auch bei komplexen Angelegenheiten weichen wir gerne ins Abstrakte aus. Stützen unsere Argumentation auf Begrifflichkeiten, die alles Erdenkliche zum Ausdruck bringen, Wissen und Kompetenz signalisieren und uns am besten unangreifbar machen. Was bedeutet es etwa, wenn ein Unternehmen für sich reklamiert, »innovationsfähig« zu sein? Wenn selbst die Geschäftsführung keine Antwort auf die Frage hat, was diese »Innovationsfähigkeit« genau bedeutet, verstecken wir uns im großen Stile hinter einer Abstraktion. In solchen Fällen gilt es, den proklamierten Begriff einfach zu streichen oder wirklich zu klären. Was bedeutet es, innovativ zu sein? Nicht grundsätzlich, sondern ganz konkret für uns, für das Unternehmen? Die Fähigkeit, ein Produkt auf den Markt zu bringen, das mehr kann als die Produkte aller Wettbewerber? Oder sind es zwanzig Patente pro Jahr?

Zwingen Sie sich, bei solchen Fragen intensiv nachzudenken, um darauf eine konkrete Antwort zu geben. Gerade wenn Sie sich bei jeglicher Art von Vision oder Mission oder bei Zielvorstellungen rund um Qualität, Kundenzufriedenheit und Ähnlichem nicht die notwendige Mühe der Klärung machen, werden Sie mehr oder weniger einem Geist hinterherjagen. Einem nicht greifbaren Phänomen, in das jeder seine eigenen Vorstellungen hineininterpretiert. Ihren Mitarbeitern können Sie dann nur schwer vermitteln, was Sie von ihnen eigentlich erwarten.

Das Schöne an abstrakten Begriffen wie »Innovationsfähigkeit« oder »Kultur der Wertschätzung« ist, dass sich im ersten Moment meist nichts gegen sie einwenden lässt. Aber verschleiert ihre vermeintliche Größe nicht nur, wie profan eine Idee, eine Forderung in Wirklichkeit ist? Gerade PowerPoint-Präsentationen sind Tummelplätze für Schlagworte, die jedem geläufig sind, die alles sagen und damit nichts. Natürlich ist es bequem, eine Präsentation mit ein paar starken, gleichwohl interpretationswürdigen Begriffen zu bestücken und während einer Sitzung ein paar Gedanken dazuzupacken und der Diskussion ihren Lauf zu lassen. Wenn eine neue »Governance im Programmmanagement« etabliert werden soll, spricht man gerne von »klaren Schnittstellen zu den operativen Bereichen« und »geklärten Verantwortlichkeiten«. Um zu beantworten, was das genau bedeutet, müssten Sie sich vorab aber die Mühe machen, diese Punkte exemplarisch zu durchdenken.

Und als Zuhörer? Statt zustimmend zu nicken, weil es sich irgendwie schon richtig anhört, fragen Sie besser nach: Worum geht es hier ganz genau?

Selbst wenn es um den nächsten Familienurlaub geht, lauert das eine oder andere Abstraktionsversteck. Die Forderung, dass der Urlaub auf jeden Fall »erholsam« sein soll, garantiert geradezu Missverständnisse: wenn nicht klar ist, ob Sie mit erholsam das Rumhängen auf der Strandliege oder frische Wandersluft in den Bergen meinen. Brauchen Sie diesen Interpretationsspielraum, um sich ein Hintertürchen offen zu halten? Oder liegt es schlicht und ergreifend daran, dass Sie noch kein genaues Bild von dem haben, was Sie eigentlich wollen?

Abstrakte Begriffe sind so unverbindlich, dass ihre Verwender gerade in Diskussionen dazu neigen, bei Anregung oder Kritik hinzuzufügen, dass sie genau das gemeint hätten. Als wäre etwa mit der Erwähnung des Begriffs »Digitalisierung« automatisch gesagt, dass die Vertriebsmitarbeiter mit Tablets ausgerüstet werden sollen. Aber ist das so? Für mich gilt: Was wir nicht sagen, ist auch nicht gesagt.

Nur durchdachte Aussagen bringen Klarheit und Verbindlichkeit in Ihr Reden. Am besten gelingt das, wenn Sie Ihre Gedanken nicht in einige wenige Oberbegriffe oder Schlagworte zwängen, sondern ausformulieren. Nicht darauf vertrauen, dass ein einziges Wort es leisten kann, Ihre Idee auf den Punkt zu bringen – mag etwa ein Adjektiv wie »kundenfreundlich«, »wertschätzend« oder »innovativ« noch so wohlklingend sein. Formulieren Sie Ihre Gedanken besser aus! Das berühmte weiße Blatt vor sich, auf dem aus Worten Sätze und aus Sätzen Geschichten werden.

Doch allein die folgende Aufgabe, die ich bereits vielen Führungskräften gestellt habe, treibt die meisten an den Rand der Verzweiflung: »Ich bitte Sie, mir den jeweiligen Zielzustand Ihres Bereiches, wie er sich von heute an in drei Jahren darstellt, in Form eines Prosatextes auf zwei bis drei DIN-A4-Seiten zu beschreiben. Begeben Sie sich dabei in die Rolle eines unbeteiligten Beobachters, beispielsweise eines Journalisten, und fahren mit der Zeitmaschine drei Jahre in die Zukunft: Was hat sich verändert? Was ist neu? Was ist nicht mehr da? Was sehen Sie? Schreiben Sie einen guten Artikel darüber, wie sich Ihr jeweiliger Bereich zu diesem Zeitpunkt präsentiert. Ein guter Artikel spricht nicht über die Dinge, sondern lässt die Dinge sprechen. Geschichten und Beispiele sind gefragt und keine abstrakten Erläuterungen.«

Welche Antworten ich darauf erhalte? Antworten wie diese: »Die Mitarbeiter in den Abteilungen Vertrieb und Lösungen sind voll auf den Kunden fokussiert ... Sie sind zu Experten für kunden- und branchenindividuelle Lösungen gereift ... Die Produktmanager sind dabei – wie die Vertriebsmitarbeiter – in der Lage, sich tief in die Produktionsprozesse der Kunden hineinzudenken und so kreative Ideen zu entwickeln ...«

Das alles ist durchaus richtig! Aber was bedeutet Kundenfokus denn praktisch? Welcher Film soll da vor unserem inneren Auge ablaufen? Was genau ist anders und besser – und nur das interessiert – im Vergleich zum Vorjahr? Wie sehen und spüren wir das an der Art, wie die Mitarbeiter agieren? Was sind konkrete Beispiele? Was werden Kunden genau sagen? Was zeichnet »branchenindividuelle Experten« wirklich aus? Was macht eine Idee kreativ, auf die wir heute noch nicht kommen?

Ja, manchmal brauchen Sie abstrakte Begriffe wie »Qualität«, »Kultur« oder »Digitalisierung«, Adjektive wie »kompetent« oder »wertvoll«, um einen Sachverhalt schnell zusammenzufassen. Aber im nächsten Schritt gilt es immer, Klartext zu sprechen: **Übersetzen Sie abstrakte Begriffe in das, was Sie damit meinen.** Je klarer Sie in Ihren Aussagen sind, desto mehr verstehen Sie Ihre Mitarbeiter und desto besser werden die von Ihnen erteilten Aufträge erfüllt. Werden Sie so konkret wie möglich!

25 Unklarheit

Altkanzler Helmut Schmidt war einer dieser Menschen, denen wir nachsagen, sie seien erfrischend klar. Was meinen wir damit? Geht es darum, was diese Menschen sagen oder wie sie das sagen, was sie meinen? Bezieht sich Klarheit bereits auf das Nachdenken, das Sich-selbst-klar-Werden über die eigenen Gedanken und Meinungen, anstatt einfach unbedacht loszureden?

Hinter sprachlicher Unklarheit versteckt sich oft nur die eigene Unsicherheit. Wenn etwa ganz im Sinne einer Klärungsvermeidung und damit auch Konfliktvermeidung das Wörtchen »man« ins Feld geführt wird. Denn wozu sonst leiten wir in Sitzungen und Besprechungen Äußerungen ein mit »Man könnte …« oder »Man sollte …«? Wenn Sie der Meinung sind, dass Sie Verantwortung (62) übernehmen sollen, warum tun Sie es dann nicht? Und stellen nicht nur unverbindlich fest, »dass man, um dieses Projekt erfolgreich nach vorne zu bringen, die Prioritäten (19) anders setzen müsste«. Vergessen Sie diesen unbestimmten Konjunktiv, nehmen Sie stattdessen tatsächlich »das Zepter in die Hand«, »setzen die Prioritäten anders« und verzichten auf das ominöse »Man«!

Wenn Sie Ihre Gedanken, Positionen und Erklärungen unreflektiert und unsortiert vorbringen, merken Ihre Zuhörer schnell: Das ist in keiner Weise durchdacht, was Sie von sich geben. Gerade bei Begriffen wie »Strategie« und »Taktik«, »Erfolgsbedingungen« und »Ziele« geht es manchmal drunter und drüber. Was bedeutet etwa ein »strategischer Plan«? Entweder Sie entwickeln eine Strategie oder einen Plan, wie Sie eine Strategie umsetzen! Die Unklarheit beim Verwenden zentraler Begriffe sorgt im Alltag für unnötige Verwirrung und Komplexität.

Ein Phänomen fällt mir in Meetings (36) besonders auf: das sogenannte Sprechdenken. Extrovertierte Teilnehmer geben dabei nicht nur ihre Ansichten zum besten, sondern gönnen sich den Luxus, diese erst beim Reden zu entwickeln – statt erst einmal zu schweigen (81) und nachzudenken. Was für ein Liveereignis! Welche Qualität kann eine Meinung erreichen, die sich erst in dem Moment formt, wenn sie den eigenen Mund verlässt? Genau! Diese Ideen sind eher von bescheidener Natur.

Und immer wieder ist es die Unklarheit anderer, die uns selbst kostbarer Zeit beraubt. Wenn mich etwa jemand auf dem Flur anspricht: »Herr Kolbusa, ich müsste mit Ihnen kurz über ein Thema reden. Wann hätten Sie denn mal eine Stunde?« Dann frage ich nur zurück: »Wozu?« Um meist die Antwort zu hören: »Ja, dafür muss ich Ihnen erst einmal den Zusammenhang erläutern.« – »Nein, müssen Sie nicht!«, erwidere ich und füge hinzu: »Beschreiben Sie mir das Problem in einer E-Mail, und wir besprechen es.« Was passiert? In über 50 Prozent der Fälle höre ich von der Person nichts mehr. Wenn ich einige Tage später nachfrage, erfahre ich, dass sich das Problem (37) bereits erledigt hat: Beim Schreiben der E-Mail ist sich die Person darüber klar geworden, wie es zu lösen ist.

Kopfarbeit lohnt sich! Finden Sie selbst heraus, was eigentlich genau Ihr Problem ist. Die Aussage, die ich selbst von Führungskräften höre, dass sie sich im Gespräch mit anderen besser sortieren können, ist schlicht ein Zeichen von Faulheit und Egoismus. Sie benutzen andere, für sich ein Thema zu klären! Das mag im therapeutischen Kontext sinnvoll sein, hat aber im Selbstverständnis einer Führungskraft nichts zu suchen.

Wenn es nur um eine angenehme Konversation geht, um eine lose Plauderei im Privaten – und da bitte ich Sie, mich nicht misszuverstehen –, kann eine diffuse Verwendung von Begriffen oder die Angewohnheit, erst im Reden die eigenen Gedanken zu sortieren, den sozialen Austausch durchaus befördern. Im professionellen Kontext gilt es dagegen, bewusst und reflektiert seine Worte zu wählen. Sprache ist hier Mittel zum Zweck und nicht Selbstzweck! Benutzen Sie unsere schöne Sprache wirklich klar, korrekt und vor allem auf ein produktives Miteinander gerichtet. Dann werden die meisten Meetings und Workshops deutlich ergebnisorientierter.

Ergebnisorientierung in Organisationen ist untrennbar verbunden mit Sprachkultur. Wenn Ihre Sprache verschwimmt, verschwimmt auch Ihr anvisiertes Zielbild. Letztlich verhindert gedankenloses Sprechen, dass Sie zielorientiert arbeiten. Nur der bewusste Umgang mit Sprache ermöglicht den Dialog (31), aus dem sich Beziehungen entwickeln, aus denen letzten Endes Geschäft entsteht – und aus Geschäft Erfolg. Sprache ist alles.

Teil 2:
Konsequent gegen Trägheit

Während meines Studiums geriet ich mit einem meiner Professoren regelmäßig aneinander. Der Grund: Ständig bestand er darauf, dass ich ein Problem nur auf eine Art und Weise angehe, und zwar auf diejenige, die er aus Gewohnheit, seiner Erkenntnis und Erfahrung favorisierte. Dabei hatte ich meinen Verstand eingeschaltet und selbst Wege entwickelt, die gestellte Aufgabe erfolgreich zu lösen. »So und nicht anders darfst du es machen, denn so haben wir es schon immer gemacht«, lautete damals die Botschaft, die ich aus tiefstem Herze bis heute ablehne. Wenn Berater oder Klienten mir Konzepte vorstellen, die lediglich auf Best Practices, bewährten Verfahren und allseits bekannten Modellen beruhen, möchte ich die vorgelegten Papiere am liebsten in die Luft schleudern. Es macht mich schlichtweg wütend, wenn Menschen nicht ihren Kopf zum eigenständigen Denken benutzen oder gar andere daran hindern wollen.

Einstein sagte einmal, wenn er ein Problem zu lösen hätte, würde er 90 Prozent der zur Verfügung stehenden Zeit darauf verwenden, über dieses nachzudenken, und 10 Prozent, es dann faktisch zu lösen. Warum tun wir das nicht?

Für ein konsequentes Management müssen Sie die eigene geistige Trägheit überwinden, bei sich selbst und bei anderen. Denn wirklich jede unternehmerische Situation muss als einzigartig betrachtet werden, weshalb wir nicht einfach auf bewährte Erfolgsrezepte zurückgreifen dürfen. Tun wir das doch, laufen wir Gefahr, einfach unser bisheriges Programm abzuspulen, um im besten Fall das Ziel oder die Lösung ineffizient herbeizuführen und im schlimmsten Fall gar nicht. Bei mir würde das bedeuten, dass ich ein Strategieprojekt wie das nächste angehe – ein Fiasko für meine Klienten und für mich.

Es ist verführerisch, der Routine nachzugeben, statt sich der anstrengendsten Arbeit hinzugeben, die es meiner Meinung nach gibt: ein weißes Blatt zu nehmen und sich zu fragen, was genau das Ziel oder Problem ist und welche Lösungsalternativen wirklich am schnellsten helfen, es zu lösen. Konsequentes Management hat viel damit zu tun, immer wieder infrage zu stellen, wie wir bestimmte Dinge machen, und sie tatsächlich auch anders zu tun. Tun Sie das nicht, machen Sie es sich als Führungskraft zu leicht. Dann ziehen Sie die Kopie immer dem Original vor. Sie werden passiv und machen von der Zustimmung veränderungsresistenter Kollegen den eigenen Fortschritt oder den Ihres Teams abhängig und verzichten damit bereitwillig auf die eigene Mündigkeit. Aber was anderes zeichnet den von der Führung so oft herbeigesehnten Unternehmer im Unternehmen aus?

Teil 2 versetzt Sie in Bewegung. Indem Sie lernen, auf die eigene Geistesstärke, aber auch in Ihre Möglichkeiten zu vertrauen, den eigenen Wirkungsradius auch ohne formale Befugnis zu erweitern. Erkennen Sie, wie ein ordentliches Maß an durchgesetzter Verbindlichkeit ganze Organisationen auf Trab bringt. Vielleicht fragen Sie sich beim Lesen der Reflexionen auch, was Sie verlieren, wenn Sie aus Trägheit lieber an alten Sicherheiten festhalten. Und begegnen dabei der Furcht vor dem eigenen Scheitern, die uns immer dann ergreift, wenn wir uns aufmachen und das Risiko des Neuen eingehen. Seien Sie sicher: Wenn Sie als Führungskraft sich dem bequemen Fluss hingeben, wird sicher alles beim Alten bleiben. So lange, bis es Ihr Unternehmen oder Sie in dieser Position nicht mehr gibt.

Mündigkeit: Die eigene Stärke

26 Legitimation

Weshalb suchen wir für unser Handeln, für unsere Entscheidungen so oft den Segen anderer? Sicher, wir sind nicht alleine auf der Welt, wir sind auf Kooperation angewiesen und nicht immer können wir alles alleine entscheiden. Für einen Berufsanfänger etwa ist es selbstverständlich, sich bei seinem Chef gerade in den ersten Tagen immer wieder rückzuversichern. Was aber bringt gestandene Mitarbeiter oder gar Manager dazu zu glauben, dass sie von Vorgesetzten oder Kollegen eine »Freigabe« für das eigene Tun bräuchten? Und sich im schlimmsten Fall sogar davon abhängig zu machen?

Stellen Sie sich einen Vertriebsleiter vor, der meint, das neue Softwareprodukt nicht vertreiben zu können, weil das Produktmanagement dessen Nutzen noch nicht klar definiert hat. Braucht er als Verantwortlicher wirklich die Legitimation durch andere, um selbst in Bewegung zu kommen? Wieso ergreift er nicht selbst die Initiative, folgt seinen eigenen Annahmen, welchen Nutzen die neue Software den potenziellen Kunden bringen wird, leitet daraus die entsprechenden Konsequenzen ab und legt los?

Es bringt Sie und Ihre Organisation nicht weiter, wenn Sie für alles Mögliche den Segen der anderen erwarten. Erst recht nicht, wenn es die Absegnung durch eine Gruppe ist. Meetings (36) ziehen sich nicht zuletzt deshalb gerne in die Länge und finden auch so zahlreich statt, weil zu viele Verantwortliche ihre Verantwortung nicht wahrnehmen. Machen Sie sich besser Ihre Entscheidungshoheiten klar, stimmen Sie diese ab und nutzen Sie sie!

Privat nicht anders. Da stellen wir mit bangem Gesicht die neue Partnerin unseren Freunden und gleich noch den Eltern vor. Warum? Damit unser Umfeld uns die Sicherheit gibt, dass die neue Frau an unserer Seite auch wirklich die Richtige für uns ist? Sind wir so wenig überzeugt von unserer eigenen Entscheidung (20)? Wenn Sie wirklich überzeugt sind, brauchen Sie auch keine Legitimation für Ihr Tun!

Bitte verstehen Sie mich hier nicht falsch: Es geht nicht darum, aus Prinzip den Wilden zu spielen, alleine voranzupreschen und sich unnötig Ärger einzuhandeln. Im Job werden Sie für echte Gesetzesbrüche gefeuert, aber nicht dafür, dass Sie Dinge voranbringen wollen, die auch mal einen reibungsvollen Austausch zur Folge haben können. Wenn Sie Ihr Vorhaben sauber durchdacht haben, Erfolgsbedingungen (39) definiert und abgestimmt haben und davon überzeugt sind und den Willen (73) in sich spüren, Vertrieb, Kundenservice oder eben das eigene Leben voranzubringen, dann geben Sie Gas. Anstatt mit dem Fuß auf der Bremse auszuharren und zu warten, bis andere endlich so weit sind. Dafür ist keine Zeit, weder im Unternehmen noch im Leben.

27 Andere

Es ist mal wieder die kleine Runde aus Programmleitung und ausgewählten Projektmanagern, könnte aber auch eine offizielle Lenkungsausschusssitzung oder ein »Fraktionsgespräch« am Kaffeeautomaten sein, in dem nach Gründen gesucht wird, warum es mit dem Projekt nicht so recht vorangeht.

Der Entwicklungsleiter: »Unser Team hat denen jedes Detail erklärt, dennoch bekommt die Produktion das einfach nicht hin!« Der Kollege aus dem Sales: »Ach, die da unten machen doch eh immer ihr eigenes Ding. Und das ist das Einzige, worauf man sich bei denen verlassen kann.« Entwicklungsleiter: »Ja, wenn der Produktionsleiter wenigstens seine Mannschaft im Griff hätte.« Ende der Unterhaltung. Das Ergebnis der Ursachenforschung: »Die anderen« sind der Grund dafür, dass es nicht nach Plan läuft, man den Erwartungen (17) hinterherhinkt.

Die andere Abteilung, der andere Unternehmensbereich: Selbstverständlich würde niemand Kollegen als dumm, unfähig oder feindlich bezeichnen – wir gehen schließlich wertschätzend miteinander um. Meist kommen uns die anderen auch ganz gelegen, zum Beispiel als willkommene Ausrede für die eigene Untätigkeit. Und wie gerne verstecken wir uns mit unseren eigenen politischen Interessen hinter »den anderen«? Wir müssen dann nicht offen äußern, dass wir das Projekt an sich für völlig verfehlt halten, sondern können mit unserer Einschätzung abwarten, bis der andere Bereich seinen Beitrag nicht leisten kann – und stehen so nicht als Spielverderber da.

Gerade wenn ein neues Projekt ansteht oder im operativen Management darüber diskutiert wird, wer wofür geradezustehen hat, spielen wir ganz schnell die Anderen-Karte. Wenn sich etwa der Verkäufer eines Telekommunikationsunternehmens nicht für die Unzufriedenheit der Kunden mit der Rechnungserstellung durch die Buchhaltung verantwortlich fühlt. Ist solch ein Verhalten nicht kurzsichtig und wenig unternehmerisch?

Natürlich ist der Verkauf auch für die Leistungen der Buchhaltung verantwortlich und die Buchhaltung für die Kundenzufriedenheit. Genauso wie der Vertrieb auch für die Produktqualität, der Kundenservice für den Umsatz, das Controlling für ein gedeihliches Miteinander zuständig ist. Warum das so ist? Weil es im gemeinsamen Unternehmen unsere Pflicht ist, anderen zu helfen, statt die Verantwortung (62) dafür in die entsprechende Ecke wegzudrücken! Ja, weisen Sie darauf hin, wenn Dinge aus dem Ruder laufen. Und packen Sie mit an und denken darüber nach, was wie geändert werden kann. **Nach dem Motto »Raus aus dem Silo, rein in das Miteinander!«** Und das schon vor der Klärung von Verantwortlichkeiten und Erfolgsbedingungen (39).

Jedes Umsetzungs- und Veränderungsvorhaben hat mit Menschen zu tun: mit Ihnen und anderen. Wollen Sie erfolgreich Ihre Organisation voranbringen, brauchen Sie ein Bild von dem, was insgesamt erreicht werden soll, was Ihr Beitrag dazu ist und wie Sie dabei mit den Vorstellungen der anderen zueinanderkommen. Dabei ist es vollkommen in Ordnung, dass alle Beteiligten auch ihre eigenen Interessen verfolgen. Sorgen Sie zuerst bei sich selbst für inhaltliche Klarheit. Und anschließend suchen Sie den Abgleich und versuchen, die anderen zu verstehen. Denn: **Sie können das Problem mit den anderen nicht auf Ihrer eigenen Insel lösen.** Von zentraler Bedeutung ist die Art der Diskussionen, die wir dabei führen: Geht es den Beteiligten darum, recht zu haben (14) oder gemeinsam die beste Lösung zu finden?

Gibt es in einem anderen Unternehmensbereich tatsächlich Kompetenzdefizite, sind diese zu kompensieren. Und treten politische Unverträglichkeiten auf? Auf den Tisch damit! Je länger Sie warten, desto schlimmer entwickeln sich die Dinge und das Die-anderen-Phänomen greift wieder um sich.

Wenn am Ende das Vorhaben doch nicht erfolgreich wird? Ja, dann hat es eben nicht geklappt! Aber nicht, weil links und rechts von Ihnen Menschen Fehler gemacht haben, weil das Produktmanagement nicht performt hat, das Marketing seinen Pflichten nicht nachgekommen ist. Es hat einfach nicht geklappt! Das haben Sie zu akzeptieren. Um schließlich mit Ihren Kollegen zu besprechen, wie Sie gemeinsam weiter vorgehen, wie ein Problem nach dem anderen aus dem Weg zu räumen ist.

Bedeutet dies, dass es generell keine Verantwortlichkeiten gibt, für die jemand zur Rechenschaft gezogen werden kann oder gar muss? Doch! Ohne klare Verantwortlichkeiten geht es nicht. Aber die Welt ist nun einmal nicht so einfach gestrickt, dass sich jeder ausschließlich auf sein Päckchen konzentrieren könnte, als wäre alles andere egal. Denn so wird aus einem Projekt mit Sicherheit keine Legende. Legendäre Projekte, über die noch langegesprochen wird, bei denen es heißt: »Weißt du noch, wie wir damals …?«

Das sind die Projekte, bei denen trotz geklärter Verantwortlichkeiten alle an einem Strang gezogen haben. Seien Sie sich bewusst: Sie und alle anderen sind ein Team mit einem gemeinsamen Ziel!

28 Geschwindigkeit

Mindestens einmal in der Woche bekomme ich die Frage gestellt, wo man am besten ansetzen solle, um ein Projekt oder Programm zu beschleunigen. Man sei hinter dem Zeitplan, und die Leute wären nicht mehr so motiviert bei der Sache – die Luft sei ein wenig raus. Abstimmungen seien zäh, notwendige Entscheidungen oder Zulieferungen würden auf sich warten lassen. Meine Antwort darauf: »Genau da.« Die Gegenfrage folgt natürlich sofort: »Wo?« – »Direkt am Symptom«, denn das ist meist auch die Ursache: die Geschwindigkeit.

Ich habe diese Diskussion über Geschwindigkeit schon oft geführt. Schießen Ihnen jetzt die üblichen Gegenreaktionen durch den Kopf? »Das kann nicht richtig sein! Was ist mit der Qualität und den Risiken? Die Gefahr, etwas zu übersehen, ist zu groß Wir müssen das genauer planen, das geht nicht schneller.« Oder: »Die Dinge müssen nun einmal abgestimmt werden!« Nein, all das dürfen Sie getrost vernachlässigen. Denn Dinge werden umso schwieriger und schlimmer, je länger sie dauern. Umsetzungsträgheit und auch unnötiger Umsetzungskomplexität können Sie mit drei Prinzipien begegnen: einer weitestgehend angstfreien (9) Arbeitsumgebung, maximal möglichem Vertrauen (78) und Geschwindigkeit.

Es mag uns einleuchten, dass es sich bei simplen Aufgaben lohnt, Geschwindigkeit aufzunehmen. Was können wir dabei schon verkehrt machen? **Es sind aber gerade die komplexen, schwierigen Projekte, bei denen es auf Geschwindigkeit ankommt.** Projekte, die sich durch viele unbekannte Variablen auszeichnen. Das Betreten eines neuen Marktes, die Integration einer neuen Abteilung oder ganzen Firma, die vollkommene Neuausrichtung des Vertriebes. Gerade dann ist es äußerst hilfreich, alle Beteiligten in hoher Geschwindigkeit durch den Prozess zu ziehen. Mit der Haltung und Überzeugung, dass die Dinge zügig erledigt werden.

Der Vergleich mit einer rasanten Autofahrt lohnt sich. Wann, glauben Sie, sind Sie mehr fokussiert? Wenn Sie mit hoher Geschwindigkeit unterwegs sind oder mit siebzig über die Landstraße tuckern? Wenn Sie schnell fahren, haben Sie wenig Möglichkeiten, sich durch interessante Dinge abseits der Strecke ablenken zu lassen. Genauso ist es bei jeder Umsetzung eines Projektes: Bei hoher Geschwindigkeit sind Sie voll auf das Ergebnis, das eigentliche Ziel konzentriert. Zum anderen haben Ihre Mitfahrer keine Chance auszusteigen, sich etwas anderes zu überlegen oder neue Routenvorschläge zu machen. Sie sind voll in Fahrt. Durch Geschwindigkeit steigt die Effizienz, die Komplexität wird auf das notwendige Maß begrenzt und Projekte haben keine Chance, sich aufzublähen.

Arbeit dehnt sich immer mindestens in dem Zeitrahmen aus, den Sie ihr geben. Alles, was Sie langsam erledigen können, können Sie auch schnell erledigen. Aber abgesehen von der uns leider innewohnenden Trägheit, die es täglich zu überwinden gilt, gibt es gerade in größeren Organisationen die Tendenz, sich absichern zu wollen. Alles genau bedacht und durchgeplant zu haben, um keinen Fehler (45) zu machen. Was nur dazu führt, dass wir das Momentum, das auch komplexe Themen anfänglich besitzen, im Keim ersticken. Im Angesicht der fachlichen Herausforderung setzen wir aus lauter Furcht, es könnte etwas schieflaufen, auf noch mehr Planung und Kontrolle (13). Aber mit Kontrollmechanismen und dem Anspruch auf Perfektion nehmen Sie den Menschen, die bereit sind durchzustarten, nicht selten die Lust an der Arbeit. Dabei geht es doch gerade bei den Projekten, über die wir noch Jahre später sprechen, eher unkompliziert zur Sache. Wir haben das Gefühl, es geht alles spielend leicht und damit schnell von der Hand. Erfolgreiche

Umsetzungen, ob im Kleinen oder Großen, zeichnet immer Geschwindigkeit aus. Wie aber lässt sich Geschwindigkeit als Wert definieren?

Das positive Gegenteil von Geschwindigkeit ist Umsichtigkeit: Sie reduzieren Ihr Tempo, um möglichst alle relevanten Parameter im Blick zu behalten. Schlägt Ihre Umsichtigkeit in ein überhastetes, fahrlässiges Handeln um, laufen Sie Gefahr, notwendige Bedingungen für ein erfolgreiches Vorgehen außer Acht zu lassen. Andererseits möchten Sie zwar umsichtig sein in Ihren Entscheidungen und Ihrem Handeln, aber keinesfalls zögerlich. Gerade die Angst vor Fehlern verführt uns aber dazu, unser Vorgehen immer weiter zu optimieren, bis es endlich perfekt ist. Perfektionismus aber ist nichts anderes als ein Ausdruck von Unsicherheit.

Haben Sie Geschwindigkeit als Prinzip Ihres Handelns auserkoren, wird sehr schnell klar, dass jede Form von Perfektionismus eher hinderlich denn hilfreich ist. Dass Perfektionismus an den falschen Stellen, und das ist meist der Fall, unfassbar viele Ressourcen raubt. Ich denke dabei nicht an den perfekten Kundenservice, der die Kundenbindung sicherstellt, oder an das abgelieferte Produkt. Aber selbst da schießen wir häufig über das notwendige Maß hinaus und machen die Dinge teurer und aufwendiger als eigentlich nötig. Nein, ich rede vor allem über den internen Perfektionismus – über Kleinigkeiten, die viel Energie kosten und schlicht einfacher, weniger perfekt gemacht werden können. Wieso ewig an Präsentationen für irgendwelche Meetings feilen? Wieso unnötig an einer Auswertung arbeiten, wenn die Erkenntnisse längst klar sind? Warum reduzieren Sie Ihre Umsichtigkeit nicht auf das notwendige Maß?

Denn: Je länger Sie über etwas nachdenken, desto mehr Gründe und Risiken fallen Ihnen ein, warum Dinge nicht gehen. Aber braucht es das wirklich? Bringt es uns wirklich weiter, wenn ein Kollege mit Genugtuung noch einen weiteren Grund aufführt, warum eine Idee nicht funktionieren wird? Was fangen wir mit einer

Liste voller Pro und Kontra am Ende an? Natürlich ist es wichtig, die notwendigen Informationen für Entscheidungen beisammenzuhaben, um weiterhin umsichtig zu agieren und nicht fahrlässig – aber nicht langsam und nicht zögerlich. Und wenn wir glauben, wir wären schnell und entscheidungsfreudig, sind wir meist immer noch viel zu umsichtig.

Was wir zu oft nicht erkennen: **Geschwindigkeit ist ein Wettbewerbsvorteil für sich!** Es geht darum, als Erster in den Markt zu kommen und nicht irgendwann mit dem perfekten Produkt vorstellig zu werden. Es geht darum, schnell zu sein – bei Konzeption, Entwicklung, Produktion, Umsetzung ist Time-to-Market mehr denn je ein kritischer Erfolgsfaktor im Wettbewerb. Um hier gerade den teilweise perfektionistischen deutschen Manager, gerne mit Ingenieurs- oder Mathematikhintergrund, zu provozieren, sage ich gerne:»Lassen Sie uns das nach dem Prinzip der schnellen, schlechten Qualität machen.« Deutsche Unternehmen haben darin so ihre Schwierigkeiten. Dass in puncto Elektromobilität nicht die deutsche Autoindustrie das Tempo vorgibt, sondern amerikanische Hersteller, ist kein Zufall. Zu sehr fokussieren die Prozesse hierzulande auf Fehlervermeidung statt auf Fortschrittssprünge. Auch Siemens kann im Wettbewerb mit General Electrics ein Lied davon singen.

Natürlich geht Geschwindigkeit einher mit Fehlern und unzureichender Qualität, zählt doch in sämtlichen Vorhaben der Inhalt und nicht die Form. Ein Prinzip, bei dem es um eine extrem fokussierte Arbeitsweise geht. Verzichten Sie darauf, immer alles bis ins Detail auszuarbeiten. Nehmen Sie besser Tempo auf. Wollen Sie im Lenkungsausschuss eine neue Idee präsentieren, braucht es nicht die große Präsentation mit fein ausgearbeiteten Charts im edlen Corporate Design. Zwei Flipcharts reichen durchaus, um eine innovative Idee rüberzubringen. Die Zeit, die damit verplempert wird, Dinge schön zu machen, ist verschwendete Zeit. Und später gelingt es sowieso viel schneller, einen schlechten Entwurf zu verbessern, um zu einem guten Ergebnis zu kommen, als mit dem ersten Ergebnis den perfekten Wurf zu erreichen.

Wer Geschwindigkeit will, fokussiert sich – bei jeder alltäglichen Entscheidung. Etwa die, ob man jetzt eher das Projekt bei der Kundendurchdringung oder das für die Neukundengewinnung verfolgt. Ein vorsichtiger Zeitgenosse würde sagen: Beides! **Wer schnell ist, setzt dagegen echte Prioritäten (19), macht eines nach dem anderen und lässt den Mythos des Multitaskings endlich hinter sich.** Würden wir unsere Organisation mit klaren Prioritäten auf Wochen-, Monats- und Quartalsbasis versorgen, wie unglaublich schnell kämen wir aus den Startlöchern?

Als Führungskraft können Sie nur schnell unterwegs sein, wenn Sie darin trainiert sind, mit einem hohen Maß an Unschärfe und Unsicherheit umzugehen. Schließlich werden Sie und ich und alle anderen die Welt in ihrer Komplexität nie wirklich durchdringen können, eine nicht triviale Entscheidung nie wirklich sicher fällen können. **Noch so viele Analysen und Meinungen werden uns nicht helfen, auf Nummer sicher zu gehen.** Ob Ihre Entscheidungen letztlich richtig oder falsch sind, das wird sich immer erst im Nachhinein herausstellen. Montags weiß man immer, wie man samstags hätte spielen müssen.

29 Schwarzmalerei

Unbestritten ist Optimismus ausgesprochen sympathisch. Wir schätzen die beruhigende und aufheiternde Art von Menschen, die stets auf den Lippen haben: »Es wird nichts so heiß gegessen, wie es gekocht wird.« Oder: »Die Hoffnung stirbt zuletzt.« Optimismus gilt als äußerst positiver Charakterzug. Manche gehen so weit, ihn in die Nähe einer sich selbst erfüllenden Prophezeiung zu rücken. Die ganze Philosophie des »positiven Denkens« fußt darauf: Stellen Sie sich vor, wie es sein soll, und die Kräfte des Universums werden dafür sorgen, dass es auch so kommt. Optimismus mobilisiere eigene Kräfte und die Menschen im Umfeld. Aber ist Optimismus per se wirklich klug? Macht positives Denken tatsächlich erfolgreich?

Optimisten muss man zugutehalten, dass sie nach vorne schauen. Sie wollen nicht nur Probleme lösen, sondern suchen nach Chancen, um sich und das Unternehmen weiterzuentwickeln. Das Problem: Nichts auf der Welt funktioniert reibungslos, außer es ist trivial. Es wäre also pure Naivität (48) zu glauben, dass jedes Vorhaben, wenn man nur fest genug daran glaubt und sich dafür engagiert, zu einem Erfolg wird. Deshalb stellt sich die Frage: Wie lange ist es sinnvoll, an einem einmal gefassten Vorgehen voller Zuversicht festzuhalten? Und wann wird aus Optimismus Schönfärberei?

Stellen wir uns einen Unternehmer vor, der ein neues Produkt auf den Markt bringt, in das er jede Menge Geld und Zeit investiert hat. Der Verkauf läuft schleppend, die Umsätze für das erste Quartal liegen weit hinter den Erwartungen (17). Im nächsten Quartal werden die Ergebnisse etwas besser, aber der erhoffte Durchbruch will sich nicht einstellen. Was tun? Sich die Situation schönmalen und unbeirrt davon ausgehen, dass die Kunden die Vorzüge des Produkts noch erkennen werden und kurzerhand sogar noch mehr Geld ins Marketing pumpen? Oder nachdenken, abwägen und sich eine mögliche Fehleinschätzung eingestehen, das Produkt vom Markt nehmen und damit das bisher investierte Geld abschreiben?

Letzteres fällt uns nicht leicht, wie der Wirtschaftsnobelpreisträger Daniel Kahneman gezeigt hat. **Wir hassen Verluste mehr, als wir Gewinne lieben.** Kaum drohen uns Verluste, gehen wir immense Risiken ein, wenn es selbst mit geringer Wahrscheinlichkeit noch gelingen kann, diesen Verlust abzuwehren. Solch ein starrsinniges wie hoffnungsfrohes Festhalten bedeutet aber nichts anderes, als sich der Realität (15) zu verweigern. So lange, bis schließlich Murphys Gesetz zuschlägt: Was schiefgehen kann, geht schief. Sollen Sie deshalb Risiken (49) um jeden Preis vermeiden? Nein, natürlich nicht. Denn der Preis für diesen Verzicht ist garantiert zu hoch. Wer sich persönlich oder unternehmerisch entwickeln will, ist bereit, Risiken einzugehen.

Die Frage ist nur: Sind Sie ein Kamikaze-Manager oder gehen Sie Risiken ein, die Sie über einen bestimmten Zeitraum beherrschen können? Durchdachtes, kalkuliertes Risiko hat nichts mit grenzenlosem Optimismus zu tun. Es ist immer besser zu wissen, wann es Zeit wird, die Reißleine zu ziehen. Setzen Sie vor dem Start klare Stop-Loss-Marken und korrigieren Sie diese wie jeder erfolgreiche Börsenhändler später nicht mehr. Es braucht den Mut, Risiken einzugehen, aber keine Fahrlässigkeit. Nichts anderes aber kennzeichnet Manager, die auf das Prinzip Hoffnung setzen. Das ist bequem, denn wer hofft, muss weder denken noch handeln – und muss auch keine schmerzlichen Konsequenzen ziehen.

Wie anders verhalten sich Menschen, die bewusst schwarzmalen! Ob beim Sport oder im Berufsleben, unter Freunden oder in der Familie: Die Frage »Schönfärber oder Schwarzmaler?« macht den entscheidenden Unterschied zwischen Profi und Amateur, Systematiker und Hasardeur, Erfolg und Niederlage. Der eine sagt sich: »Es könnte ja klappen.« Der andere: »Es könnte ja schiefgehen.« Jetzt raten Sie mal, wer am Ende die Nase vorn hat.

Ob Verlags-, Logistik- oder Telekommunikationsbranche: **Die meisten erfolgreichen Führungskräfte, die ich kenne, malen eifrig schwarz.** Das ist nicht L'art pour l'art, sondern eine clevere Strategiefindungsmethode. Auf der Grundlage des schlimmsten anzunehmenden Falles entwickeln sie ihre Strategie, wie sie Situationen entweder vermeiden oder ihnen entgegentreten können. Schwarzmaler bereiten sich vor, wappnen sich. Mit Maßnahmen, die in die Zukunft gerichtet sind.

Etwa der Inhaber eines gut gehenden Buchladens, der sich schon heute vorstellt, dass in einem Jahrzehnt womöglich die Mehrheit der Leser E-Books vorziehen wird, was seine Existenz gefährdet. Bereits jetzt denkt er über Maßnahmen nach, die das Eintreten des vorgestellten Gefahrenszenarios verhindern. Zum Beispiel, ob es nicht sinnvoll wäre, den Buchladen nur noch in der Weihnachtszeit zu öffnen, wenn der Großteil des Jahresumsatzes erwirtschaftet wird, und in der restlichen Zeit die Ladenfläche an Künstler oder gar an eine Eisdiele unterzuvermieten.

Absolut jedes Geschäftsmodell ist endlich. Wer zu lange überoptimistisch in die Zukunft schaut, dem bleibt im Zweifelsfall keine Zeit mehr, sich neu aufzustellen. Das könnte den Autoversicherungen blühen, die sich nicht rechtzeitig mit den Folgen des autonomen Fahrens beschäftigen und daraus neue Geschäftsideen entwickeln, bevor das bisherige Geschäft unweigerlich wegbricht. Während Schönfärber sich dem Schicksal anvertrauen, bleibt der Schwarzmaler Herr der Lage. Verhalten sich nicht also Letztere wahrhaft mündig?

Da ist der Geschäftsführer einer Werft, der trotz voller Auftragsbücher kritisch nach vorne schaut: Weil er erkennt, dass weder Reparaturen an Containerschiffen noch der Neubau von Kreuzfahrtschiffen seiner Werft langfristig die Zukunft sichert. Also bringt er seine Organisation parallel mit dem geplanten Bau einer ersten Jacht sachte auf neuen Kurs. Eine Art Probelauf voller Optimismus, aber mit kontrolliertem Risiko, der zeigen wird, ob man sich in das neue Geschäftsfeld hineinentwickeln kann.

Was Sie auch vorhaben: Jede Strategie ist immer auch eine Wette. Und dafür ist es von Vorteil, wenn Sie jenseits aller Hoffnung wissen: Was sind Sie bereit zu wetten und damit auch zu verlieren? Ohne eine Wette auf die Zukunft werden Sie zeit Ihres Lebens unmündig bleiben und sich auf dem Sterbebett ärgern, dass Sie sich im entscheidenden Moment nichts getraut haben. Wenn Sie aber eine Wette auf die Zukunft eingehen, dann malen Sie vorher besser ordentlich schwarz, als sich einem hoffnungsfrohen, allzu naiven Optimismus hinzugeben.

Führen: Die unerträgliche Leichtigkeit

30 Gelassenheit

Als es kürzlich bei der Diskussion einer kritischen Frage hoch herging, unterbrach der beteiligte Dax-Vorstand plötzlich und sagte zu mir: »Herr Kolbusa, wissen Sie, was *das* ist?« Er zeigte auf ein riesiges eingerahmtes Plakat hinter mir, das offensichtlich einen Teil des Weltalls darstellte. Ohne eine Antwort abzuwarten, deutete er auf die rechte untere Ecke des Bildes, wo eine Staubwolke zu sehen war: »Eines dieser Staubkörner da, das sind wir.« Es war der Druck einer Aufnahme des Hubble-Teleskops und zeigte einen riesengroß anmutenden Ausschnitt des Universums, auf dem unsere schöne Erde zu einem winzigen Punkt wurde. Was hatte dieser Hinweis mit unserer Diskussion zu tun, die sich um die Schwierigkeiten bei der Umsetzung einer neuen Strategie drehte? Nun, es war ein Perspektivwechsel, der die Leidenschaft, mit welcher jeder der Beteiligten seine Position einnahm, in ein neues Licht tauchte: Alles, aber auch alles, was wir tun, ist mit etwas Abstand betrachtet ziemlich unbedeutend.

Jetzt mögen Sie sich fragen, wie Ihnen diese Sicht auf das große Ganze im Alltag behilflich sein soll. Sicherlich bedeutet das nicht, dass Sie sich etwa bei der Lösung eines drängenden Problems keine Mühe geben oder die Dinge ignorieren und einfach abwarten sollten, obwohl Letzteres in einigen Fällen tatsächlich von Vorteil sein kann. Nein, es geht nicht um eine grundsätzlich passive Haltung.

Das Beispiel zeigt Ihnen vielmehr, dass Sie gut daran tun, Ihre Angelegenheiten und sich selber nicht so wichtig zu nehmen. Weil Sie erstens trotz Ihrer Bemühungen ziemlich wenig beeinflussen können und es folglich zweitens wenig bringt, sich ständig darüber verrückt zu machen, was nicht alles schiefgehen könnte. Was Ihnen auch bei schwierigen Aufgaben wirklich weiterhilft, ist Gelassenheit: Die Haltung, das hinzunehmen, was Sie nicht ändern können. Sie können zum Beispiel nicht bestimmen, wie die Zukunft Ihrer Kinder aussehen wird, Sie könnn nur Ihr Bestes dafür tun – um dann mit sich selber im Frieden zu sein! Es ist diese Art von Gelassenheit, die Sie privat wie beruflich weiterbringt.

Wie oft begegne ich aber diesen nervösen Rehen in den Führungsetagen, denen sofort der Schweiß auf der Stirn steht, wenn irgendwo der Umsatz wegbricht. Purer Stress, der letztlich nichts anderes bedeutet, als dass wir die Realität (15) nicht akzeptieren können. Der Geschäftsführer eines Automobilzulieferers etwa verzweifelte schier, als er mir darstellte, wie unkooperativ die einzelnen Bereiche seines Unternehmens agierten und die Produktivität deshalb immer noch nicht stieg. Bevor sich die Organisation in einen blinden Aktionismus stürzte, loteten wir aus, was getan werden konnte, um die ganze Sache zumindest ein Stück weit in eine andere Richtung zu bringen. Entscheidend dabei war, dass er einsah, dass diese Veränderung Zeit brauchen würde und zugleich die momentane Situation nicht kriegsentscheidend war, insbesondere für ihn selbst.

Es bringt Ihnen nichts, an tausend Fronten gleichzeitig zu kämpfen, weil Sie nicht alles von heute auf morgen schaffen werden und es eine Härtephase auch mal auszuhalten gilt. Ob die Produktivität in den nächsten Wochen um 2 Prozent nach oben geht oder nicht – es ist alles relativ! Aber Vorsicht: Dieser Relativität sollte eine Gelassenheit innewohnen, die auf keinen Fall mit Gleichgültigkeit zu verwechseln ist. Denn das wäre fatal und unverantwortlich!

Manche Menschen verstecken sich förmlich hinter ihrer angeblichen Gelassenheit. Da ist etwa der Vorstand eines großen Konzerns, der aus den einzelnen Teilbereichen immer wieder Konzepte geliefert bekommt, die schlichtweg schlecht sind. Was tut er? Er gibt sich gelassen, akzeptiert, was kommt, obwohl es seine Pflicht wäre, die Latte für alle Beteiligten viel höher zu hängen. Sein Nichthandeln zeugt nicht von souveräner Gelassenheit, sondern von dem fehlenden Mut (76), sich notwendigen Auseinandersetzungen zu stellen.

Seien Sie gelassen im Prozess, aber nicht gleichgültig gegenüber dem Ergebnis! Die Frage, wie ein Ziel erreicht wird, da dürfen Sie sich gerne entspannt zurücknehmen, aber bei der Frage nach dem, was und wozu etwas getan wird, auf keinen Fall.

Wie es nicht geht, zeigte mir ein frisch ernannter Geschäftsführer, der sich über alle möglichen Kleinigkeiten aufregte. Zum Beispiel darüber, warum er bei einer bestimmten Kundenveranstaltung nicht eingeladen wurde. Mit den wirklich wichtigen Dingen aber, die für seinen zukünftigen Verantwortungsbereich relevant gewesen wären, setzte er sich nicht auseinander, etwa mit dem Vertrieb in seiner Region und dem Geschäftsmodell dort. Seien Sie ehrlich: Verhalten Sie sich anders? Wie oft kümmern Sie sich mehr um irgendwelche Äußerungen eines Kollegen, um irrelevante Details, als etwa um die notwendigen Bedingungen für den Projekterfolg?

Privat nicht anders. Wie oft mag es vorkommen, dass Sie sich darüber aufregen, dass das Essen nicht fertig, das Zimmer nicht aufgeräumt oder schon wieder der Müll nicht runtergebracht worden ist? Im gleichen Moment schauen Sie vielleicht darüber hinweg, wie es dem Ihnen nahestehenden Menschen heute ergangen ist, was sich gerade in der Schule abspielt und ob Sie irgendwo helfen können. Es mögen oft unbequeme Themen sein – aber rechtfertigt das unsere Gleichgültigkeit?

Und was ist, wenn wir Veränderungen einfach hinnehmen? Ist das vielleicht sogar ein Zeichen von Souveränität? Wenn wir lernen, damit umzugehen, dass der Absatz jedes Jahr ein wenig schrumpft oder das Unternehmen immer weniger geeignete junge Mitarbeiter für sich gewinnt, dann ist es von dort nur ein kleiner Schritt, bis uns überhaupt nichts mehr kümmert. Der Vorstand beschließt eine neue Strategie? Egal, soll er doch, wir machen hier einfach weiter unseren Kram. Ein anderer Unternehmensbereich nebenan steckt in Schwierigkeiten? Hauptsache, wir kommen pünktlich nach Hause und am Ende stimmt der Bonus.

Gelassenheit wie Gleichgültigkeit sind ein ruhiger Puls zu eigen. Und doch ist Ersteres erstrebenswert, Letzteres aber das größte Gift für Unternehmen: Niemand stemmt sich mehr gegen den Abwärtstrend und einmal eingeschlichene Fehler verstärken sich immer weiter. Schauen Sie genau hin: Gleichgültigkeit und Hektik haben einen gemeinsamen Nenner – beide sind untrügliche Zeichen für geistige Trägheit. Agieren wir hektisch, tun wir Dinge, ohne wirklich nachzudenken. Sinken wir auf den Zustand der Gleichgültigkeit herab, dann haben wir das Denken im Angesicht der Herausforderungen völlig eingestellt. So weit muss es nicht kommen. **Bleiben Sie gelassen, und das auf konstruktive und engagierte Art und Weise.**

31 Dialog

Haben Sie schon einmal erlebt, wie leicht es sich als Führungskraft anfühlt, dies und jenes einzufordern und Aufgaben in alle Richtungen zu verteilen? Fast mühelos passiert dies – es scheint, als genüge ein Wink von uns Dirigenten, und die Räder im Unternehmen setzten sich in Bewegung. Und genau das ist das Problem: Viel zu oft setzen sich die Räder einfach in Bewegung und rotieren ohne Unterlass – ohne dass irgendeines der beteiligten Rädchen, also die Mitarbeiter, versteht, warum und wozu.

Der Vorgesetzte, der aus einer inneren Eingebung heraus einen Mitarbeiter auffordert, bis zum nächsten Treffen die Präsentation doch bitte um eine Darstellung der Wettbewerbsanteile zu ergänzen, hat sich über die Folgen seiner Weisung vielleicht keine weiteren Gedanken gemacht. Dabei beschäftigt der kleine Extraauftrag zwei oder mehr Kollegen drei Tage damit, eine Tabelle um eine womöglich nutzlose Spalte zu ergänzen. Führen fühlt sich so gut an, wenn es die gewisse Leichtigkeit des Moments versprüht, die ganz ohne den Geruch von Schweiß und Mühsal auskommt. Doch wenn Sie sich im Fluss der leicht gestellten Aufträge und unüberlegten Erwartungen (17) treiben lassen, kommen Sie am Ende selten dort an, wo Sie hinwollen.

Da tritt der CEO nach einer Strategieklausur vor die versammelte Führungsmannschaft, dreihundert Augenpaare richten sich auf ihn und lauschen gespannt einer flammenden Rede, in der er sein Zukunftsbild in die Köpfe des Publikums projiziert: Vom reinen Telekommunikationsanbieter soll sich das Unternehmen zum Lifestyle-Anbieter entwickeln, ja transformieren. Seine Truppe verabschiedet er mit erwartungsvollen Worten: »Und jetzt, meine Damen und Herren, bitte ich Sie, mir zu zeigen, wie wir das erreichen.« Begeisterung, Applaus, danach ein paar Häppchen. In den kommenden Wochen lässt er sich in Lenkungsausschüssen sukzessive berichten, wie man mit der Umsetzung der Strategie vorankommt. Die Enttäuschung aufseiten des CEOs wird dabei immer größer. »Da vertraut man seinen Mitarbeitern und bekommt das zurück!«, so seine Kritik. Dabei war das Dilemma vorprogrammiert.

Viele Führungskräfte meinen, sie schenken Vertrauen (78), für das ihre Mitarbeiter dankbar sein sollten. Wenn wir in diesem sprachlichen Bild bleiben, ist das Geschenk schön verpackt, gerne auch mit einem kleinen Lob vorab als Schleife drauf, aber – und das ist eben entscheidend – ohne einen relevanten Inhalt. **Vertrauen als Geschwätz, eine reine Luftnummer aus Bequemlichkeit.** Natürlich spüren wir in solchen Momenten, dass unser Gegenüber uns nicht wirklich verstanden hat, was wir von ihm wollen. Aber es ist unangenehm, sich dieser Unklarheit (25) persönlich zu stellen. Der sogenannte Vertrauensvorschuss erscheint da als leichter Ausweg.

Natürlich ist der CEO als engagierter Chef immer wieder an der Front sichtbar, spricht mit den Mitarbeitern an der Basis, ist bei wichtigen Kundenterminen dabei. Nur um eines kümmert er sich nicht: die vielen Fragenzeichen in den Köpfen seiner Manager. Es ist seine Aufgabe, mit jedem seiner Führungskräfte eine klare Idee zu entwickeln, was konkret die Strategie, »ein Lifestyle-Anbieter zu werden«, für Sales, Service, Produktmanagement, Vertrieb und alle anderen Bereiche bedeutet. Denn warum sollten unsere Mitmenschen das, was wir von uns geben, einfach so verstehen, wie es in unserem Kopf gemeint ist, und dann auch noch das Richtige daraus ableiten?

Nicht anders verhält es sich, wenn ich meinem Sohn nach dem ersten gemeinsamen Camping auftrage, das Zelt bitte abzubauen und einzupacken, um mich später darüber aufzuregen, dass dies feucht, nass und nicht richtig gefaltet wurde, die Heringe im selben Beutel wie das Zelt eingepackt wurden und Letzteres auch noch durchbohrt haben. An dem Schlamassel bin ich selber schuld – weil ich es mir viel zu leicht gemacht habe.

Bei einem abendlichen Glas Wein lässt sich der oben genannte CEO mit seinem Berater darüber aus, dass seine Mannschaft so wenig kreativ sei und seine brillante Lifestyle-Idee nicht umgesetzt bekomme. Doch vorgelegte Ergebnisse lassen sich im Nachhinein immer mit leichter Hand zerpflücken. Wesentlich anstrengender ist dagegen das gemeinsame Erarbeiten eines klaren Zielbildes im Vorhinein und der konkreten Ableitung daraus für jede Führungskraft und ihren Bereich.

Die Klarheit Ihrer Vorstellungen bekommen Sie niemals durch einen Monolog in die Köpfe Ihrer Führungskräfte und Mitarbeiter transportiert, sondern immer nur im Dialog. Und dieser Dialog ist häufig sogar ein Diskurs, weil die Dinge sprachlich immer unterschiedlich interpretiert werden können. Sie managen eben keine Excel-Tabellen, sondern Menschen. Tabellen können Sie getrost mit Zahlen füttern und sicher sein, dass Sie ein bestimmtes Ergebnis erhalten. Menschen mit vorgeblichem Vertrauen und ein paar schmissigen, leicht dahergesagten Worten zu füttern, reicht dagegen nicht aus. **Menschen zu führen, das ist ein Ringen. Ein nie endendes Ringen um das gemeinsame Verständnis, um die gemeinsame Erkenntnis.** Nehmen Sie dieses Ringen auf sich, sind Ihre Vertrauensbekundungen auch glaubhaft.

Ich selbst habe Jahre gebraucht zu lernen, dass Projekte und Strategien umso schneller gelingen, je klarer die Vorstellung der Beteiligten darüber ist, was eigentlich herbeigeführt werden soll. Andernfalls haben wir es schnell mit einem bunten Strauß an Programm- und Projektinitiativen zu tun, die angestoßen werden in der Hoffnung, damit schon das Richtige zu treffen. Was folgt, ist jede Menge Frust auf allen Seiten und einzelne Führungskräfte, die anfangen, sich in ihren Projekten zu verschanzen. Eine Tragik, die vermieden werden kann, wenn Sie nicht der unerträglichen Leichtigkeit des Managements anheimfallen und meinen, wenn Sie einmal etwas darstellen, wären die Dinge verständlich vermittelt. Und lassen Sie sich nicht durch das Nicken der Köpfe irritieren: Das Nicken heißt lediglich, dass Kollegen und Mitarbeiter Ihnen logisch folgen können. Das bedeutet aber noch lange nicht, dass das Bild, das Sie im Kopf haben, erfolgreich transportiert wurde. Das ist ein gefährlicher Trugschluss.

Sie wollen ein Leistungsteam? Dann fördern Sie den konstruktiven Dialog, die inhaltliche Auseinandersetzung aller Beteiligten über ambitionierte Zielbilder und die Wege dorthin, welche ohne Anstrengungen und die eine oder andere Zumutung auf allen Seiten eben nicht zu haben sind.

32 Betrug

Offenheit, Transparenz und ein ehrliches Miteinander seien ihnen so wichtig, betonen die drei Bereichsleiter gegenüber ihren Mitarbeitern, dass man sich nun extra eine Satzung gebe, um diese Prinzipien hochzuhalten. Wenige Wochen später brechen Konflikte aus. Wie so oft geht es um Ressourcen und Prioritäten. Und siehe da: Die Bereichsleiter verhalten sich genau so, wie sie sich gemäß der selbst getroffenen Vereinbarung nicht verhalten sollten. Wichtige Informationen werden nicht weitergegeben, der eigene Bereich nach vorne gestellt – zulasten des gemeinsamen Projektes. Die Folge: Das Engagement aller Beteiligten sinkt rapide. Die Mitarbeiter empfinden das Verhalten der Chefs als Betrug – an sich selbst und der gemeinsamen Sache. Haben die drei Bereichsleiter beim Verfassen ihrer hehren Satzung also gelogen? Nein, das haben sie nicht.

In dem Moment, in dem sie die gemeinsame Haltung beschworen, haben sie das genau so gemeint. Sie nahmen nur die Verantwortung (62) für das eigene Tun zu sehr auf die leichte Schulter! Kommt Ihnen das bekannt vor? **Sie versprechen etwas, gehen Vereinbarungen ein, ohne sich darüber im Klaren zu sein, was der Preis für Ihre Lippenbekenntnisse sein wird, wenn es Spitz auf Knopf kommt.** Und fast zwangsläufig werden Sie so zum Großmaul, im schlimmsten Fall zum Betrüger, einfach deshalb, weil sich die Dinge nie so entwickeln, wie Sie sich das vorgestellt haben. Immer wieder begehen wir so im Alltag Betrug an uns selbst wie an Kollegen und dem eigenen Unternehmen. Das ist uns oft nicht bewusst. Oder vielleicht auch einfach egal?

Wenn Sie sich selbst untreu werden, sind davon Ihre ureigensten Ziele und Ideale betroffen. Und damit meine ich nicht Prinzipien, die wie bei den drei Bereichsleitern augenscheinlich nicht die eigenen sind. Nein, es sind Situationen, in denen das, was Ihnen im Leben wichtig ist, auf dem Spiel steht. Wenn Ihnen ein Wert wie Aufrichtigkeit seit Kindesbeinen ein zentrales Anliegen ist, Sie es aber damit nicht so genau nehmen, werden Sie dafür einen Preis zahlen müssen. Wird etwa vor Ihren Augen ein anderer für Ihre Fehler verantwortlich gemacht, was tun Sie dann? Schweigen in der Hoffnung, dass es für den fälschlich Angeklagten schon nicht so schlimm kommen wird? Oder den unbequemen Weg gehen: aufstehen und sich vor versammelter Mannschaft erklären?

Nur wer sich bewusst mit den eigenen Prinzipien auseinandersetzt, erlangt die Fähigkeit, die eigene Unmündigkeit zu überwinden. So leicht, wie es fallen kann, sich selbst und anderen etwas vorzumachen, den eigenen Ansprüchen untreu zu werden, so herausfordernd gestaltet es sich, die eigenen Prinzipien zu entwickeln und gegen inneren und äußeren Widerstand zu leben.

Was sind die Prinzipien, die Sie hochhalten werden, komme, was wolle? Welches Prinzip möchten Sie niemals verraten, selbst wenn es Sie den Job kosten würde?

Denken: Die Überwindung der Faulheit

33 Schlichtheit

Es ist ein faszinierender, oft auch irritierender Gegensatz, der sich im Alltag beobachten lässt. Da gibt es Führungskräfte, die treten alles andere als zurückhaltend auf. Manche protzen gerne mit dem, was sie besitzen oder wissen, andere erklären ausufernd ihre Ideen und halten sich mit ihrer Meinung nicht zurück. Das ist menschlich, weshalb sich auch nichts dagegen einwenden lässt. Zumindest dann nicht, wenn wir ebenso prunkvoll auftreten, wenn es um das Denken geht! Gerade da sollten wir nicht so einfach wie nur möglich sein. Im Gegenteil: Lassen Sie es nicht an Tiefe wie Breite fehlen, gehen Sie einem Problem (37) auf den Grund und betrachten Sie es in seinen vielen Facetten. Nur wenn Ihr Denken Vielfalt und Buntheit statt Schwarz und Weiß erzeugt, kommen bei der Lösung eines Problems überraschend kluge Antworten heraus.

Zu oft geben wir aber auf komplexe Sachverhalte die simpelsten Antworten. Wir vermuten, dass es schon reichen wird, die Vertriebsprozesse zu überarbeiten oder mehr Mitarbeiter einzustellen, um den Umsatz steigen zu lassen. Aber vielleicht liegt es ja an den Produkten oder dem angebotenen Mix aus Services und Produkten? Vielleicht sind auch veränderte Wettbewerbsbedingungen die Ursache für die Umsatzmisere, der mit einer neuen Partnerschaft begegnet werden müsste, statt nur den Vertrieb zu optimieren? Oder hat sich gar die Nachfrage verändert, die eher nach Strukturverlagerungen schreit?

Gerade vom Management, aber nicht nur von dort, kommt immer wieder die unsägliche Forderung: »Bitte keine komplizierten Erläuterungen!« Ob bei der Präsentation des Statusberichtes oder eines neuen Konzeptes: »Die brauchen es einfach«, heißt es dann. Selbstverständlich sollen Sie Ihre Gedanken und Ideen auf den Punkt bringen, um verstanden zu werden. Aber nur, weil andere sich nicht aufraffen können, sich mit einem Problem oder Entscheidungsalternativen ausreichend auseinanderzusetzen, sollen Sie entscheidende Variablen weglassen, nicht durchdenken, nicht diskutieren?

Würden Sie privat das ebenso handhaben? Wenn Sie vor einem großen Investment stehen oder ein Haus bauen, würden Sie da nicht jeden Stein einzeln umdrehen wollen, bevor Sie sich entscheiden?

Machen Sie es sich so einfach wie möglich, aber eben nicht einfacher als notwendig. Stellen Sie sich einer Aufgabe in ihrer ganzen Komplexität: Welche Faktoren spielen eine Rolle, wie sind diese miteinander im Wechselspiel zu verstehen? Was passiert, wenn Sie an einem Rädchen drehen? Welche negativen Rückkopplungseffekte hat das auf die anderen Räder? Das ist anstrengend, aber der Mühe wert, denn so ersparen Sie sich langfristig unnötige Arbeit und erhöhen die Trefferquote Ihrer Maßnahmen um ein Vielfaches.

Selbst wenn es um die eigenen Kinder oder unsere privaten Beziehungen geht, neigen wir zu Schnellschüssen, die der komplexen, sich immer wieder verändernden Realität, die geprägt wird von genetischen, psychologischen und sozialen Faktoren, nicht gerecht werden. Wir glauben, ein Kind sei schlecht in der Schule, weil entweder die Lehrer nichts taugen, das Kind zu unkonzentriert oder der Lernstoff zu langweilig ist. Alles und nichts davon mag richtig sein. Aber fundierte Antworten bedürfen der Recherche, Geduld und der Bereitschaft, auch Unangenehmes auszuhalten.

Ja, Denken fordert heraus. Bekommen Sie es schon mit der Angst (9) zu tun, wenn mehr als vier oder fünf Faktoren eine Rolle spielen? Denn wie leicht verliert man dabei den Überblick und beginnt zu vereinfachen. Fasst Dinge zusammen, die man nicht zusammenfassen sollte, blendet Faktoren aus, die nicht ausgeblendet werden sollten. Das menschliche Gehirn zieht gerne die kurzen Wege vor, vereinfacht, wann und wo immer es möglich ist. Weshalb wir es am liebsten monokausal mögen: Aus A folgt zwingend B. Bloß kein aufwendiges Denkmodell. Doch lassen Sie lieber Ihr Gehirn sein volles Potenzial ausspielen: in Form von hochdynamischen Modellen, die alle relevanten Faktoren einbeziehen. Anders werden Sie der Realität (15) nicht ansatzweise gerecht.

Das klingt komplizierter und herausfordernder, als es ist. Ein weißes Blatt, ein Stift, und los geht's: Die infrage kommenden Faktoren wild über das Blatt verteilt – welche spielen eine Rolle, wer beeinflusst hier nun wen? Doch selbst wenn die Möglichkeiten immer unendlich sind, müssen Sie nicht ins Unendliche gehen. Es reicht, wenn Sie zumindest das Geflecht der relevanten Schnüre entflechten und durchdringen, um unnötige Kosten und Fehlschläge zu vermeiden.

Die Forderungen nach überschaubaren Lösungen und Antworten führen Sie nur von einem Problem zum nächsten. Weil Sie all die Faktoren, die Sie anfangs unbeachtet lassen, irgendwann zu spüren bekommen. Als nervige Nebeneffekte oder im schlimmsten Fall als vermeintlich überraschendes katastrophales Ergebnis Ihres nicht zu Ende gedachten Handelns.

34 Kopie

Ob Picasso oder Rembrandt: Jeder große Künstler hat in seinen Anfangstagen die großen Vorgänger imitiert. Auch der Aufstieg Deutschlands zur Wirtschaftsmacht gelang Ende des 19. Jahrhunderts über das Kopieren britischer Produkte. So war das Gütesiegel »Made in Germany« einst als Warnung vor dem minderwertigen deutschen Plagiat gedacht. Doch irgendwann wachsen wahre Künstler, aber auch Ingenieure und Unternehmer über ihre Vorbilder hinaus und die eigene Vorstellung, die eigene Kreativität wird zum alleinigen Maßstab (56). Nicht durch »copy & paste«, sondern durch den Drang, selbst originäre Ideen oder sogar einen eigenen Stil zu entwickeln, entstehen die zu einem Unternehmen passende Produktivität oder eine herausragende Wettbewerbsstärke.

Für Best Practices und Benchmarks jeder Art gilt: Sobald Sie Ihr spezielles Problem durchdenken, findet sich eine viel effektivere Lösung. Orientieren Sie sich an vorangegangenen Projekten, Situationen oder Vorgehensweisen, bestimmen diese schnell Ihr Handeln: Sie werden zum eigentlichen Ziel, während Sie das aus den Augen verlieren, was es eigentlich zu erreichen gilt. Und nicht selten schießen Sie mit diesen Blaupausen sogar glatt am Ziel vorbei.

Kein Unternehmen ist wie das andere. Keine Situation im gleichen Unternehmen ist jemals wieder dieselbe. Nichts wiederholt sich, selbst wenn dies manchmal so scheinen mag. Jedes Lehrbuch kann uns nur eine erste Orientierung geben, selbstständig denken müssen wir dennoch. Entwickeln Sie ein eigenes Gespür für Lösungen, die nur in Ihrem jeweiligen Kontext am nützlichsten sind. Erfahrung (7) hilft dabei, ersetzt aber niemals den eigenen hellwachen Kopf.

Würde ich also bekannte Methoden und Instrumente wie Six Sigma, PRINCE 2, EFQM, Balanced Scorecard und Co. durchweg ablehnen? Nein, natürlich nicht. Als Anregung immer her damit! Sie geben uns die Möglichkeit, aus bestehenden Verfahren und Vorlagen, die Erfahrungen (7) aus anderen Zeiten und Orten widerspiegeln, das herauszuziehen, was für unsere spezielle Situation tauglich, zur effizienten Zielerreichung hilfreich ist. Und dennoch gilt: Das Modell, das Sie im Hinblick auf Ihre eigene Herausforderung brauchen, muss erst entwickelt werden.

Im Konkurrenzkampf, in dem immer weniger nur das beste Produkt den Ausschlag gibt, entspringen die wahren Wettbewerbsvorteile der Art, wie wir denken, zusammenarbeiten und zu Lösungen kommen. Kopieren und Standardisieren schaffen keine Einzigartigkeit, so verlockend es auch aussieht: **Widerstehen Sie der Versuchung des Abkupferns von anderen, denn damit werden Sie bestenfalls nur so gut sein wie diese anderen!** Und selbst das gelingt meist nicht, da die Kopie niemals so gut sein wird wie das Original. Werden Sie selber zum Original! Indem Sie Ihren und den Verstand Ihrer Kollegen bemühen.

Es ist ein Trugschluss zu glauben, Sie müssen etwa im Kundenservice erst so gut werden wie die Konkurrenz. Nein, das müssen Sie nicht! Überspringen Sie getrost eine Klasse. **Denn das Gleichziehen kostet meist mehr Aufwand als das Überspringen.** Geht es also um Wettbewerbsfähigkeit, unterdrücken Sie jegliches Verlangen nach Benchmarks. »Ja, aber ich muss doch wissen, wo wir im Vergleich zum Wettbewerb stehen?« Nein, das müssen Sie nicht. Markterfolg und die eigenen Kunden zeigen Ihnen, wo Sie stehen. Unabhängig von Branche und Unternehmensbereich: Benchmarks führen nur dazu, dass Sie sich selber nicht intensiv mit der eigenen Situation auseinandersetzen.

Zu oft habe ich erlebt, wie aus dieser Benchmark-Hörigkeit heraus ganze Programme mit zahlreichen Projekten entstehen. Erst kürzlich wieder bei einer Versicherung: Die Kosten im Verhältnis zu Versicherungspolicen und Anlagevermögen passten beim Benchmarking in allen möglichen Bereichen nicht. Also leitete man aus den fremden »Erkenntnissen« ab, wo Stellen abzubauen seien und in Sachen Produktportfolio gestrafft und nachgeschärft werden musste. Der Effekt: Ein Jahr später stand man noch schlechter da als zuvor. Ein Extrembeispiel, denn häufig geht es per Zufall auch ein wenig in die richtige Richtung.

Ob Vertrieb, IT, Kundenservice: Es gibt inzwischen Gesellschaften, die sich erfolgreich darauf spezialisieren, Benchmarks zu jeder Art von Unternehmen und Funktion zu liefern. Nur ein weiterer Beleg dafür, wie sehr Führungskräfte die Komplexität ihrer Aufgabe überfordert. **Statt selber nachzudenken, wie die Nuss zu kna-**

cken ist, suchen wir ebenso krampfhaft wie bequem nach Vorlagen, die uns die eigentliche Arbeit abnehmen. Damit aber
kommen Sie nicht weit – zumindest nicht weiter als alle anderen.

35 Horizont

»Ich weiß, dass ich nichts weiß«, ist ein geflügeltes Wort, das dem
griechischen Philosophen Sokrates zugeschrieben wird. Ein Paradoxon, schließlich ist auch das Wissen über das »Nichtwissen« ein
Wissen, dessen wir uns nicht sicher sein können. Doch dem Satz
des Sokrates wohnt eine Demut (59) inne, wie sie jedem von uns
gut zu Gesicht stehen würde.

Denn eines ist sicher: Wir werden immer unendlich viel weniger
wissen, als es auf der Welt zu wissen gibt. Dennoch verhalten wir
uns häufig so, als würden wir nichts mehr dazulernen können. Dabei wäre unser Denken und Handeln und damit unsere Sicht auf
uns selbst und die Welt eine völlig andere, würden wir uns kontinuierlich darum bemühen, mehr zu erfahren. Nicht, indem wir unser
vorhandenes Wissen weiter vertiefen, sondern indem wir uns ganz
bewusst mit Dingen beschäftigen, die normalerweise außerhalb
unseres Fokus liegen.

Sie sind ein Ingenieur und fernöstliche Philosophie ist Ihnen ein
Rätsel? Als Servicemitarbeiter ist Ihnen das ganze Kunstgedöns
fremd? Dann fangen Sie an, sich in genau diese Wissenslücken zu
stürzen! Wenn Sie sich Themen widmen, die bisher ein Buch mit
sieben Siegeln für Sie sind, machen Sie eine besondere Erfahrung:
die Grenzen des eigenen Horizonts!

Das Schöne daran: **Im Angesicht der eigenen Begrenztheit
schmilzt unserer Arroganz (3) dahin.** Wir urteilen nicht mehr so
voreilig über andere: Über die Jungs aus der IT, die sich nicht so
anstellen sollen, wenn es um das Umsetzen unserer Anforderungen

geht. Oder über den Zulieferer, der einfach nicht begreifen will, was wir von ihm wollen. Solch ein Verhalten wird Ihnen zunehmend fremd, weil Sie aufgrund Ihrer Einsicht, nennen wir es Horizontdemut, wesentlich zurückhaltender werden mit Ihrem Urteil. Auch die Grabenkämpfe in Unternehmen werden so weniger. Wenn Sie sich des eigenen Nichtwissens bewusst werden, können Sie gar nicht anders, als die anderen besser verstehen zu wollen und nach gemeinsamer Erkenntnis zu streben.

Sie agieren gerade dann mündig, wenn Sie Ihre Grenzen erkennen – auch um sie immer wieder aufs Neue zu überwinden. Ob Bill Gates, Warren Buffett oder Mark Zuckerberg: Sie haben verstanden, dass die klügsten und erfolgreichsten Menschen diejenigen sind, die auf Dauer ganz bewusst lernen. Warren Buffett verbringt fünf bis sechs Stunden pro Tag mit der Lektüre von fünf Tageszeitungen und 500 Seiten Geschäftsberichten. Bill Gates liest fünfzig Bücher im Jahr, Mark Zuckerberg mindestens ein Buch in zwei Wochen. Lektüre, die vorhandene Sichtweisen und Erwartungen bestätigt? Wohl kaum!

Sie lernen nur, wenn Sie sich immer wieder dem Fremden aussetzen. Nur so werden Sie weiser und fähiger, vor allem auch kreativer und produktiver und dadurch über die Jahre immer mehr erreichen. Weshalb? Weil Sie bei der Beschäftigung mit Unbekanntem Bilder und Eindrücke unterschiedlichster Art miteinander verweben. Sie lassen Zusammenhänge zu, die so für Sie vorher nicht denkbar waren. Originelle Ideen sind immer synergetischer Natur: Wir lesen ein Gedicht von Walt Whitman, betrachten ein Gemälde von Salvador Dalí und kommen auf eine Idee, was wir im Vertrieb ganz anders machen könnten als bisher.

Befähigen Sie nicht nur sich selbst zum barrierefreien Denken, sondern regen Sie vor allem auch andere zum Denken an. Und das nicht, um einfach das Tagesgeschäft zu bewältigen, sondern um mittel- und langfristig überdurchschnittliche Ergebnisse zu erreichen. Den Erkenntnisradius im Unternehmen zu erweitern, das gelingt nur, wenn Sie sich selbst und Ihren Mitarbeitern regelmäßig die Gelegenheit geben, mit Neuem in Berührung zu kommen. Warum nicht Ihr Team einmal darüber recherchieren lassen, wie sich Ameisen, Bienen oder Elefanten organisieren?

Sie meinen, das wäre Zeitverschwendung? Ich habe die Erfahrung gemacht, dass das zwar augenscheinlich der Fall sein mag, weil es nicht sofort einen konkreten Output zur Folge hat. Aber genau darin besteht die Kunst. Der Vorstand eines Industrieunternehmens beklagte sich mir gegenüber darüber, dass seine Führungskräfte völlig unkreativ und unselbstständig seien. Nachdem wir über mehrere Wochen scheinbar sinnlose Übungen abseits des Üblichen durchgeführt hatten, kam das Team auf einmal auf völlig neue Lösungen und Ansätze. Operativ wurden kreative Verbesserungen erreicht mit Prinzipien der Arbeitsteilung, wie sie die Biologie in Schwärmen kennt. Die Diskussion über die Biografien von Thomas Alva Edison und Steve Jobs führte zu Ableitungen für das eigene Unternehmen durch Sichtweisen, die es vorher so nicht gegeben hat.

Es wäre arg einfach, solch neu aufgetretene Kreativität auf diesen einen Faktor zu reduzieren. Natürlich trugen dazu auch veränderte Führungsmechaniken und Managementstrukturen bei. Aber ein Puzzlestück war eben das Denken abseits der eingetretenen Pfade (6). Setzen Sie sich dem Unbekannten aus, verschalten sich die Synapsen in Ihrem Gehirn auf überraschende Art neu, und Sie überwinden plötzlich die Grenzen Ihres gar nicht so endlichen Horizonts.

36 Meeting

Wie oft klagen Sie darüber, dass Sie vor lauter Meetings nicht zum Arbeiten kommen? Ja, Meetings gibt es viel zu viele, und sie dauern immer zu lang. Und dennoch will jeder teilnehmen, kommt ein

Verzicht doch einem Kontrollverlust und damit einer Machtbe-
schneidung gleich. Und so blähen sich Meetingstrukturen, Fre-
quenzen und Teilnehmerzahlen immer weiter auf. Hat man das
Besprechungsunwesen einmal mit viel Mühe im Griff, dauert es
nicht lange, und derselbe Zustand wie zuvor tritt wieder ein, un-
merklich, unweigerlich. Es ist eine kontinuierliche Herausforderung, sich immer wieder aufs Neue diesem Phänomen zu stellen.
Welche Faktoren spielen dabei eine Rolle?

Montagmorgen, das Treffen des Führungskreises. Zwanzig Bereichsleiter sitzen beisammen, jeder berichtet kurz, was gerade ansteht und wie es ihm in der vergangenen Woche ergangen ist. Struktur? Fehlanzeige! Wichtige oder gar unangenehme Themen werden
nicht angesprochen. Das ist durchaus menschlich. Wir lassen uns
eben gerne ab und an berieseln, denken an das nächste Treffen oder
daran, dass der Kaffee kalt ist, und bemerken nicht einmal, dass die
Runde zusehends in Lethargie verfällt.

Ähnlich das monatliche Treffen der Geschäftsführung: Es zieht
sich routinemäßig in die Länge, weil einige der Anwesenden die Zu-
sammenkunft dafür nutzen, ihre Ideen im direkten Austausch
überhaupt erst zu entwickeln. Diskussionen drohen zu eskalieren.
Am Ende wird die Entscheidung (20) über das Change-Vorhaben
vertagt – weil niemand weiß, was man damit eigentlich erreichen
will und wer dabei für was zuständig ist.

Wenn Sie für sich selbst und Ihre Kollegen den besten, effizientes-
ten und schnellsten Weg zum Ziel finden wollen, brauchen Sie sich
vor jedem Meeting nur über die folgende Frage Gedanken zu machen: **Wer trifft sich warum und wozu?** Oder ausführlicher: Wer
braucht notwendigerweise in welcher Frequenz welche Informationen, um gute unternehmerische Entscheidungen zu fällen, oder hat
wann welchen Bedarf an Entscheidungen? Die Betonung liegt dabei auf »notwendigerweise«. Denn selbstverständlich ist es hilfreich,
über alles Mögliche informiert zu sein. Aber notwendig?

Gerade bei Meetings, bei denen es vor allem darum geht, Informationen auszutauschen oder weiterzugeben, stellt sich die Frage, wer daran notwendigerweise teilnehmen muss. Muss der Leiter des Kundenservice wirklich in einem wöchentlichen Meeting sitzen, in dem der Vertrieb über die aktuelle Sales-Pipeline berichtet? Müssen alle Teilprojektleiter am IT-Statusmeeting teilnehmen? Wahrscheinlich nicht. Beantworten Sie immer wieder folgende Frage konsequent: Wer braucht wirklich in welcher Frequenz welche Informationen, weil er seine Arbeit sonst nicht machen kann? Diese Frage konsequent durchdacht und stringent beantwortet, lässt die Anzahl der Meetings und deren Teilnehmerzahl um 50 Prozent schrumpfen – und in der Folge deren Dauer.

Könnten diese Informationen nicht auch ohne Meetings verteilt werden, um keine kostbare Zeit zu vergeuden und sich Dinge anzuhören, die einem sowieso nicht interessieren? Gerne entgegnen mir Manager, dass sie nur durch diesen Austausch auf Ideen kommen und wichtige Informationen erhalten, die sie so nicht erfragt hätten. Ehrlich gesagt fällt es mir schwer, diese Einschätzung zu teilen.

Wozu Sie und andere Führungskräfte viel öfter zusammenkommen sollten, das ist das gegenseitige Sparring. Den Verstand der Kollegen nutzen, um Ideen zu diskutieren, neue Sichtweisen einzuholen, Anregungen zu bieten, kritisches Feedback für noch bessere Ansätze zu erhalten. **Das machen wir zu selten bis nie. Uns wirklich reiben, die Samthandschuhe ausziehen, um im Geiste eines Leistungsteams in den Ring zu steigen, bis nur noch die beste Lösung, der nützlichste Ansatz steht.** Das ist herausfordernder, als sich gegenseitig damit zuzutexten, was wer wo gerade tut.

Stellen Sie sich vor, ein Vertriebsleiter, der gerade den Vertrieb eines neuen Landes strukturiert, sucht den herausfordernden Austausch mit den Kollegen aus der Fertigung. Warum? Weil er unter anderem weiß, dass sich seine Entscheidungen und die der Produktionsgestaltung gegenseitig bedingen.

Und weil durch die Perspektiven und Erfahrungen der anderen Bereichsleiter eventuell Aspekte aufzudecken sind, die ihm selbst bisher verschlossen waren.

Gutes Sparring passiert nicht zufällig. Optionen müssen vorab durchdacht und die Ergebnisse rechtzeitig an alle Teilnehmer verteilt werden, sodass sich jeder gut vorbereiten (40) kann, bevor man in den Ring steigt. Es ist ein Wettkampf, für den vorab trainiert wird: mit dem Ziel, die Fähigkeiten der Teilnehmer zu verbessern. Und so wird auch im Sparring gekämpft, mit Schutzhelmen und Polstern, ernst, hart und vor allem gut vorbereitet! Das können Sie nur, wenn Sie Ihre Zeit nicht in Informationsveranstaltungen oder lethargischen Statusmeetings verbringen. Verstehen Sie Ihre besser als kameradschaftlichen Wettkampf (68), bei dem Hochleistungsdenken gefragt ist.

37 Problem

Ein Problem so präzise zu formulieren, dass Sie ihm gezielt auf den Leib rücken oder andere um Unterstützung bitten können, ist herausfordernder, als es auf den ersten Blick erscheint. So bringt zum Beispiel die Aussage »Der Arbeitsmarkt ist schuld, dass wir mit der Besetzung der offenen Stellen nicht vorankommen« lediglich ein Gefühl des Unmuts zum Ausdruck. Die Aussage lässt aber nicht darauf schließen, dass sich die Person intensiv und aus unterschiedlichen Perspektiven mit dem Problem der unzureichenden Besetzung der offenen Stellen beschäftigt hat.

Ein gutes Problemstatement besteht immer aus einem Subjekt, einem Zustand und einer Abweichung von einem Sollzustand. Zu abstrakt? Dann konkreter. Das oben genannte Problem mit der unzureichenden Besetzung könnte folgendermaßen lauten: »Die Besetzungsquote hat sich von 12 auf 7 Prozent verändert bei nahezu gleichbleibender Anzahl an Bewerbungsgesprächen.«

Wollen Sie sich sinnvoll über ein Problem austauschen, müssen Sie auch über eine diffuse Wahrnehmung intensiv genug nachdenken, um sie derart präzise auf den Punkt zu bringen. Ist ein Problem noch nicht klar formuliert (25), hat es keinen Zweck, darüber zu diskutieren oder Feedback zu geben. Ich schaue nicht einfach mal so über ein Konzept, nur damit jemand seinem Gefühl, dass die eigene Idee irgendwie noch nicht rund ist, Raum geben kann und mir damit meine Zeit stiehlt. Wer glaubt, ein Problem zu haben, soll erst einmal seinem Gefühl, an dem mit Sicherheit etwas dran ist, nachspüren.

Denn Arbeiten lässt sich nur mit gezielten Aussagen wie »Ich bin mir unsicher, ob in meinem Konzept die Notwendigkeit der Werksverlagerung nach Ungarn mit den dort aufgeführten Argumenten aus Shareholder-Perspektive schlüssig ist«. Den Aspekt kann man sich gezielt ansehen und ein Feedback geben. Aber alles andere weise ich klar von mir mit der Aussage »Formulieren Sie bitte präzise Ihr Problem!«.

Ob wir uns zu dick fühlen oder der Sohn zu wenig Zeit hat zum Lernen: Auch bei privaten Schwierigkeiten wird der Begriff »Problem« ebenso inflationär wie diffus gebraucht. Wir gehen bei der Schilderung eines Problems auf die Ursachen ein, zum Beispiel den Faktor Zeit, und packen die vermeintliche Lösung direkt dazu. Das korrekte Problemstatement: »Mein Wohlfühlgewicht von 75 Kilogramm ist mit aktuell 82 Kilogramm um 10 Prozent überschritten.« Oder: »Die schulischen Leistungen unseres Sohnes haben sich im Vergleich zum vergangenen Jahr im Schnitt um 20 Prozent verschlechtert.«

Es gibt immer eine oder mehrere Veränderungen, die zur Abweichung vom Status quo und damit zu einem Problemzustand führen. Diese Veränderungen können Tage, Wochen oder Monate vor dem Eintreten des Effektes liegen. Eine Herausforderung, da wir in unserem Denken die Ursache für ein Problem meist in einem viel zu frühen Zeitraum suchen. Wenn zum Beispiel der Umsatz bereits seit drei Monaten rückläufig ist, blicken wir nur auf die letzten Wochen. Dabei dauert es, bis eine veränderte Nachfragestruktur den Umsatz drückt. Es vergeht Zeit, bis ein schlechter werdendes Image dazu führt, dass sich weniger Leute beim Unternehmen bewerben. Und dennoch suchen wir, so naiv das auch sein mag, den fraglichen Zeitraum am liebsten kurz vor Eintreten des Problemzustandes. Daher lautet eine der kritischsten Fragen für eine konsequente Problemanalyse: Wann kam es zu der Veränderung? Das gilt es systematisch zu erarbeiten und all die relevanten Faktoren aufzulisten, die vor dem Veränderungszeitpunkt aufgetreten sind.

Analysieren Sie, welcher Wandel wann seinen Lauf und Einfluss auf die Zustandsentwicklung genommen hat. Dass sich die Einstellungsquote von 12 auf 7 Prozent verändert hat, muss nicht nur an der Verfügbarkeit der Bewerber liegen. Eine Vielzahl an möglichen weiteren Zustandsveränderungen – ich schreibe hier bewusst nicht »Ursachen« – können damit in Zusammenhang stehen. Es können sich die Einstellungskriterien verändert haben, das Image des Unternehmens oder die Recruiting-Kanäle.

Auch die schlechteren schulischen Leistungen eines Schülers können von einer Reihe von Veränderungen herrühren: neue Interessen, andere Lehrer, erweiterter Freundeskreis, veränderte Schlafgewohnheiten. Die zentrale Herausforderung bei der Lösung eines Problems besteht darin, den Zeitpunkt der Veränderung exakt zu bestimmen und sich zu überlegen, welche Zustandsänderungen sich seit diesem Zeitpunkt ergeben haben. Eliminieren Sie diese Stück für Stück, stoßen Sie auf den Faktor, der die Lösung des Problems darstellt. Haben Sie ein Problem erst einmal präzisiert und damit greifbar gemacht, schließen Sie ein Parameter nach dem anderen aus, bis die entscheidenden Hebel übrig bleiben. Diese können als Ursache konsequent angegangen werden, um zum früheren Status quo zurückzugelangen.

Oder Sie packen sogar noch eine Schippe drauf: Bedeutet doch Innovation nichts anderes, als dass wir das Subjekt, den Gegenstand des Problemstatements, etwa die Besetzungsquote, über den Status quo hinaus entwickeln. Ein Problem nur zu lösen, reicht dafür nicht aus. Es bedarf dafür anderer kreativer Ansätze. Wir haben es hierbei mit zwei Arten von Überlegungen zu tun, die streng voneinander zu trennen sind: einerseits das Problem zu lösen, andererseits darüber innovativ hinauszugehen.

Für Letzteres gilt: Nehmen Sie Ihr Problem wie einen Zauberwürfel in die Hand, drehen, und betrachten Sie die unterschiedlichen Seiten und Achsen, bewegen Sie die Einzelteile, und schauen Sie, wie sich die Dinge verhalten, wenn Sie diese auf verschiedene Arten ineinanderfügen. Wie sieht das Problem der hohen Abhängigkeit von einem Schlüsselkunden aus unterschiedlichen Blickwinkeln aus? Wie hängt das mit dem Service, den Produkten, der Art zusammen, wie Sie Innovation betreiben oder eben über diesen Schlüsselkunden nachdenken? Ist es vielleicht eine Frage Ihrer Erwartungen? Es lohnt, alle möglichen Perspektiven einzunehmen, wenn Sie ein Problem nicht nur lösen, sondern den Status quo sogar noch übertreffen wollen.

Verbindlichkeit: Das Vereinbarte zählt

38 Zuverlässigkeit

Manchmal bringt erst ein Scherz ein Dilemma auf den Punkt. Als ich mich mit Managern aus unterschiedlichen Branchen darüber unterhielt, wie wichtig Verlässlichkeit und Verbindlichkeit seien, um zu mehr Konsequenz und Geschwindigkeit bei der Umsetzung von Strategien zu gelangen, karikierte einer der Teilnehmer die vorherrschende Haltung in seinem Unternehmen mit dem Spruch: »Gesehen, gelacht, gelocht.« Die Runde amüsierte sich, schließlich wusste jeder von uns sofort, was damit gemeint ist.

Organisationen sind komplexe Gebilde mit Abläufen, die nur auf Prozesscharts ordentlich aufeinanderfolgen. Die Realität (15) stellt sich meist als funktionierendes Chaos dar, in dem wir uns auf Vorgesetzte, Kollegen und Mitarbeiter verlassen müssen – auf ihre Zusagen, auf die Vereinbarungen, die wir immer wieder miteinander treffen. Ob Strategie- oder Change-Projekte erfolgreich umgesetzt oder die operative Performance gesteigert wird: **Alles steht und fällt damit, wie verbindlich und verlässlich wir miteinander arbeiten – Toleranz (21) ist hier fehl am Platze.**

Aber wie oft erleben Sie im Alltag, dass Zusagen und Versprechen nicht eingehalten werden? Ein Konzept wird zu einem bestimmten Zeitpunkt versprochen und verspätet oder gar nicht geliefert. Die Teilnahme an einem Treffen zugesagt, kurz vor Beginn folgt die Absage per SMS oder im Nachhinein eine fadenscheinige Entschuldigung.

Das Phänomen der Unzuverlässigkeit ist auf allen Ebenen von Wirtschaft und Politik anzutreffen. Im großen Stil wird es etwa bei ritualisierten Weltklimakonferenzen aufgeführt, auf denen in Hinterzimmern ehrgeizige Ziele vereinbart und dann öffentlich ver-

kündet werden, an denen sich wenig später keiner der Verantwortlichen mehr messen lassen will. Nun könnte man darauf verweisen, dies sei eben der Wesenszug von Politikern: Versprechen zu
geben, deren Umsetzung ungewiss ist, um kurzfristig davon zu pro-
fitieren.

Warum aber stellen wir dasselbe unseriöse Verhalten, für das wir
unsere Politiker gerne so heftig kritisieren, immer wieder in unserem unmittelbaren Umfeld oder sogar bei uns selbst fest?

Wenn Sie etwa einen Freund zum wiederholten Male ohne böse
Absicht versetzen. Oder das Protokoll nach der Besprechung kurz
auf seine Richtigkeit überprüfen, um es dann für immer zu den Akten zu legen, mitsamt den darin enthaltenen Verpflichtungen, die
Sie in diesem Termin bereitwillig eingegangen sind. Denn wen
kümmert schon ein Protokoll?

In einer mittelständischen Baufirma schaffte es etwa einer der Manager immer wieder, seine Kollegen dadurch auf die Palme zu treiben, dass er entgegen den getroffenen Vereinbarungen verlässlich
auf fast konträre Weise handelte. Mit der Begründung, dass er
darüber noch einmal nachgedacht habe und es eben so für besser
halte.

Ja, es gibt Führungskräfte, die in Meetings und Sitzungen bereitwillig und mit großer Geste Zusagen machen, obwohl sie sich im
selben Moment darüber im Klaren sind, dass sie sich nicht daran
halten werden. Es sind Verantwortliche, die über die Zeit hinweg
gelernt haben, dass sie mit ihrem leichtfertigen Verhalten durch-
kommen und wenig Ärger zu befürchten haben. Doch die wenigsten Menschen treibt ein egoistischer Impuls zur Unzuverlässigkeit.
Die große Mehrheit von uns ist im Moment der Zusage tatsächlich
aufrichtig und ehrlich. Wir wollen den vereinbarten Liefertermin
einhalten, den problematischen Kunden anrufen, uns zum nächsten Arbeitstreffen auf jeden Fall gut vorbereiten, den Sohn pünkt-

lich von der Schule abholen. Dass aber unsere Zusagen und Versprechen gar nicht verbindlich sein können, dessen sind wir uns in diesem Moment nicht wirklich bewusst. Uns fehlt es schlichtweg an Überblick über unsere sonstigen Verbindlichkeiten, die es geradezu unmöglich machen, alle Zusagen auch wirklich einzuhalten.

Dazu trägt sicher auch bei, dass Mitarbeiter in vielen Organisationen unter einem Dauerbeschuss an Ansagen und den dazugehörigen Erwartungen (17) stehen. Je höher Sie in der Hierarchie unterwegs sind, desto mehr Kettenreaktionen von oben nach unten verursachen Sie mit jeder zusätzlichen Forderung, von der Sie glauben, das Wohl des Unternehmens hänge davon ab. In der Wirkkaskade darunter werden aus einer Forderung ganz schnell Hunderte, die alle wichtig sind, weil der Chef es ja wollte. Irgendwann sind alle überfordert, weil niemand mehr weiß, was relevant ist. Prioritäten (19), nach denen konsequent gehandelt werden kann, setzen klare und verbindliche Vereinbarungen voraus, als Ausdruck von Selbstdisziplin bei sich selber oder im Zusammenspiel mit anderen.

Wie schaffen Sie es, zu einer haltbaren und damit guten Vereinbarung zu kommen? **Indem Sie nicht nur klar artikulieren, was Sie erwarten, sondern auch sicherstellen, dass Ihr Gegenüber diese angestrebte Vereinbarung eingehen kann und will.**

Ein Beispiel: Wenn ich meiner neunjährigen Tochter gegenüber die Erwartung äußere, dass bis morgen bitte das Zimmer aufgeräumt sein soll, so haben wir noch lange keine Vereinbarung miteinander. Meine Tochter muss erst einschätzen können, ob sie über die Möglichkeiten verfügt, diese Erwartungen zu erfüllen. Ist sie etwa in der Lage, die Schmierereien an der Wand alleine zu beseitigen? Wahrscheinlich nicht. Und selbst wenn meine Tochter das Chaos bis morgen beseitigen kann, stellt sich die Frage, ob sie ohne Weiteres zu einer verbindlichen Vereinbarung fähig ist. Schließlich hat sie eine Vielzahl weiterer verbindlicher Vereinbarungen, der sie gerecht werden muss. Nach der Schule steht der Klavierunterricht an, es folgt die Einladung zu einer Geburtstagsfeier, am nächsten Tag das Shoppen mit meiner Frau, danach ein Volleyballturnier et cetera. Das heißt, selbst wenn sie über die notwendigen Fähigkeiten, also Ressourcen, Zeit und Kompetenzen, verfügt, kann sie ohne eine Repriorisierung und damit einer daraus resultierenden notwendigen Neuverhandlung anderer Verbindlichkeiten meinen Erwartungen nicht gerecht werden! Was meine Tochter angeht, so kann ich auf kurzem Wege mit meiner Frau für eine entsprechende Befähigung sorgen, indem ich existierende Vereinbarungen, die der Erfüllung meiner Erwartung im Wege stehen, neu verhandele, etwa den Einkaufsbummel.

Im Managementalltag stellt sich das komplexer dar. Die in allen möglichen Meetings und Eins-zu-eins-Gesprächen gesammelten Ansagen und Erwartungen von Vorgesetzten und die eine oder andere echte Vereinbarung mit Kollegen häufen sich. Wie wollen Sie und Ihre Kollegen dabei den Überblick behalten? Die Folge: Kaum jemand hält sich an die gemachten Zusagen, Projekte verzögern sich unendlich. Letztlich führt das zu dieser allgegenwärtigen Frustration und einer Kultur der Unzuverlässigkeit und Inkonsequenz, weil unweigerlich das notwendige Vertrauen zerstört wird. Wo aber das Vertrauen fehlt, kommt es zu zunehmender Kontrolle (13) und Mikromanagement und den typischen Phänomenen, die Low-Performance-Organisationen auszeichnen: Absprachen sind nur noch gut gemeintes Geschwätz (23), andauernd werden Schuldige gesucht, Lager bilden sich. Ein toxischer Mix aus Druck, Misstrauen und Kontrolle über alle Hierarchieebenen hinweg lässt Produktivität und Performance schrumpfen.

Wollen Sie eine High-Performance-Kultur, die von Verbindlichkeit und Verlässlichkeit geprägt ist und die als Konsequenz daraus eine Vertrauenskultur mit sich bringt? Dann sorgen Sie dafür, dass echte Vereinbarungen entstehen. Fangen Sie also bei sich selbst an. **Denn die Hauptursache für unproduktive Inkonsequenzkulturen liegt**

in der Unreife des Managements. Unreife im Sinne von eigener Unklarheit und Unsicherheit hinsichtlich der Frage »Was bedeutet für mich Verlässlichkeit?«

Eine Antwort, die ich häufig höre: »Jemand ist verlässlich, wenn er sich an gemachte Vereinbarungen hält.« Was soll das genau bedeuten? Bin ich unzuverlässig, sobald ich zu einem Treffen ohne das versprochene Konzept komme? Oder erst, wenn mir das zwei- oder dreimal passiert? Sie können die Nagelprobe Ihrer Wertefestigkeit immer über den negativen Abgrenzungsfall vornehmen: Wann sind Sie nicht nur in der Lage, sondern auch tatsächlich willens, zu jemandem zu sagen: »Entschuldigen Sie bitte, dieses Verhalten halte ich für unzuverlässig. Auf dieser Basis ist meiner Meinung nach eine produktive Zusammenarbeit nicht möglich.« Eine klare, aber nicht harte Kritik (79), da sie nicht auf die Person, sondern auf ein Verhalten gerichtet ist. Dazu sind Sie nur imstande, wenn Sie in Ihrem Wertesystem sehr klar sind. Je klarer Sie sind, desto mehr werden Sie zu dem, was man Persönlichkeit nennt, und desto mehr sorgen Sie für ein souveränes Miteinander.

Dafür braucht es den Mut (76), als Führungskraft nicht zu viele und zu vage Vereinbarungen einzugehen, die Sie selbst nicht einhalten können. Treffen Sie wenige klare und einhaltbare Vereinbarungen und unterstützen Sie Kollegen wie Mitarbeiter dabei, es Ihnen gleichzutun. Bis irgendwann in Ihrer Organisation der Spruch kursiert: »Gesehen, gelacht, gemacht.«

39 Bedingungen

Es ist eine allzu menschliche Reaktion. Da wird ein Mitarbeiter in einem Meeting vorgeführt, weil er einen bestimmten Termin nicht einhalten konnte. Und was passiert? Der Betroffene schiebt die Schuld von sich und findet allerlei Gründe, warum dies oder jenes gar nicht hinhauen konnte. Ein zentraler Punkt bleibt dabei aber unbeachtet: Haben sich Mitarbeiter und Vorgesetzte rechtzeitig den Kopf darüber zerbrochen, was gebraucht wird, um das anvisierte Ziel zu erreichen? Eine bestimmte Expertise, Entscheidungen aus anderen Bereichen, die Mitwirkung anderer Mitarbeiter oder die Verfügbarkeit bestimmter Informationen? Und falls jeder um diese Aspekte wusste: Warum hat sich niemand rechtzeitig darum gekümmert?

Wenn Sie sich wundern, warum in Organisationen immer wieder Chaos ausbricht, Mitarbeiter und Führungskräfte unter einem Gestrüpp aus Erwartungen (17), Anforderungen, Vereinbarungen und Zeitplänen ersticken: Viel zu oft kennen und klären wir nicht die Bedingungen, die gegeben sein müssen, um Zusagen verbindlich zu geben und auch einzuhalten. Bedingungen, die wir analysieren, einfordern und herstellen müssen, um ein Ziel zu erreichen, einen Job erfolgreich zu machen.

Erfolgreiches Management beherrscht das Spiel mit den Bedingungen. Und dazu gehört, zumindest anfangs, bedingungslos an ein Thema ranzugehen. Doch ständig höre ich, wie sich Führungskräfte darüber beklagen, dass das, was das Unternehmen will, gar nicht geht. Beispielsweise das neue Kundenmanagement anstatt bis Ende nächsten Jahres nun bis Mitte desselbigen komplett neu auszurichten. Ich halte es hier mit dem Motto »Geht nicht gibt's nicht!« **Denn alles ist möglich, wenn Sie sich um die entsprechenden Bedingungen kümmern.** Indem Sie beginnen, die relevanten Fragen zu stellen.

Ich liebe in diesem Zusammenhang absurd anmutende Fragen. Wenn ich mit einem Projektteam für eine Produktivitätssteigerung einer ganzen Organisation sorgen soll, fordere ich die Mitarbeiter auf, darüber nachzudenken, unter welchen Bedingungen sich die Produktivität um 50 Prozent steigern lässt. Nach einer Welle der Entrüstung über eine solch absurde Aufgabe sage ich zu dem Team: »Lasst euch auf dieses Gedankenspiel einmal ein: Wie müsste unser Umfeld aussehen, um das zu erreichen? Es geht lediglich um das ›Könnte‹. Ob es tatsächlich umgesetzt wird, ist eine ganz andere Frage.«

Die scheinbar so absurde Eingangsfrage zeichnet es gerade aus, dass sie die vermeintlich gegebenen Bedingungen unseres Denkens und Handelns herausfordert. **Denn nur wenn unser Denken bedingungslos ist, können wir die Barrieren aufdecken, die uns daran hindern, das scheinbar Unmögliche zu versuchen.** All die Leitplanken und Glaubenssätze, die wir eigentlich für unverrückbar halten, die wir niemals einfach so anfassen würden.

Sobald das Team sich darauf einlässt, werden erstaunlich viele bisher bestehende Tabus erkennbar. Und dabei wird schnell klar: Nichts auf der Welt ist unverrückbar. Weder der Vertrag, den ein bestimmter Dienstleister für bestimmte Produkte gesetzt hat, noch die Zuordnung bestimmter Verantwortlichkeiten zu einzelnen Ressorts noch das Umschichten von Geldern. Es gibt immer jemanden, der für diese Bedingungen zuständig ist. Also können wir diese Bedingungen Stück für Stück adressieren und vielleicht lässt sich die eine oder andere tatsächlich verändern.

Versuchen Sie, von außen nach innen zu denken und sich zu fragen: Unter welchen Bedingungen ist ein bestimmtes Ziel erreichbar? Dann können Sie sich in Gesprächen und Verhandlungen mit anderen daranmachen, diese Bedingungen bestmöglich zu gestalten. Statt wie häufig bei einer Herausforderung nur mit Ihren eigenen Variablen zu spielen, betrachten Sie erst einmal den Kontext und versuchen, diesen zu verändern.

Wer zum Beispiel finanziell unzufrieden ist, spielt üblicherweise mit den folgenden Variablen: Mit welchem Argument punktet man in der nächsten Gehaltsverhandlung oder welche privaten Ausgaben lassen sich einsparen? Bei all den Überlegungen gilt als gesetzt, dass die Familie zwei Autos fährt, in München-City wohnt und die

Kinder dort auch zur Schule gehen. Wieso nicht Bedingungen aufstellen, die das finanzielle Problem von einer ganz anderen Seite
aus angehen? Etwa die Lebenshaltungskosten deutlich niedriger
setzen durch den Umzug in eine andere Stadt? Klar können Sie so
etwas nicht allein entscheiden, deshalb ist es ja auch eine Bedingung. Aber unverrückbar? Nein, schließlich können Sie darüber
ausführlich mit der Familie diskutieren. Ziehen Sie dies jedoch erst
gar nicht in Betracht und richten den Blick immer nur auf das, was
Sie selbst für möglich halten, weil man nur dieses oder jenes beeinflussen kann (42), springen Sie womöglich zu kurz. Denn meist
stellt sich die Frage, was Sie als gesetzt ansehen und was Sie glauben, nicht selbst ändern zu können. Damit liegen Sie unter Umständen auch richtig, aber die Optionen, die sich damit verbinden,
lohnen unter Umständen die Diskussion mit den jeweiligen Ent-
scheidungsträgern.

Der nächste Schritt besteht nun im bedingungsvollen Management.
Ob bei der Umsetzung von Projekten, dem operativen Management oder dem Gestalten von Veränderungen: Nachdem Sie her-
ausgefunden haben, was unter welchen Bedingungen machbar ist
und was nicht, gilt es, die erforderlichen Bedingungen zu erfüllen.
Nur dann sind Ihre Erwartungen (17) nicht mehr nur lose Forderungen, sondern eingewoben in einem Netz von Bedingungen, die mit
den beteiligten Mitarbeitern durchdacht, diskutiert und vereinbart
wurden. Geht es doch von Anfang an darum, gute Vereinbarungen
zu treffen und für Umstände zu sorgen, die ein Erfüllen dieser Vereinbarung ermöglichen. Als Führungskräfte brauchen Sie deshalb
die Chance, sich rechtzeitig um Bedingungen zu kümmern, die
Mitarbeiter nicht selbstständig sicherstellen können.

Wer als Mitarbeiter nun in einem Meeting Gründe aufzählt, warum
es in einem Projekt doch nicht so klappt wie ursprünglich angenommen, dass es etwa an personellen Kapazitäten mangelt, muss
damit rechnen, eine deutliche Antwort zu bekommen: Sorry, so
nicht! Denn diese Parameter hätten rechtzeitig geklärt und sicher-

gestellt werden müssen. Das ist nicht hart, sondern fair. Denn haben Sie als Führungskraft die erforderlichen Bedingungen diskutiert und erfüllt, können Sie auch die dazugehörigen hohen Erwartungen an die zuständigen Mitarbeiter stellen und entsprechend vereinbarte Ergebnisse einfordern. Andererseits dürfen Sie es sich als Führungskraft nicht zu einfach machen: Jede ihrerseits nicht erfüllte Bedingung korrigiert den Erwartungswert.

Doch auch hier gilt es jetzt zu differenzieren: **Was ist eine hilfreiche, was eine notwendige Bedingung?** Es ist essenziell, sich darin zu schulen, das sauber zu unterscheiden, um uns selbst und andere effektiv zu führen. Wenn Sie also Ihrem Leiter Operations das Ziel geben, die Produktivität um 10 Prozent zu erhöhen, kann es nützlich sein, dass er ein 50-Quadratmeter-Eckbüro bekommt – vielleicht hilft ihm das beim Denken. Ist es jedoch eine notwendige Bedingung? Ist es vielleicht auch notwendig, dass er zudem einen externen Berater mit einem Projektbüro braucht? Oder ist das nur hilfreich?

Viele Bedingungen sind hilfreich, aber bei Weitem nicht notwendig. Wird eine notwendige Bedingung nicht erfüllt, kann das Ziel nicht erreicht werden! Wenn also das Eckbüro notwendig ist, bedeutet das in der Konsequenz, dass ohne dieses die Produktivität weniger zunimmt als mit. Ist das nicht nachweisbar, reden wir über eine hilfreiche, aber keine notwendige Bedingung. Hier müssen Sie sich selber und andere konsequent fordern!

Eine Frage stellte ich dafür jedem Mitarbeiter: »Was muss ich für Sie tun, damit Sie Ihr Ziel erreichen können?« Das ist nichts anderes als die Aufforderung, über notwendige Bedingungen nachzudenken. Sobald die Liste mit Bedingungen vorliegt, lassen sich diese diskutieren, hilfreiche Bedingungen entlarven und notwendige Bedingungen entweder herbeiführen oder sicherstellen. Nach diesem Muster können sämtliche Status- beziehungsweise Entscheidungsmeetings (36) in zwanzig Minuten durchgeführt werden. Erkennen Sie also in der Diskussion, dass das 50-Quadrat-meter-Eckbüro tatsächlich für eine maßgebliche Produktivitäts-steigerung als Bedingung gegeben sein muss, dieses aber nicht zur Verfügung steht, korrigieren Sie unter Umständen das Ziel – oder sorgen eben für das Eckbüro. In konstruktiven, von großer Offen-heit geprägten Dialogen passiert es, dass es zu solch absurd er-scheinenden Vereinbarungen kommt, die auf einmal der Hebel für den Erfolg sind.

Nach einem ausführlichen Diskurs über notwendige Bedingun-gen kann es keine Ausreden mehr geben. Nur noch abgestimmte Erwartungen, die erfüllt werden, und solche, die nicht erfüllt wer-den können. Und die nicht erfüllbaren korrigieren unsere Erwar-tung. Nur so kommt eine Organisation letztlich zu einer professio-nellen Kultur der Verbindlichkeit.

40 Vorbereitung

Haben Sie nach einem Tag voller Meetings (36) auch den Eindruck, einiges geleistet zu haben? Sie fühlen sich erschöpft, manchmal so-gar ausgelaugt, schließlich haben Sie jede Menge Zeit und Energie aufgewendet. Und dennoch wäre ich in diesem Zusammenhang vorsichtig mit dem Begriff »Leistung«. Denn wie oft plagt uns am Ende das dumpfe Gefühl, dass wir nicht das geschafft haben, was wir eigentlich erreichen wollten? Dafür sind zu viele unserer beruf-lichen Zusammenkünfte zu unproduktiv, zu chaotisch, zu planlos, zu ziellos. Und wir selbst? Sind wir nicht schlicht zu faul? Zu faul, uns vorab Gedanken darüber zu machen, was notwendigerweise zum Erreichen eines Zieles mit welchen Kollegen oder Mitarbei-tern geklärt, besprochen und erarbeitet werden muss?

Wie läuft denn so manche zähe Sitzung ab, über die Sie sich im Nachhinein ärgern, weil dabei so wenig Brauchbares rumkommt? Wir fangen an zu brainstormen, doch statt eines Sturms wilder Gedanken bildet sich eher ein laues Lüftchen, dem man sich getrost hingibt, sobald jemand in der Runde eine Richtung einschlägt. Kontroverse Gedanken oder Ideen, die wirklich fundiert sind, kommen dabei nur selten zutage. Wie auch? Dafür hätten wir sie vorher ja einmal durchdenken müssen! Stattdessen reicht es bei vielen Beteiligten nur für gemeinsames Sprechdenken: Wir sagen das, was uns selbst gerade einfällt.

Es ist ein Outsourcing der besonderen Art: Die eigentliche Denkarbeit wird in das Meeting ausgelagert. **Ja, Faulheit kommt häufig im Gewand des offenen, unvorbereiteten Miteinanders daher.** Und sorgt für eine Kultur der Unverbindlichkeit und Inkonsequenz. Weil sich in diesen Gruppenarbeiten jeder auf den anderen verlässt und am Ende nichts vorwärtsgeht und Projekte irgendwann zwangsläufig ergebnislos im Sande verlaufen.

Gerade die Chefetage kokettiert gerne mit der eigenen Ahnungslosigkeit – wenn es etwa schmunzelnd heißt: »Erläutern Sie mir Ihr neues Konzept bitte so, dass es selbst ein Unbedarfter wie ich versteht.« Ich für meinen Teil kann solche Sprüche nicht mehr hören. Warum bereiten wir uns vor jedem Treffen nicht so gut vor, dass wir im Termin gezielt die richtigen Fragen stellen können, statt erst einen Sachverhalt ausführlich zu erklären oder erklärt bekommen zu müssen? Ist es nicht gerade das, was unsere Treffen so unnötig aufbläht?

Wenn etwa ein Mitarbeiter eine Entscheidung (20) in einem Meeting erlangen will, möchte ich keine PowerPoint-Präsentation sehen. In der Regel bieten diese Präsentationen nicht viel mehr als ein paar schnell heruntergeschriebene Schlagworte, die viel zu viel Interpretationsspielraum lassen. Da ziehe ich einen gut durchdachten Prosatext vor, der kurz die Ausgangssituation, das Ziel und die verschiedenen Möglichkeiten mit einer Empfehlung erläutert. Natürlich ist anfangs die Empörung groß: Wer schreibt schon gerne lange Texte? **Aber Prosa zwingt uns zum Denken.** Ja, es kostet

Mühe. Aber eben nur einen Einzelnen, die anderen lesen sich das vorher durch. Damit sind Sie in jedem Meeting präziser, kommen wesentlich schneller zur Sache und sind bei der Entscheidung häufiger sogar klüger und durchdachter unterwegs. Nach dem Motto »Nicht quatschen (23), sondern erst denken und dann diskutieren«. Bei dem eigentlichen Arbeitstreffen sind dann nur noch drei Fragen zu klären: Was habe ich nicht verstanden? Was sehe ich anders? Und was fehlt mir? Nicht mehr und nicht weniger gibt es zu bereden.

Wird der Teufelskreis mangelnder Vorbereitung und Meeting-Dauerschleife einmal durchbrochen, stellen sich zwei gar wundersame Effekte ein: Die Dauer von Meetings und Workshops verkürzt sich und wir brauchen weniger davon. Und auf einmal haben Sie die Zeit nachzudenken. Zum Beispiel darüber, ob das nächste Meeting in Ihrem Terminkalender eigentlich notwendig ist. Und wenn ja, für wen.

Eine einfache Regel meinerseits: **Wer an einer Sitzung teilnimmt und keine Notwendigkeit zur Vorbereitung hat, hat im Meeting nichts verloren!** Alle anderen können getrost an ihrem Arbeitsplatz bleiben – und haben so genug Zeit, ihre anderen Termine ausreichend vorzubereiten.

Macht: Unser unbeholfener Umgang damit

41 Ohnmacht

Der Geschäftsführer Vertrieb fühlte sich sichtbar unwohl in seiner Haut. Gerade jetzt, da zwei seiner Kollegen auf die Straße gesetzt wurden, die neuen Kollegen noch nicht am Start waren und ein anderer mit Fieber zu Hause lag, sollte er als einziger Vertreter der Geschäftsführung die neue strategische Ausrichtung vor der versammelten Führungsmannschaft verkünden. Während seiner Präsentation fiel mir auf, dass er sich gerade so auf den Beinen hielt. Nachdem er sich von seinem Publikum verabschiedet hatte, stolperte er in den Flur, wo er auf einem Stuhl zur Seite wegkippte. Nach wenigen Minuten war er wieder bei sich und genauso irritiert wie ich.

Als wir einige Wochen später gemeinsam das Geschehen reflektierten, meinte er, dass er sich mit der Aufgabe, den Führungskräften die Neuausrichtung des Unternehmens zu vermitteln, keineswegs intellektuell überfordert fühlte. Ging es doch nicht einmal um einen massiven Arbeitsplatzabbau, sondern lediglich um eine deutliche Veränderung von Verantwortlichkeiten. Dennoch spürte er eine ungeheure Last auf seinen Schultern. Er sah sich als Geschäftsführer des Vertriebes nicht in der Lage, die Strategie glaubwürdig zu kommunizieren geschweige denn durchzusetzen. Schließlich betrafen viele dieser Themen Bereiche, die außerhalb seines eigenen Ressorts lagen. Als Vertreter der abwesenden Kollegen hatte er faktisch die Macht. Ob er sich jedoch auch im Besitz dieser Macht fühlte und ob auch die Bereichsleiter der anderen Ressorts dies akzeptieren würden, stand auf einem ganz anderen Blatt.

Nicht mehr Herr der Lage zu sein, sich schwach und ohnmächtig zu fühlen, wer möchte das schon? Ich bin der Überzeugung, dass man Angst riecht, dass man spürt, ob jemand sich unsicher fühlt, nicht zuletzt, weil wir dies auch ausstrahlen. Letztlich ist unsere gefühlte Ohnmacht eine Konsequenz der eigenen Unzulänglichkeit: Wir sind uns unserer Macht nicht bewusst, nutzen sie nicht entsprechend und lassen sie andere auch nicht spüren.

Die Frage, ob Sie in der Lage sind, selbst Macht auszuüben, hat viel mit der Kontrolle über sich selbst zu tun. Ich höre oft Sätze wie »Da konnte ich nicht anders!«, mit denen Menschen im Nachhinein erklären, warum sie beispielsweise plötzlich aufbrausend reagierten. Wer konnte hier was warum nicht anders? War die Person in diesem Moment fremdgesteuert, sodass sie nicht mehr kontrollieren konnte, was aus ihrem Mund kam oder ihre Hand tat? Wir tragen immer die Verantwortung dafür, was wir tun. Fühlen Sie sich ohnmächtig, geben sie damit die Verantwortung für Ihre Handlungen oder gar das eigene Leben an jemand anderen ab. Aber wer entscheidet letztlich, was getan wird und was nicht? Macht ist nicht nur nichts Schlechtes. Im Gegenteil: **Jeder von uns benötigt Macht, um ein verantwortungsbewusstes Leben zu führen!**

Wenn wir jetzt einen Schritt weitergehen und darüber nachdenken, was Macht über die eigene Person hinaus bedeutet, so geraten wir schnell in vermeintliche Widersprüchlichkeiten. Denn wenn Sie Macht über andere ausüben, bestimmen Sie letztlich über deren Handlungen und Aussagen. In diesem Sinne entziehen Sie anderen also Macht, machen sie sozusagen ohnmächtig. Streng genommen lässt sich das so auslegen. Die Frage ist, ob die Entmachteten dies als Beschränkung wahrnehmen oder sogar fordern und wünschen. Schließlich braucht jeder Mensch Orientierung: Die Klarheit darüber, was im Privaten wie im Beruflichen zu tun ist. Die Regelung von Verantwortlichkeiten (62) in Organisationen ist letztlich nichts anderes als die Regelung von Macht.

Auch wenn in Organisationen gerne so getan wird, dass die Anzahl der Personen, die wir führen, und der Budgettopf, über den wir verfügen, nicht von Bedeutung sind, brauchen wir uns nichts vorzugaukeln: Es sind Insignien der Macht! Je mehr Sie in der Wirtschaftswelt über Geld und Menschen verfügen, desto effektiver können Sie Ihre Ziele auch gegen Widerstand durchsetzen.

Und das bedeutet im Umkehrschluss: Üben Sie Macht aus, beschneiden Sie andere Menschen ein Stück weit in ihrem Gestaltungsfreiraum, in ihren Auswahlmöglichkeiten, in dem, was diese tun oder für was sie sich entscheiden können. Macht ist ein Mittel zum Zweck und dient dazu, Ziele zu erreichen – im Zweifel auch, indem Sie Menschen dazu zwingen, entgegen ihren eigenen Überzeugungen zu handeln. Wenn auch Letzteres auf Dauer Ihre Macht zu Recht gefährden oder ihre Rechtmäßigkeit infrage stellen würde.

Damit Macht ausgeübt werden kann, muss klar sein, wer über die Entscheidungshoheit verfügt. Wenn etwa der Vertriebsleiter die Entscheidungsgewalt darüber hat, wie das Angebot für einen Schlüsselkunden in der Automobilindustrie aussehen muss, und er entscheidet sich wohlüberlegt für eine Option, bei der der angebotene Service in Art und Preis nicht den Vorstellungen des Leiters Service entspricht, so übt er Macht über andere aus, weil der Service zukünftig eben genau diesen Ansprüchen gerecht werden muss.

Doch so einfach läuft es in der Realität selten. Ein Service-Manager, der sich mit der Entscheidung (20) nicht abfinden kann, wird Gründe finden, seine Kollegen aufstacheln und alle möglichen Initiativen starten, die Macht des Vertriebsleiters zu unterwandern. Ja, so sind wir Menschen. Deshalb müssen Sie sich zum einen im Klaren darüber sein, dass Sie Macht besitzen, und zum anderen, wozu Sie diese einsetzen wollen. Und ob Sie sich, wenn Sie auf Widerstand treffen, auf Machtspielchen einlassen. Und falls ja, aus welchen Motiven.

Handelt etwa der Servicemanager, der sich gegen die Etablierung neuer Servicestrukturen ausspricht, konstruktiv, weil er ein besseres System für das Unternehmen im Auge hat, ein System, mit dem das Umsatzziel, der Vertriebserfolg besser erreicht werden kann? Oder handelt er aus einem niederträchtigen Grund wie verletzter Eitelkeit, weil er mit seinen Ideen kein Gehör fand? Was auch die Gründe für den Widerstand des Service-Managers sein mögen: Der Vertriebsleiter muss seine Überzeugungen notwendigerweise mit Macht durchsetzen, andernfalls würde er seiner Aufgabe nicht nachkommen, einen das Geschäft des Unternehmens stützenden Schlüsselkunden zu sichern.

Wir üben also Macht aus und brauchen sie auch. Denn hätten wir diese Macht nicht, würden wir selbst, aber auch unser Bereich ohnmächtig und der Macht anderer ausgeliefert sein. Führungskräfte, die damit kokettieren, dass sie keine Macht brauchen, um Ziele gegen andere Interessen durchzusetzen, lügen – sei es sich selbst gegenüber oder aus Naivität.

Es ist geradezu ein Fluch für Unternehmen, wenn Manager ihre Macht nicht nutzen wollen. Wenn sie sich für das, was sie tun, ständig die Legitimation (26) ihrer Kollegen und Vorgesetzten einholen. Aus falscher Bescheidenheit oder einem falsch verstandenen Werteverständnis heraus lassen sie sich von anderen reinreden, meinen, Rücksicht nehmen zu müssen, und verlieren dabei wertvolle Geschwindigkeit (28), aber auch Effektivität und Produktivität – zum Schaden nicht des eigenen Bereiches, sondern des gesamten Unternehmens.

Stellen Sie sich selbst die Frage: Nehmen Sie Ihre Aufgabe wirklich ernst und wollen Sie Ihren Verantwortungsbereich und das Unternehmen nach vorne bringen? Falls ja, dann nutzen Sie Ihre Macht konsequent und bauen sie weiter aus, um im Sinne des Unternehmenserfolgs immer größere Ziele zu erreichen! Lassen Sie sich hingegen zu sehr in Ihrer Macht beschneiden, werden Sie in Ihrer Führungsrolle irgendwann nicht mehr ernst genommen.

42 Wirkungsradius

Warum glauben so viele Menschen, dass sie nichts oder nur wenig bewegen können in ihrer Organisation, in ihrem Leben? Macht es Sie wirklich machtlos, wenn der eigene Vorgesetzte anderer Meinung ist, die Nachbarabteilung ihre eigenen, den Ihren entgegengesetzten Interessen verfolgt? Keinesfalls. Das Problem ist nur, dass wir unsere Einflussmöglichkeiten immer wieder auf fatale Weise unterschätzen, zu unseren eigenen Ungunsten und der unserer Organisation.

Die Führungskraft, die ich letztens bei einem großen deutschen Mittelständler kennenlernen durfte, gehört nicht in diese Kategorie. Der Mann ist weder Geschäftsführer noch Mitglied des Vorstandes. Aber allein durch die Reife, die er bei jedem Arbeitstreffen an den Tag legt, die Klarheit seiner Sprache (25) und die Art, wie er unbeirrt die Bereichs- und Unternehmensziele verfolgt, wird ihm von allen Kollegen eine hohe Wertschätzung zuteil. Viele seiner Kollegen sind bereit, sich seinen Ideen anzuschließen, obwohl er ihnen nicht vorgesetzt ist. Es ist eine Form der indirekten Macht, die Sie allein durch Ihr Auftreten und Ihre Leistungen erwerben. Denn Respekt und Anerkennung verschaffen Sie sich in der Regel durch Leistungen, die im Nachhinein betrachtet von vielen für richtig befunden werden, weil sie zu einem Erfolg für die gesamte Organisation geführt haben – und das nicht selten sogar von Leuten, die anfänglich nicht auf Ihrer Seite standen.

Werden Sie deshalb als Mensch mehr gemocht als zuvor? Nein, das sicher nicht. Aber Sie werden definitiv dafür wertgeschätzt und respektiert. So wie die genannte Führungskraft verbreitern wir unseren Wirkungsradius bereits dadurch, dass andere beginnen, uns um Rat zu fragen. Ich kenne viele Menschen, die sich darüber beschweren, dass sie niemand um Rat fragt. Ja, solche Gedanken sind menschlich. Wir sind frustriert darüber, dass uns keiner so wertschätzt für das, was wir eigentlich sind und was wir eigentlich können und wissen. **Doch wir sind nun einmal das, was wir in der Wahrnehmung unserer Umwelt zu bieten haben.** Ob uns das schmeckt oder nicht. Es lohnt nicht, darüber zu jammern oder sich darüber zu beschweren. Leisten wir einen spürbaren Beitrag, der unseren Mitmenschen zeigt: »Schaut her, das kann ich beitragen!«

Was soll etwa die Ausrede eines Marketingchefs, er könne die eigene Abteilung nicht neu ausrichten, solange noch keine Strategie des Vertriebes vorliege? Nichts als selbst verschuldete Ohnmacht, von der sich der Marketingleiter befreien könnte, würde er selbst Thesen aufstellen, was der Vertrieb zukünftig an Support benötigt, und diese Thesen mit dem Vertrieb abstimmen. Allein dieser erste Schritt kann einen Prozess initiieren, der dazu führt, dass eine Vertriebsstrategie im Sinne des Marketings zustande kommt. Gerade wenn der Marketingchef sein Vorgehen in den Dienst der gemeinsamen Sache stellt, ohne sich damit selbst profilieren zu wollen, können anderen Abteilungen das wunderbar annehmen. Es geht dabei nicht darum, andere unsere Macht spüren zu lassen. Nur ein Kleingeist will sehen, wie peinlich es dem Vertriebsleiter ist, dass er dieses Thema nicht schon längst vorangebracht hat. Wir üben den Einfluss allein deshalb aus, um unser Team und das gesamte Unternehmen voranzubringen.

Das Ausüben indirekter Macht wird für Führungskräfte zunehmend wichtiger. Schließlich führen die Komplexitäten des Marktes in Unternehmen zu immer mehr zwei-, drei- oder vierdimensionalen Netzwerkstrukturen, bestehend aus Länderorganisationen, Zentraleinheiten für den Service, in dem es selbst wieder Serviceeinheiten gibt, die für bestimmte Sparten zuständig sind. In solch einem Geflecht, in dem miteinander Leistung erbracht wird, entscheidet nicht mehr einer alleine. **Mehr als zuvor sind Sie gefordert, Einfluss auf Kollegen zu nehmen, denen gegenüber Sie nicht weisungsbefugt sind.** Indem Sie im besten Fall im Sinne der Sache argumentieren, nach gemeinsamer Erkenntnis streben und versuchen,

Ihre Ziele durch Diskussionen über die Erwartungen (17) und notwendigen Bedingungen an den Schnittstellen zu klären.

Ihren Wirkungsradius können Sie aber nur ausweiten, wenn Sie sich in die Lage versetzen, selbst viel mehr zu leisten, als Sie sich das gemeinhin vorstellen. Das ist theoretisch jedem klar! Doch die wenigsten praktizieren es und prallen immer wieder an dem selbst gesetzten Rand des eigenen Wirkungsradius ab wie eine Flipperkugel. Vielleicht fragen Sie sich manchmal, welche Bedingungen (39) es sind, die dazu führen, dass Sie an einen Punkt kommen, an dem Sie sagen: »Mehr geht nicht!« Wir kennen unsere Arbeitsmuster, unsere Organisation und unsere Ressourcen, und mit diesen Bällen jonglieren wir. Wir leiten aus diesen scheinbar gesetzten Bedingungen ab, was für uns machbar ist und was nicht. Die Rahmenparameter werden dabei nicht infrage gestellt und folglich auch nicht verändert, und damit auch nicht der eigene Wirkungskreis.

Wollen Sie im Management dicke Bretter bohren, kommen Sie nicht umhin, Ihre eigenen Verhaltensweisen, Ihre Dogmen, Ihre Gewohnheiten und auch die vermeintlich gesetzten Rahmenbedingungen zu hinterfragen. Viel zu oft halten wir unseren Einflussbereich so groß und weit, wie wir augenblicklich schauen können. Es erinnert ein bisschen an Menschen im Mittelalter, als man glaubte, die Erde sei irgendwo zu Ende, und am Rand angekommen, falle man herunter. Doch die Welt – und ihre Möglichkeiten für uns – ist viel weiter und größer, als wir uns das vorstellen.

Ein sich immer wieder ohnmächtig (41) fühlender IT-Chef klagte mir sein Leid darüber, dass er gar nicht mehr wisse, wie er die sich andauernd ändernden Forderungen des Vorstandes abarbeiten solle. Alles sei immer gleich wichtig. »Die da oben« und die Fachbereiche würden sich einfach nicht genug abstimmen, ständig Themen repriorisieren und somit ein großes Chaos anrichten. Wenn Sie sich aber wie der IT-Leiter in eine Art Opferhaltung begeben, geben Sie damit die Kontrolle an vermeintlich nicht zu ändernde Umstände ab.

Warum versuchen Sie nicht stattdessen, Ihren Wirkungsradius im Sinne des Unternehmens so weit wie nur irgendwie möglich auszuweiten? Mit Machtspielchen hat das nichts zu tun und genauso wenig mit dem Bedürfnis, sich unbedingt profilieren zu müssen. Um Einfluss auszuüben, braucht es kein Dominanzgebaren!

Ich riet dem IT-Leiter, sich und dem Vorstand dadurch zu helfen, indem er sich mit seinem Bereich einfach besser steuerbar macht. Bisher wurden die Aufgaben auf der Basis einer Jahresbudgetplanung und einer Projektliste gesteuert, die einmal jährlich mit dem Vorstand besprochen wurden, um die großen IT-Vorhaben für das nächste Jahr festzulegen. Für den IT-Chef war es entscheidend zu erkennen, dass dies eben nicht mehr die richtige Mechanik ist, da die Realität die Planung bereits im ersten Quartal auf dem Standstreifen überholt – mit Aufgaben, die ursprünglich nicht auf der Projektliste stehen, aber eben dazukommen. Doch zugleich flog von dieser Liste keine der bisherigen Aufgaben runter.

Folglich legte der IT-Manager fest: Die jährliche Prioritätenliste gibt es nicht mehr. Stattdessen eine vierteljährliche Portfoliobetrachtung, bei der die einzelnen Anforderungen nach ihrem Beitrag hinsichtlich Effizienz und Strategie aufgelistet werden. Zusätzlich werden die Ressourcen aufgelistet, die zeigen, wie viel gemeistert werden kann. Ebenfalls aufgeführt wird, was mit zusätzlichen externen Ressourcen geleistet werden könnte. Damit gab der IT-Manager seinen Vorgesetzten die richtigen Rädchen an die Hand, an der diese drehen konnten, um Strategie und Effizienzthemen zu priorisieren und zu sehen, wann die internen Ressourcen belegt sind und externe Unterstützung notwendig wird. Die Folge: Weil der Vorstand die IT besser steuern konnte, musste sich der IT-Chef nicht mehr anhören, dass er immer nur davon sprechen würde, was alles nicht gehe.

Was hat der IT-Manager getan? Er hat seine Art, auf die Welt zu schauen, verändert – und seinen Horizont in den des Vorstandes verschoben. Damit änderte er die Art, wie andere ihn steuern. Der IT-Leiter musste dafür nicht derjenige werden, der die Prioritäten selbst festlegt, sondern er änderte schlicht das System, das darüber entscheidet, wie die Prioritäten gesetzt werden – und beeinflusste damit den Vorstand bei der Entscheidungsfindung, um mit den Ergebnissen selbst wesentlich produktiver arbeiten zu können.

Ist solch ein Vorgehen einfach? Nein! Schließlich wird dabei das eigene Denken, die vermeintlich gesetzten Rahmenbedingungen, wie *man* eben plant und managt, überdacht und neu arrangiert. Gefordert ist das, was gerne als der Unternehmer im Unternehmen bezeichnet wird und letztlich nichts anderes bedeutet, als dass wir unseren eigenen Wirkungsradius weiter ziehen! **Machen Sie die Dinge einfach regelbar – besonders dort, wo andere überfordert sind, weil sie ihre eigene Effektivität nicht im Griff haben.**

An welchen Stellen haben Sie das Gefühl, nicht so wirken zu können, wie Sie gerne würden? Wo beklagen Sie sich über Zustände, die Ihnen das Leben erschweren? Es lohnt sich, die Perspektive zu wechseln und den Rahmen anders zu setzen. Wie können aus Störfaktoren Regelungsfaktoren werden? Wie lassen sich Parameter beeinflussen, um den eigenen Denkhorizont in den Tätigkeitsbereich anderer hineinzuverschieben? Und wie gelingt es, Systeme zu entwickeln, die zu gemeinsamen guten Entscheidungen führen?

43 Manipulation

Es ist ein Wort, bei dem jeder von uns zurückzuckt: Manipulation! Wie viele Skandale fallen Ihnen dabei sofort ein? Die manipulierten Abgaswerte oder die FIFA-Funktionäre und die gekauften

Stimmen bei der Vergabe von Fußballweltmeisterschaften. Es sind diese Geschichten, die dazu führen, dass wir mit dem Begriff »Manipulation« etwas Anrüchiges und Ungesetzliches verbinden. Eine Handlung, mit der man gegen die Regeln spielt, sich einen unlauteren Vorteil verschafft.

Niemand von uns will selbst manipuliert werden! Wer manipuliert wird, ist ein Opfer. Wenn Sie etwa einen wirtschaftlichen Verlust aufgrund eines katastrophalen Investments erleiden, das Ihnen als vielversprechend angepriesen wurde, und Sie trotz Überprüfung nicht erkannt haben, dass das niemals gut gehen kann. Oder die alte Dame, die von einem Versicherungsvertreter zu einem Vertragsabschluss bewegt wird, der allen möglichen Leuten einen Vorteil verschafft, nur nicht ihr. Es ist also kein Wunder, dass Manipulation nicht als Tugend verstanden wird. Und dennoch ist das nur eine Seite der Medaille. Würden Sie etwa von sich behaupten, niemals bewusst zu manipulieren? Das wäre wahrscheinlich eine undurchdachte Aussage.

Schauen Sie sich typische Situationen des Führungsalltags an. Als Vorgesetzter vereinbaren Sie mit Mitarbeitern Ziele. Im besten Fall überzeugen und begeistern Sie diese sogar für das gemeinsame Vorhaben und bringen sie dazu, sich selbst Gedanken zu machen, wie sie diese am besten erreichen. Sie besprechen die zu ergreifenden Maßnahmen, diskutieren notwendige Entscheidungen und fällen diese entweder selbst oder ermutigen Mitarbeiter dazu. All das machen Sie nur, um die gesetzten Ziele zu erreichen. Als Leiter des Kundenservice eine geringere Kundenfluktuation, als Führungskraft im Vertrieb einen höheren Umsatz. Das ist unser Motiv! Unserem Motiv gehorchend, sorgen wir in der Hierarchie nach unten, zur Seite und auch nach oben dafür, dass Ziele in unserem Sinne vereinbart, erreicht oder gegebenenfalls korrigiert werden.

Nach oben stellen Sie vielleicht dar, dass bestimmte Bedingungen (39) gar nicht gegeben sind, von denen Sie und Ihre Vorgesetzten einmal ausgegangen sind, als das Ziel vereinbart wurde. Dass etwa der Markt das Potenzial nicht hergibt, das angestrebte Wachstumsziel zu erreichen. Das Motiv? Die Sic führende Instanz soll ihre Einschätzung ändern und mit Ihnen ein neues Ziel vereinbaren. Die Verantwortlichen aus den Nachbarabteilungen, die andere Motive bewegen als Sie selbst, versuchen, Sie davon zu überzeugen, dass bestimmte Maßnahmen, bei denen ihre Mitwirkung notwendig ist, von Ihren Kollegen unterstützt und umgesetzt werden.

So ist es etwa für den Operationsbereich eines Logistikers an sich völlig irrelevant zu wissen, wann genau der Dienstleister das Paket an den Kunden übergibt. Anders verhält es sich beim Kundenservice, der dem Kunden die Möglichkeit geben will, die einzelnen Stationen seiner Lieferungen exakt zu verfolgen – ein Service, den wir alle gerne nutzen, um sicherzugehen, dass etwa unsere bestellten Bücher demnächst ankommen. Folglich versucht der Leiter Kundenservice, den Leiter Operations zu überzeugen, sich im Sinne seines eigenen Motivs zu engagieren, die eigenen Prioritäten (19) zu überdenken. All diese Führungssituationen haben eines gemeinsam: Es handelt sich letztlich um Manipulation.

Manipulation bedeutet, andere zu Handlungen oder Aussagen zu bewegen, die diese von sich aus nicht machen würden. Diese Definition greift sowohl für den unehrenhaften FIFA-Funktionär als auch die ehrenhafte Führungskraft, die im Sinne legaler, vereinbarter und erstrebenswerter Unternehmensziele Kollegen, Vorgesetzte und Mitarbeiter manipuliert. **Manipulation ist also zunächst einfach nur ein Mittel zum Zweck.** Der dahinter liegende Zweck gibt ihr im Zweifelsfall den faden Beigeschmack eines Betrugs, eines unehrenhaft erwirkten Vorteils oder eben den eines konsequenten Managements in Bezug auf ein gesetztes, vereinbartes und kommuniziertes Ziel.

Auch bei der Erziehung unserer Kinder manipulieren wir bewusst oder unbewusst. Wenn es etwa heißt: »Wenn du das machst, bekommst du jenes.« Das ist Manipulation pur. Und bedeutet nichts anderes, als dass wir einer anderen Person etwas in Aussicht stellen – sei es soziale Anerkennung oder monetäre beziehungsweise materielle Belohnung –, die höher geschätzt wird, als den eigenen Widerstand gegen eine Handlung aufrechtzuerhalten.

Die entscheidende Frage ist daher die nach dem Motiv, das sich hinter Ihrem manipulativen Verhalten verbirgt. Ist dieses Motiv ehrenhaft oder ist es ethisch inakzeptabel? Bewegen Sie sich damit auf legalem oder illegalem Terrain? Manipulieren Sie einen Mitarbeiter, um Ihren eigenen Bonus zu maximieren, oder weil das Unternehmen davon profitiert? Im positiven Sinne manipulieren können Sie nur, wenn Sie sich intensiv mit den eigentlichen Motiven Ihres Handelns auseinandersetzen.

Nicht, um sich selbst zu verurteilen, sondern um sich die Möglichkeit zu geben, Ihr Verhalten gegebenenfalls zu ändern. **Wenn das Motiv aufrichtig ist, die eigenen Werte hinterfragt und geschärft sind, ist Manipulation richtig und wichtig!** Es ist ein schlichtes Mittel zum Zweck, dessen Sie sich weder verwehren noch zu schämen brauchen.

Manipulation ist ein zweischneidiges Schwert. Dieses Instrument jedoch aus scheinbar moralischen Gründen abzulehnen, ist genauso unreif, wie es aus unethischen Motiven heraus zum eigenen Vorteil zu missbrauchen (44). Ob uns das bewusst ist oder nicht: Jeder von uns manipuliert andere Menschen. Und wenn es im Dienste einer guten Sache geschieht, dem Erhalt eines Unternehmens, der Rettung eines Menschenlebens oder auch nur der guten Erziehung (74) der eigenen Kinder wegen, wird Manipulation zur Pflicht!

44 Missbrauch

Für die meisten von uns ist es schwer vorstellbar, dass Menschen ihre Machtmittel bewusst einsetzen, um andere bloßzustellen, zu demütigen, zu mobben. Auf Menschen, die so etwas mit Vorsatz machen oder sogar aus Genuss am Leiden anderer, treffen wir eher selten, so bodenlos ungerecht und unfair uns so manche Handlung im Unternehmensalltag auch vorkommen mag. Häufiger zeigt sich gerade im mittleren und unteren Management ein Phänomen, dessen man sich in den oberen Etagen selten gewahr ist: der Missbrauch aus Unreife heraus. Wenn etwa Mitarbeiter allein deshalb, weil sie in bestimmten Bereichen fachlich besser sind als der Vorgesetzte, bewusst kleingehalten, aus wichtigen Projekten rausgehalten oder von relevanten Kommunikationsflüssen abgeschnitten werden. Zu sehr werden sie von ihren Vorgesetzten als Bedrohung des eigenen Status betrachtet. Ist so ein diskriminierendes und zugleich auf Selbstschutz abzielendes Verhalten menschlich? Sicher ja, aber dafür nicht weniger schädlich.

Oft missbrauchen wir unsere Macht gerade dann, wenn wir mit unseren eigenen Emotionen nicht zurecht kommen und uns nicht klar ist, was wir damit anrichten können. Als Vorgesetzter genügt beispielsweise die eigene schlechte Laune, um einen Mitarbeiter vor allen anderen anzuschnauzen, es mit der Kaffeepause ja nicht zu übertreiben. Ein Kollege, mit dem man sich nicht grün ist, wird in einer Diskussion geflissentlich übergangen. Das gar nicht so schlechte Konzept eines Mitarbeiters, dessen vermeintlich übertriebener Ehrgeiz (2) uns gegen den Strich geht, nehmen wir en detail auseinander, als gelte es ein Exempel zu statuieren.

Solche dunklen Emotionen (10) durchleben wir immer wieder einmal. Verletzen Sie aus einem niederen Motiv heraus einen anderen, dürfen Sie sich durchaus auch selbst vergeben. Im selben Atemzug tun Sie gut daran, sich bei dem Betroffenen aufrichtig zu entschuldigen. Damit zeigen Sie Größe, korrigieren einen Fehler und stellen die Würde des anderen wieder her.

Denn nur dort, wo sich Menschen in ihrer Würde (60) nicht verletzt, angegriffen oder auch nur bedroht fühlen, können Ideen offen geäußert und kann sachlich um gute Lösungen gerungen werden, findet Reibung im positiven Sinne statt. Und deshalb genügt es nicht, diese Entschuldigung nur im persönlichen Gespräch zu gegeben. Nein, die Wiederherstellung der Würde hat dort zu erfolgen, wo sie verletzt wurde: vor allen anderen, in offener Runde. Das ist weiß Gott nicht einfach und dennoch unerlässlich!

Der Missbrauch von Macht ist nicht selten ein Ausdruck purer Verzweiflung. Eltern, die besonders rabiat mit ihren Kindern umgehen, tun dies häufig aus reiner Überforderung. Wer nicht mehr weiterweiß, greift zum letzten Strohhalm, den eigenen noch verfügbaren Machtmitteln. In Unternehmen geht der Machtmissbrauch aus Verzweiflung deshalb meist mit einem Übermaß an Kontrolle (13) einher.

Ich hatte beispielsweise mit einem Geschäftsführer zu tun, einem unruhigen, umtriebigen Geist, dem ständig Ideen durch den Kopf gingen, was man anders und besser machen könnte. Keine schlechte Eigenschaft für jemanden, der einen Unternehmensbereich mit einer halben Milliarde Umsatz verantwortet und noch einiges vorhat. Doch die Ebene unter ihm verzweifelte schier an seiner Rastlosigkeit. Die Mitarbeiter schafften es nicht, es ihm recht zu machen. Es kamen einfach zu viele Impulse und Sonderwünsche, die sie nicht mehr aufgreifen konnten. Umgekehrt verstärkte sich beim Geschäftsführer der Eindruck, dass er von seinen eindringlich geäußerten Ideen und Anregungen nie mehr etwas zu sehen und zu hören bekam.

Wie reagierte der sich immer hilfloser fühlende Geschäftsführer? Er fing an, sich überall einzumischen. Drangsalierte die Leute, forderte Berichte ein, stieg den Details nach. Immer häufiger bestellte er Mitarbeiter ein und fragte, was denn nun mit dieser oder jener Anregung sei, die er ihnen bereits vor Wochen auf den Weg mitgegeben hatte. Aus purer Aussichtslosigkeit, dem Gefühl, nicht verstanden zu werden, begann er, seine Macht zu missbrauchen – und das zu seinem eigenen Schaden. Niemals hatte er vorgehabt, Mikromanagement zu betreiben oder gar zu einer Führungskraft zu werden, die andere bedrängt. Als ich ihm den Spiegel vorhielt, war er aufrichtig erstaunt. Ihm war nicht im Geringsten klar, was er eigentlich tat.

Machtmissbrauch aus Verzweiflung ist die tragischste Form des Missbrauchs, weil sie das konterkariert, was alle Beteiligten eigentlich anstreben: den Erfolg des eigenen Bereiches, des Unternehmens. Doch das eigene Verhalten bewirkt dann genau das Gegenteil! Die aufgebauten Fronten sorgen für gegenseitige Geringschätzung, wir fahren uns in dieser Sackgasse fest und vernichten dadurch nachhaltig Wettbewerbsstärke, die Management und Mitarbeiter eigentlich aufbauen wollen.

Nachdem sich der Geschäftsführer dessen bewusst geworden war, durchlief er eine Art Umerziehung. Er hörte auf, permanent Anregungen und Ideen zu geben. Er disziplinierte sich, indem er diese aufschrieb und einmal in der Woche innerhalb von einer Stunde in seiner Ressortrunde besprach. So hatten die Mitarbeiter nun die Chance, die Themen explizit zu sortieren und zu priorisieren. Etwas, was sie vorher nicht getan hatten.

Wenn es in einer Organisation nicht rundläuft, sind daran immer zwei Seiten schuld. In diesem Beispiel waren die Führungskräfte in der nächsten Ebene ebenso verzweifelt, weil sie sich nicht trauten, ihren Geschäftsführer dazu aufzufordern, Prioritäten (19) zu setzen. Es liegt am Management und den unteren Ebenen, dafür zu sorgen, dass aus Verzweiflung kein langfristig schädlicher Machtmissbrauch wird.

Scheitern: Das Unvermeidliche annehmen

45 Fehler

Er geistert durch Führungsrunden, Fachmedien und HR-Veranstaltungen: der Wunsch nach einer ausgeprägten Fehlerkultur. Und so bläuen uns Firmenleitlinien ein, doch endlich das zu sagen, was es in unserer Organisation zu verbessern, abzustellen oder anders zu machen gilt. Aus den eigenen Fehlern lernen, wie wunderbar, und das mit höchstmöglicher Transparenz, damit alle daran partizipieren können. Wenn das doch so einfach wäre!

Wer mit Mitarbeitern und Führungskräften darüber debattiert, wie wichtig es doch ist, zu seinen eigenen Irrtümern zu stehen, diese zuzugeben und daraus zu lernen, betont gerne, dass niemand Konsequenzen befürchten muss. Dabei ist es gar nicht die Angst vor irgendwelchen Bestrafungen, die uns daran hindert, die für Hochleistungsteams so charakteristische offene Herangehensweise gegenüber den eigenen und auch den Fehlern anderer zu erreichen. Es sind allein unsere ebenso mächtigen wie uneingestandenen Emotionen, die das ganze Gerede darüber als ein Wunschkonzert, als Traum idealistischer HR-Experten entlarven: unsere unweigerlich auftretenden Scham- und Schuldgefühle im Angesicht eigener Fehler und die Angst (9) davor, sie zu begehen. Aber auch solche Emotionen wie Neid und Niedertracht (10), die uns dazu bringen, anderen jedes Missgeschick anzukreiden oder sie auf diese Weise sogar öffentlich vorzuführen.

Seit frühester Kindheit sammeln wir Erfahrungen damit, wie verletzend andere Menschen sein können. Wie sie ausgrenzen, wie sie jemanden auslachen, der etwas versucht, was misslingt. Da ist der Schüler, der dem Banknachbarn einen »Tipp« gibt, damit die Klausur ordentlich in die Hose geht. Der Einserschüler, dessen sportliche Schwächen vor der ganzen Klasse ausgeschlachtet werden.

Niedertracht und Neid sind die dunkle Seite unserer Emotionen, ob wir das wollen oder nicht: Sie wohnen jedem von uns inne, niemand ist frei davon, auch nicht der Erwachsene.

Die Frage ist nur: Lernen wir, damit umzugehen? Generieren wir in unserem Leben genug gegensätzliche Erfahrungen (7), die sich uns nachhaltig einprägen? Etwa, wie gut es sich anfühlt, andere zu unterstützen oder auch selbst Unterstützung zu erfahren? Wie befriedigend es sein kann, einem Mitschüler aus der Patsche zu helfen? Den Fehltritt eines Freundes unerwähnt zu lassen, um ihn nicht in Schwierigkeiten zu bringen? Oder wie es ist, wenn ein durch uns Geschädigter eben fünfe gerade sein lässt oder uns gar verzeiht? Im Wissen, dass wir selbst oft genug keinen Deut besser sind.

Es braucht diese Selbsterkenntnis, um nicht immerzu unseren emotionalen Reflexen zu gehorchen. Nicht aus Neid und Wut die Fehlleistungen der anderen anzuprangern. Uns selbst nicht für jeden begangenen Fehler vor anderen zu schämen und deshalb alles dafür zu tun, diesen nicht eingestehen zu müssen. Aber wie verhalten wir uns denn im Alltag? Kommen wir zu einer Verabredung im Restaurant zu spät, sind der Verkehr, das Wetter oder ein Kunde dafür verantwortlich – nicht wir selbst, die wir eigentlich alles bestens geplant hatten. Unsinn, das haben wir nicht! Warum gestehen wir uns das selbst und unserem Gegenüber nicht ein?

Machen Sie sich nichts vor: Es bedeutet, harte Arbeit an sich selbst zu vermeiden, immer wieder in simple Verhaltensmuster zurückzufallen. **Selbst als scheinbar reife Persönlichkeiten meistern wir unsere Scham- und Schuldgefühle im Angesicht eigener Fehler selten.** Wir reflektieren zu wenig unsere Empfindungen gegenüber anderen. So darf es uns nicht wundern, dass eine ergebnisorientierte Streit- und Fehlerkultur, in der offen und produktiv mit eigenen und fremden Fehlern umgegangen wird, kaum irgendwo anzutreffen ist.

Was wir vorfinden, ist ein zögerliches Miteinander, wo nicht wirklich das gesagt wird, was es zu sagen gilt. Wir möchten niemanden verletzen, niemand soll sich schämen oder schuldig fühlen – wir wissen doch selbst am besten, wie sich das anfühlt. Oder es passiert genau das Gegenteil: Wir sind uns nicht zu schade, rhetorisch gekonnt den Konkurrenten bloßzustellen und an seinem Stuhl zu sägen. Werden wir hingegen selbst kritisiert, führen wir eine ganze Armada an Erklärungen ins Feld, warum das schlechte Ergebnis unvermeidlich war. Alles nur, um dieses kleine Gefühl der Scham oder der Schuld nicht erleben zu müssen. Nicht erkennend, dass es eben nur Emotionen sind, nicht mehr, nicht weniger, die uns daran hindern zu sagen: »Ja, stimmt! Sie haben da einen wirklich relevanten Punkt adressiert! Lassen Sie uns bitte einmal gemeinsam schauen, was ich daraus lernen kann.«

Wenn Sie einen produktiven Umgang mit Fehlern in einer Organisation etablieren wollen, sorgen Sie zuerst bei sich selbst für einen hohen Grad an emotionaler Reife. Weil Menschen nur das adaptieren, was sie sehen und erleben, müssen Sie dieses Verhalten vorleben! Als Verantwortliche, die ebenso klug wie einsichtig mit den eigenen Emotionen umgehen. Die wissen, wie sich Scham und Schuld sowie Neid und Niedertracht im Zaum halten lassen, um Fehler anderer im Sinne der Sache zu adressieren und eigene Fehler souverän zur Weiterentwicklung zu nutzen.

46 Versager

Teebeutel, Silikon oder die Entdeckung Amerikas – wer denkt schon daran, dass die Menschheit Irrtümern jede Menge zu verdanken hat? Dennoch versuchen wir, das Scheitern auf dem Weg zum Ziel um jeden Preis zu vermeiden. Werden Niederlagen doch mit Versagen gleichgesetzt.

Dabei sind zu Anfang unseres Lebens Fehlschläge eine liebenswerte Eigenschaft. Auf Kindesbeinen sind alle Lernprozesse eine lange

Reihe von Niederlagen. Wie viele Male fällt ein Kind, bis es laufen kann? Und wie gerne helfen Sie ihm lächelnd auf? Wie viele Karambolagen und aufgeschürfte Knie erlebt es, bis das Fahrradfahren klappt? Natürlich würden Sie nie darauf kommen, das Kind als Versager zu titulieren, und es fühlt sich auch nicht als solcher, sondern als tapferer Eroberer wundersamer Welten.

Sobald aber über unseren Platz in dieser Welt entschieden wird, schwebt über uns das Damoklesschwert des Versagens. Bei der Empfehlung für die weiterführende Schule, bei der ersten »Ehrenrunde«, beim Abbruch des Studiums oder der Lehre, beim vergeigten Examen, beim geplatzten Geschäftsabschluss, bei der Bauchlandung des Start-ups, bei der Entlassung in der Krise oder dem Misserfolg eines Projektes: Plötzlich ist Scheitern nicht mehr Lernen, sondern Versagen. Ein Versagen, das mit Schuld, Scham (10) und Verzweiflung aufgeladen ist – gerade im Management.

Warum ist das so? Vor allem, weil wir gemäß gesellschaftlichen Zielen und Normen funktionieren wollen: unfallfrei und ohne Umwege. Kurvige Berufswege, lücken- oder sprunghafte Lebensläufe und gescheiterte Geschäftsideen stehen im Widerspruch zum gängigen Erfolgsmodell. Wer Niederlagen riskiert und erlebt, wird stigmatisiert. »Gescheiterte Existenz« ist eines der schlimmsten Urteile, die wir über einen anderen fällen können. Stellen Sie sich nur einen Broker in New York vor, der in der Finanzkrise seinen Job verloren hat und nun glücklicher als zuvor als Hotdog-Verkäufer sein Auskommen findet. Mit Schaudern beobachten ihn seine ehemaligen Kollegen, die ihm in der Mittagspause über den Weg laufen.

Kurios ist, dass sich die Verachtung dem Scheitern und den Gescheiterten gegenüber steigert, je mehr Niederlagen zu unserem Alltag gehören. Egal ob die individuelle Niederlage von entlassenen Kollegen oder die kollektiven Crashs ganzer Nationen wie Island oder Griechenland: Wir lernen täglich, dass das Scheitern überall lauert. Soziologen prognostizieren, dass zukünftig jeder Mensch in seinem Leben ganz selbstverständlich zwei oder drei verschiedene Karrieren haben wird. Aber solche Brüche sind doch nichts anderes als zwischenzeitliche Niederlagen und Rückschritte, oder?

Als Personen wie als Organisationen ist es ein Irrglaube, dass wir uns Schritt für Schritt weiterentwickeln. Das ist die Ausnahme. Wenn Sie einen neuen Markt erobern wollen, ist es eben sehr wahrscheinlich, dass die ersten Versuche mehr oder weniger schiefgehen werden. Wenn Sie sich mit einer Geschäftsidee selbstständig machen oder ein vielversprechendes Projekt im Unternehmen anstoßen wollen, rechnen Sie damit, dass Ihnen dabei so einiges um die Ohren fliegen wird. Sie werden immer wieder gegen die Wand fahren, allein schon deshalb, weil Sie nie alle Umstände kontrollieren können. Am Ende, wenn Sie dranbleiben, klappt es doch oder gerade deshalb. Das Fallen, es lässt sich nicht vermeiden. Und leider geht es dabei nicht mehr nur um ein aufgeschürftes Knie. Aber das ist der Preis Ihres Erfolges, den Sie in Kauf nehmen. Umso mehr kommt es auf Ihre innere Haltung an.

»Fail forward« heißt es im Englischen. Oder wie ein Topmanager zu mir meinte: »Manchmal gehe ich auch zwei Schritte zurück, aber nur, um noch mal Anlauf zu nehmen.« Niemand will mit einem Projekt vorsätzlich Probleme (37) bekommen, aber seien Sie sich darüber im Klaren: **Der Weg zum Ziel ist nie ein gerader, sondern ein Zickzackkurs mit etlichen Rückschlägen.**

In vielen Bereichen gehört das Besser-Scheitern nicht nur zum Tagesgeschäft, sondern zum Selbstverständnis. »Versuch und Irrtum« ist jedem Wissenschaftler eine geschätzte heuristische Methode – ein zuverlässiges Ausschlussverfahren mitten im Dschungel der vielen Pfade, die zum Ziel führen könnten. Als Wissenschaftler oder Produktentwickler scheitern wir immer wieder, aber jedes Mal ein wenig informierter, kompetenter. Aus Scheitern wird Lernen. Auch in der Kunst ist das Misslingen schon immer eng mit der Kreation und dem künstlerischen Schaffensprozess verbunden.

Was immer wieder übersehen wird: **Den Weg zu einer einzigen herausragenden Leistung pflastern in der Regel sehr viele Fehlversuche.** Der amerikanische Naturwissenschaftler Edison, der Erfinder der Glühbirne und des Telefons, hat über tausendfünfhundert Patente angemeldet. Wie viele andere Ideen hatte er wohl ausprobiert und wieder verworfen?

Sie werden nicht besser, indem Sie die eine perfekte Idee entwickeln. Unternehmen sind nicht innovativer, weil sie ein paar Ideen verfolgen, sondern jährlich Hunderte bis Tausende ausprobieren, von denen ein paar wenige zünden. Solch ein Vorgehen widerspricht unserer menschlichen Trägheit, nach der wir am liebsten ohne viel Aufwand und möglichst risikolos ans Ziel kommen wollen. Jedoch ohne Mut (76) werden Sie, aber auch Ihre Organisation niemals das nächste Erfolgsniveau erreichen.

47 **Freiheit**

Es ist ein Widerspruch, wie Sie ihn jeden Tag erleben können: Der Geschäftsführer eines mittelständischen Unternehmens beklagt sich mit Blick auf seine Bereichsleiter darüber, dass diese so wenig innovativ seien, ihre Bereiche nicht vorwärtsbrächten. Gleichzeitig sendet er ihnen E-Mails, in denen er sich darüber beschwert, wie einer von ihnen ein bestimmtes Projekt steuert, wie ein anderer sich auf einer Messe geäußert hat, wie der Nächste seine Aufgaben strukturiert. Gerne geht er auch auf Mitarbeiter zwei Hierarchieebenen tiefer zu, um dort »präsent« zu sein und zu erklären, wie die Konstruktion einer Werkzeugmaschine noch besser gelingt.

Wie geübt sind Sie darin, anderen Freiheiten zu geben? Die Freiheit, die Dinge so zu tun, wie diese sie selbst für richtig halten? Die Freiheit, selbstständig zu entscheiden, was im Sinne der Zielsetzung zu tun ist?

Eine Organisation weiterzuentwickeln, das bedeutet, Ihren Mitarbeitern nicht nur Freiheit einzuräumen, sondern sie geradezu aus ihrer sicheren Komfortzone hinauszustoßen, hinaus in die Freiheit. Ja, Ihre auf sich selbst gestellten Kollegen und Mitarbeiter sollen erleben, wie das Projekt gegen die Wand fährt. Genauso wie Kinder sich blutige Nasen und blaue Flecken holen, wenn sie zum ersten Mal zum Spielen alleine nach draußen dürfen. Sie können sie nicht davor beschützen – und Sie sollten das auch nicht! Ein Boxer muss erfahren, wie ein Schlag schmerzt, da hilft alles Schattenboxen nichts. Aber genau das nimmt ihm die Angst (9). Ohne Schrammen und Blessuren werden wir keine mündigen Menschen und auch keine mündigen Führungskräfte!

Seien Sie ehrlich: **Wen wollen Sie wirklich vor unangenehmen Erfahrungen (7) bewahren?** Ihre Mitmenschen oder sich selbst? Natürlich ist es belastend, wenn das eigene Kind zum ersten Mal alleine in die Stadt fährt und Tränen weint, weil es sich im U-Bahn-Netz verirrt. Oder die eigenen Mitarbeiter bei einem Kundentermin ohne ihren Chef versagen.

Aber ist es nicht weniger Beschützerinstinkt als vielmehr fehlende Größe, die Sie daran hindert, anderen mehr Freiheit zu gewähren? Weil es Ihnen schwerfällt, die Verantwortung für den Misserfolg Ihrer Mitarbeiter oder das verängstigte Kind zu übernehmen? Ja, es fällt schwer, es auf die eigene Kappe zu nehmen, wenn der Sohn mit einer Fünf in Mathe nach Hause kommt, weil wir ihn nicht jeden Tag dazu gezwungen haben, sich hinzusetzen und zu lernen, sondern ihm die Erfahrung einer solch erniedrigenden Zensur ermöglicht haben. Zu sehr empfinden wir die Niederlage unseres Kindes als unsere eigene. Deshalb entscheiden sich Führungskräfte auch dagegen, die jungen Teammitglieder alleine zu einem Kundentermin gehen zu lassen, auf dem ihr Scheitern garantiert sein wird. Aber das ist nun einmal der Preis dafür, wenn wir nicht nur vollmundig ankündigen, dass unsere Mitarbeiter zu Unternehmern im Unternehmen werden, sondern sie tatsächlich auch dazu erziehen (74).

Erziehung bedeutet nicht Bevormundung, sondern das Einräumen von Freiheit. Diese Freiheit dürfen Sie nicht als ein Gut verstehen, das Sie nutzen können, wann und wie es Ihnen beliebt. Nein, zwingen Sie andere zur Freiheit und halten Sie es zugleich aus, dass im Rahmen dieser Freiheit manche Dinge auch einmal schiefgehen! Hören Sie damit auf, Ihre Kinder, Kollegen und Führungskräfte mit allerlei Mikromanagement und Detailkontrolle (13) zu überziehen, statt sie zu mündigen Menschen zu erziehen. Und vor allem: Hören Sie damit auf, sich über die Folgen dieser Unmündigkeit auch noch zu beklagen.

 ## Naivität

Bestimmt kennen Sie diese Situation. Ein Neuling oder Quereinsteiger schaltet sich in eine Diskussion ein und beginnt seinen Vorschlag mit den Worten: »Könnte man nicht einfach …?« Während er auf eine Reaktion wartet, fragen sich Vorgesetzte und Kollegen, ob das einfach genial oder unbedachter Unsinn ist. »Nein, das kann man nicht so einfach, weil …«, schallt es meist umgehend zurück. Gerade die Silberrücken in der Runde, altgediente Abteilungsleiter und Fachkräfte, wissen sofort, warum dies oder jenes niemals klappen wird. Es muss unrealistisch sein, weil es ihren bisherigen Erfahrungen (7) widerspricht. Schließlich unterstützt keine Marktstudie den unbedarften Vorschlag, keine Charts mit Zahlenkolonnen werden aufgefahren, um die Kompetenz zu untermauern. »Der wird es schon noch lernen«, denkt sich der eine oder andere lächelnd über seinen noch etwas grün wirkenden Kollegen, der sich in Zukunft zweimal überlegen wird, ob er einen Geistesblitz so einfach mit anderen teilen wird.

Was soll das? Wissen Sie, welchen unternehmerischen Schaden unsere Scheuklappen anrichten, wenn wir Naivität mit Dummheit und Unwissenheit gleichsetzen? Naivität hat nichts mit Dummheit zu tun, sie ist die Schwester des Vertrauens (78) und der Arglosigkeit. Naivität ist Vorbehaltlosigkeit. Wenn wir jemanden als naiv bezeichnen, werfen wir ihm vor, ohne Vorbehalte zu sein. Warum bloß? Naivität ist ein Erfolgsfaktor. Gerade weil sie sich nicht um das kümmert, was bekanntermaßen so ist, wie es ist. Naivität ist nichts anderes als Unvoreingenommenheit – gegenüber dem Status quo, den eingefahrenen Denkschienen, der unnötigen Komplexität, die uns nicht nur im Unternehmensalltag zu schaffen macht.

Wer naiv ist, ist in Wahrheit mutig und frei. Frei davon, sich Sorgen zu machen über das, was in der Zukunft passieren könnte. Wer naiv ist, beschäftigt sich nicht mit surrealen Sorgen über Dinge, die schieflaufen könnten. Das raubt nur Energie. Naivität steht für eine energiegeladene Präsenz (4) im Hier und Jetzt. Den Mut (76) und die Freiheit, Neues einfach und geradezu sorglos auszuprobieren. Die Sicherheit dafür gibt Ihnen nicht der Job, das Einkommen oder das tolle Auto vor der Tür, sondern letztlich nur ein Urvertrauen, dass alles so, wie es jetzt gerade ist, gut ist.

Kinder zeichnet dieses Urvertrauen aus. Naiv wird, wenn nicht als dumm, deshalb gern auch als kindlich übersetzt. Wenn Sie Kinder haben, werden Sie am eigenen Leib erfahren haben, wie gut, weil grundsätzlich, deren Fragen sind. Warum ist der Himmel blau? Wasser nass? Die Banane krumm? Dass wir uns schwertun, sie zu beantworten, zeigt nicht, wie dumm, sondern wie richtig und wichtig diese Fragen sind. Dumm ist nicht die Frage, sondern wer sie nicht beantworten kann – oder es nicht einmal versucht.

In Organisationen begraben wir Naivität im Zeichen einer falsch verstandenen Professionalität systematisch unter einem Berg aus Planung, Risikoanalysen und Meilensteinen und vor allem Erfahrung, die zum unternehmerischen Erfolg nur bedingt beitragen. Unkonventionelle Gedanken, ungeprüfte Ideen jenseits ausgetretener Pfade haben in solch einem System keinen Platz. Berechenbar, planbar und damit absolut risikolos muss es sein, also das Gegenteil von naiv.

Naivität wird erst zur Dummheit, wenn sie von anderen dazu gemacht wird. Wenn wir etwa für einen Vorschlag belächelt oder sogar bestraft werden, weil eine mutige Idee doch nicht funktionierte. Dann aber ist nicht die Naivität der Mitarbeiter anzuprangern, sondern das schlechte Risikomanagement und damit das Versagen der Führung. Wenn Sie eine kreative, innovative Organisation möchten, definieren Sie das Maß an Risiko (49), innerhalb dessen Ihre Mitarbeiter Dinge ausprobieren können, unvoreingenommen, voller Vertrauen und damit im besten Sinne naiv.

49 Risiko

Meine Frage an den Abteilungsleiter ist verlockend: Ob er sich vorstellen kann, seinen Verantwortungsbereich zu verzehnfachen? Der Mittvierziger, der seit gefühlten Jahrzehnten mit seinem kleinen Team eine überschaubare Anzahl an Firmen bei der Wartung ihrer Maschinenparks unterstützt, nickt zögernd. Sicher doch. Ob er dafür auch bereit sei, seine Führungsstrukturen und Managementmechaniken von Grund auf zu ändern? So etwas wie Panik breitet sich in seinem Gesicht aus. Seine Gedanken sind nicht schwer zu lesen: »Was mache ich denn, wenn ich tatsächlich nicht zehn, sondern einhundert Leute führen soll? Wie mit dieser Menge an neuen Kunden umgehen? Wie sie alle gleichzeitig betreuen? Schaffe ich das überhaupt?«

Angst (9) ist ein Gefühlszustand, der uns häufig dann überkommt, wenn wir nur daran denken, in unserem Leben etwas radikal zu verändern. Schließlich gehen wir mit solch einer Entscheidung ein Risiko ein. Denn was könnte nicht alles passieren, wenn wir unsere Komfortzone verlassen und etwas ausprobieren, bei dem unsere bisherigen Erfahrungen (7) und Erfolge wenig zählen?

Sobald Sie oder Ihre Organisation versuchen, besser und erfolgreicher zu werden, droht Ihnen mit jedem Schritt nach oben eine umso größere Fallhöhe. Ich kenne viele Führungskräfte, die fühlen sich bei dem Gedanken an den nächsten Karriereschritt unwohl – denn mit der Verantwortung nimmt auch das Risiko zu, alleine verantwortlich zu sein, wenn etwas schiefgeht. **Wollen Sie aufsteigen, müssen Sie die neue Fallhöhe ertragen können – auch den harten Aufprall, wenn es einmal bergab geht.** Machen Sie sich nichts vor: Weder für Personen noch für Organisationen gibt es eine kontinuierliche, gar harmonische Entwicklung. Wollen Sie einen neuen Markt erobern, werden die ersten Versuche wahrscheinlich schiefgehen. Rück- und Reinfälle sind unvermeidlich. Weil also genau das dazugehört, zögern wir, den eigenen Erfolg zu suchen?

Die erfolgreichsten Manager, die ich kenne, verfügen über eine ausgesprochen große Risikobereitschaft und verbinden diese mit dem Anspruch, neue Ideen mit unglaublicher Geschwindigkeit (28) umzusetzen. Einfach aus dem Drang heraus, wissen zu wollen, ob das Neue (6) funktioniert.

Erst, wenn Sie nicht nur den Status quo verwalten, hie und da die eine oder andere Verbesserung anstoßen, sondern Dinge bewusst anders machen, kreativer angehen, entsteht daraus ein Wettbewerbsvorteil. Das Produkt, das es heute noch nicht gibt, die Verfahrensweise, die so noch keiner versucht hat, die Materialmischung, von der niemand dachte, dass sie für diesen Zweck tauglich ist, das Tool, das man selber programmiert trotz der Warnungen, dass dies nur mit einer standardisierten Software machbar sei. Zu oft überkommt uns solch eine Panik vor dem Unbekannten, dass wir es gar nicht erst versuchen.

Leider gibt es in unseren Unternehmen zu viel von beiden Extremen: Zu viele Führungskräfte, die jegliches Risiko trotz des damit unter Umständen hohen Nutzens vermeiden. Und eine kleinere, aber immer noch zu große Ansammlung von Führungskräften, die grob fahrlässig handeln. Die mal eben die Umstrukturierung einer Organisation beschließen, die sich später als Trugschluss herausstellt. Die aus dem Bauch heraus entscheiden, welche Produktidee weiterverfolgt werden soll. Die ganz nebenbei einen ungeeigneten Mitarbeiter zum Bereichsleiter befördern.

Solch ein Handeln hat nichts mit bewusst eingegangenem Risiko zu tun, bei dem wir vorab unsere Gedanken sortieren, Alternativen und die möglichen Kosten abwägen – und erst dann konsequent und schnell handeln. Sie brauchen Innovationen, um dem Wettbewerb voraus zu sein. Aber sorgen Sie dafür, dass diese immer das Ergebnis eines bewusst und vor allem kalkuliert eingegangenen Risikos sind. Woran es in unseren Unternehmen meistens fehlt, das sind diejenigen, die bereit sind, ein gesundes Risiko einzugehen. In dem Wissen, was der Nutzen sein kann, was der Preis ist und wann es im Zweifel auch die Reißleine zu ziehen gilt.

Warum gehen wir nicht viel öfter solche Risiken ein? Vielleicht, weil wir alles auf einmal wollen: eine Organisation, die innovativ ist und bei der zugleich jedes Projekt funktioniert, jedes Vorhaben ein Erfolg wird. Wie soll das funktionieren? Belügen wir uns dabei nicht selbst?

Wenn es also vertretbar erscheint, die junge Führungskraft zur Bereichsleiterin zu ernennen – trotz des damit einhergehenden Risikos fehlender Akzeptanz, eines neuen Managementstils und neuer Ideen, die diese Frau mit sich bringen würde –, dann tun Sie es doch einfach! Wenn es nutzt, das Budget von einigen Bereichsleitern in die Hände der Projektmanager zu verlagern, weil sich das in einer wesentlich höheren Produktivität niederschlägt, zögern Sie damit keine Sekunde!

Seien Sie sich im Klaren, dass jede Strategie immer auch eine Wette ist. Eines von zehn Engagements wird zum Erfolg, so die Faustformel der Venture-Capital-Firmen. Entkrampfen wir uns also bezüglich unserer Erwartungen (17). Denn innovativ wird ein Unternehmen nicht deshalb, weil alles, sondern oft nur sehr wenig klappt. Weil eben viel ausprobiert wird, funktioniert unter dem Strich mehr als bei den Unternehmen, die sich nichts trauen und bei denen immer alles zum Erfolg werden muss.

Festhalten: Was wir dabei verlieren

50 **Entrümpeln**

Stellen Sie sich vor, es geht zu Fuß oder meinetwegen mit dem Fahrrad einmal quer durch Europa. Auf dieser Reise wollen Sie möglichst viele Städte sehen, neue Erfahrungen sammeln, sich dadurch weiterentwickeln. Los geht es im Norden, vom norwegischen Trondheim über Oslo, es folgen die großen Städte Dänemarks, Deutschlands, dann weiter nach Frankreich und Spanien. Aus jeder Stadt nehmen Sie etwas Schönes mit. Mit jedem Andenken, jedem Souvenir wird Ihr Gepäck schwerer, und Sie selbst werden immer schwerfälliger, bis Sie sich kaum mehr fortbewegen können und die Chance, Neues zu entdecken und zu erfahren, rapide abnimmt. Was würden Sie tun? Die Reise abbrechen oder sich der wertvollen, aufwendig zusammengesuchten Dinge entledigen? Sie ahnen es schon, ich würde mich für Letzteres entscheiden. Weil viele Dinge gar nicht die Bedeutung haben, die wir ihnen zusprechen. Denn ist das Bedeutungsvolle nicht das, was wir sehen, erleben und empfinden und was wir daraus als Erkenntnis für uns generieren?

Es fällt uns nicht leicht, uns von dem zu trennen, was wir uns einmal angeeignet haben. Stattdessen sammeln wir und sammeln und sammeln. In unseren Kleiderschränken Dinge, die kein Mensch mehr anziehen wird oder zumindest wir nicht mehr – dennoch werfen wir sie nicht in die Altkleidersammlung. Bücher stapeln sich und werden nie mehr gelesen. Unsere unzähligen Fotos brauchen zum Glück nur jede Menge digitale Speicherkapazität. Aber wann und wie viele davon schauen wir uns denn wirklich noch einmal konzentriert an? Selbst unser Körper speichert alle möglichen Eindrücke und Spannungen, baut diese in Muskeln und Bändern auf, was unter anderem zu den allseits verbreiteten Nacken- und Rückenschmerzen führt. Uns einmal in der Woche durch Kontemplation oder eine Massage davon zu befreien, die Zeit dafür nehmen wir uns nicht.

Lieber schleppen wir in unserem Alltag Unmengen an Ballast mit uns herum. Ballast, der uns daran hindert, uns frei zu bewegen und Neues aufzunehmen.

Wie gut würde es Ihnen tun, das eigene Leben zu entrümpeln? Die eigene Faulheit zu überwinden und das zu tun, was notwendig ist, um sich sowohl physisch als auch psychisch wohlzufühlen? Konsequent und mutig die ach so lieb gewonnenen Dinge, die sich in allen möglichen Sammlerboxen, Schubladen oder Speichern stapeln, einfach wegzuwerfen? Gerne heißt es: »An diesem Stück hänge ich?« Lösen Sie sich von diesen Abhängigkeiten! Nichts ist ewig, alles ist vergänglich. Die eigene Existenz, Ihr Glück und Ihre Zufriedenheit hängen nicht von irgendwelchen Dingen ab.

Das gilt nicht nur für jeden Einzelnen, sondern auch für ganze Organisationen, die Gefahr laufen, durch den mitgeschleppten Ballast aus überflüssigen Routinen und Gewohnheiten träge zu werden. Es gibt nämlich nicht nur die übervollen Aktenschränke, die virtuellen wie die tatsächlichen, in denen wir alte Dokumente und Konzepte aufbewahren, die kein menschliches Auge mehr zu Gesicht bekommen wird. Was ist etwa mit Ihren Methoden, Verfahrensweisen, Strukturen und auch Kollegen? Erfüllen sie noch den ihnen einmal angedachten Zweck? Ist der Zweck, zu dem sie eingeführt oder eingestellt wurden, heute überhaupt noch relevant? Zu selten setzen wir uns hin und reflektieren, was wir selbst und unsere Organisation jeden Tag aus Prinzip oder Routine tun und was davon inzwischen unnütz ist.

Als Führungskraft fertigen wir einmal den Statusbericht selbst an, weil die Umstände es gerade erfordern. Eine Ausnahme, aus der schnell eine ungeliebte Routine wird. Oder ein Mitarbeiter, der Ihre Meinung zu einem Thema möchte: Kaum, dass Sie sich versehen, werden Sie zum permanenten Feedbackgeber. **Die Produktivität jeder Führungskraft ließe sich schlagartig um 30 Prozent steigern, wenn wir den Alltag entschlackten und**

von fragwürdig gewordenen Routinen und Gewohnheiten befreiten.

Natürlich mag es in einem Unternehmen Zeiten gegeben haben, in denen es zum Beispiel sinnvoll war, kleinteilig zu berichten, zu kontrollieren (13) und entsprechend zu steuern. Vielleicht war das Unternehmen in einem schwierigen Fahrwasser, der Umsatz gerade rückläufig, also hat man sich wöchentlich alle möglichen Zahlen zu Umsatz, Frequenz der Kundentermine sowie die Protokolle dazu schicken lassen. Jetzt aber, zwei oder drei Jahre später, sind diese Mechanismen immer noch vorhanden und haben sich längst zu einer überflüssig gewordenen Kennzahlenbürokratie verstetigt, die nur noch unnötige Komplexität erzeugt.

Ist das wöchentliche Reporting aller möglichen Kleinprojekte überhaupt noch angebracht? Ist das wöchentliche Statusmeeting weiterhin relevant? Ist die Detaillierung der abgefragten Informationen in der Form wirklich sinnvoll? Hat es nicht mehr Sinn, diese Routinen durch das zu ersetzen, was Sie wöchentlich viel eher sehen wollen? Was gibt es zum Beispiel an neuen Ideen? Welche Ansätze lohnen sich, im Neukundengeschäft erprobt zu werden? Zeit zu entrümpeln! Es mangelt den meisten Unternehmen schließlich nicht an Reportings oder Kennzahlen. Aber gerade deshalb vielleicht umso mehr an Geschwindigkeit (28)?

Es ist eine Binsenweisheit: Wie die meisten Menschen nutzen Sie wahrscheinlich nur einen Bruchteil der Dinge, die sich so angesammelt haben: Von den gekauften DVDs schauen Sie sich immer nur dieselben 10 Prozent an, von den Klamotten bleiben 90 Prozent permanent im Kleiderschrank. Sie verwenden maximal ein Viertel der vorhandenen Kennzahlen, bei einer Präsentation konzentrieren Sie sich nur auf wenige Charts und auf noch weniger der dort gemachten Aussagen. Wozu also der ganze Rest? Zeit zum Entrümpeln!

㉛ Loslassen

Es ist ein dramatisches Bild: Zwei Bergsteiger, einer davon hängt nach einem Sturz bewusstlos im Seil, das nur noch von einem sogenannten Klemmgerät in einer Bergspalte gehalten wird. Die Situation ist aussichtslos. Der andere Bergsteiger kann selbst nur überleben, wenn er das verbindende Seil durchschneidet und damit das Schicksal seines Kameraden besiegelt. Gott sei Dank geht es im Alltag nicht darum, jemanden in den Tod stürzen zu lassen. Aber wenn Leben bedeutet vorwärtszukommen, müssen wir dann nicht viel öfter den Mut und die Kraft aufbringen, lieb gewonnene Menschen, aber vor allem auch Ideen und Konzepte loszulassen? Es gilt der Spruch: Was Sie bis hierher gebracht hat, wird Sie nicht dorthin bringen.

Wie sehr klammern Sie sich an alles Mögliche? An Ihren Job, an Ihre Freunde und Partner, an Ihren erarbeiteten Status, an eine Aufgabe, die Sie aus dem Effeff beherrschen, einen Klienten, der Sie seit Jahren durchfüttert, einen Markt, den Sie beherrschen? Aber der Markt beispielsweise wird sich definitiv ändern. Ob Banken, Energie, Telekommunikation, Handel oder Logistik: Nichts wird in ein paar Jahren mehr so sein wie heute. Ja, jedes Geschäftsmodell ist endlich! Auch das nächste Geschäftsmodell wird schneller überholt sein, als wir uns das heute vorstellen können.

Wo sich vieles ständig ändert, entsteht fortlaufend eine Vielzahl an Möglichkeiten. Neue Formen des Sourcings, der Prozessgestaltung und der internen Zusammenarbeit, ein neues Geschäftsmodell oder eine völlig anders geartete Kooperation mit Firmen, von denen man vor Kurzem noch nicht einmal den Namen kannte. Nur die eigene Kreativität setzt Ihnen Grenzen. Doch tun Sie das, was Sie nach vorne bringt: Loslassen – egal, wie schwer es Ihnen fällt?

Aus den besten Strategien wird häufig nichts, weil wir die neue Route nur halbherzig einschlagen, da wir zugleich dem aktuel-

len Weg treu bleiben wollen. So funktioniert das aber nicht! Natürlich werfen wir nicht unser Kerngeschäft, das uns über Jahre hinweg getragen hat und noch eine Zeit lang tragen wird, einfach über Bord. Aber sehr wohl haben wir Einbußen hinzunehmen: weil wir Zeit, Geld und Ressourcen von diesem Thema sukzessive abziehen, um sie mit einer klaren Priorität (19) in die Entwicklung eines neuen Geschäftsfeldes zu stecken.

Privat dasselbe: Wenn Sie über Jahre hinweg Golf gespielt haben, darin ziemlich gut geworden sind und nun nach neuen Impulsen suchen, kommen Sie damit nicht weit, wenn Sie parallel versuchen, ein guter Schachspieler zu werden, und gleichzeitig auch im Kochen höchste Ambitionen an den Tag legen. Das wird nicht klappen, wenn Sie nicht vom Bisherigen ablassen, um sich in einer anderen Sache wirklich zu entwickeln, um in etwas Neuem neue Erfahrungen (7) zu suchen. Selbst wenn Ihnen das Golfspiel lieb geworden ist, wieso hängen Sie es nicht für eine Zeit an den Nagel?

Ähnlich im Management. Sie können nicht sämtliche Schwerpunkte und Kernkompetenzen von heute aufrechterhalten und zugleich neue Felder mit vollem Einsatz aufbauen. Hat ein Unternehmen bisher die besonders hohe Qualität seiner Produkte dahin gebracht, wo es heute steht, so ist morgen vielleicht eine besonders hohe Geschwindigkeit (28) wichtig, mit der das Unternehmen neue Produkte oder neue Ideen realisieren kann. Das bedeutet nicht, dass der Qualitätsanspruch von heute auf morgen fallen gelassen wird. Aber als Manager geben Sie einer anderen treibenden Kraft den ersten Rang und verlagern stückchenweise den Fokus darauf. So lange, bis die Qualität eben noch dem entspricht, was der Markt braucht, aber keine Differenzierung mehr darstellt – und Ihr Unternehmen selbst nicht mehr den Anspruch verfolgt, in diesem Punkt besser zu sein als die Wettbewerber.

Wollen Sie beruflich weiterkommen, kann es sinnvoll sein, sich als Führungskraft spätestens nach drei Jahren einen neuen Job zu suchen. Worin besteht denn der Wert des Immergleichen? Wie oft brauchen Sie die Bestätigung, dass Sie ein und dasselbe gut können? Nach etwa sieben Jahren erreichen Sie in dem, was Sie tun, einen so hohen Grad an Professionalität, ohne dass Sie noch nennenswert dazulernen. Warum ziehen Sie nicht einfach weiter?

Gerade langjährige Partnerschaften halten wir häufig aufrecht, obwohl sie viel mehr Energie saugen, als sie uns noch guttun. Wir können nicht miteinander, aber auch nicht ohneeinander, heißt es dann. Mit dem Effekt, dass wir nicht nur in der Partnerschaft auf der Stelle treten. Denn unsere Feigheit vor dem Bruch überträgt sich auch auf andere Lebensbereiche. Wir werden uns weder in unseren Weltanschauungen noch in unserem Freundeskreis noch in unserem Job großartig weiterentwickeln, weil wir überall dasselbe Verhaltensmuster an den Tag legen. Wir treffen uns weiter mit den Jungs aus der Grundschule, reden am Stammtisch immer wieder über dieselben Themen und erwarten zugleich, unsere Persönlichkeit, unsere Ansichten, unser Wissen substanziell weiterzuentwickeln.

Unsere Loslassschwäche belastet oft auch noch andere: Mitarbeiter, denen wir jede Selbstständigkeit verwehren. Oder unsere Kinder, die wir nicht in die Freiheit (47) entlassen, obwohl sie längst flügge sind und nichts wichtiger für sie wäre, als ihr eigenes Leben ohne uns zu entdecken. Sind wir erst dann bereit, von Menschen und Dingen abzulassen, wenn wir dazu gezwungen werden? Wenn es mit den alten Freunden zum Eklat kommt? Wenn es der Konkurrenz mit einer neuen Materialkombination gelungen ist, uns ins Abseits zu katapultieren? Wenn ein völlig neuer Player auftritt, der die Branchenregeln über den Haufen wirft? Wieso sind nicht wir diejenigen, die die Heimatstadt verlassen? Die Branche aufmischen? Die Wertschöpfung umkrempeln?

Um vom Bestehendem abzulassen, braucht es Konsequenz. Denken Sie darüber nach, was nicht mehr trägt oder nicht mehr lange tragen wird, und hören Sie einfach auf damit! Stampfen Sie die dazugehörigen Projekte ein, und schaffen Sie so Raum für die Wettbewerbsvorteile von morgen. Privat ebenso: **Fragen Sie sich, was Ihnen Sicherheit gibt, was Sie beruhigt, und lassen Sie dann los!** Sie wachsen nur, wenn Sie Ihre Komfortzonen aufgeben.

52 Helfersyndrom

Wenn eine Frau mit dem Kinderwagen auf eine Treppe zugeht, ist es nahezu ein Reflex von mir, meine Hilfe anzubieten. In vielen Fällen wird diese dankend angenommen, so wie mein Platz im Bus, den ich älteren Herrschaften offeriere. Zwei von vielen Alltagssituationen, in denen die meisten von uns – ohne zu zögern – helfend eingreifen. Aus Anstand. Diese Selbstverständlichkeiten sind der Schmierstoff unseres Miteinanders.

Ganz anders verhalte ich mich gegenüber Managern oder Beratern, die sich dafür entschieden haben, sich bei ihrer weiteren Entwicklung von mir unterstützen zu lassen. Bitten sie mich um Kritik (79) zu einem Konzept oder einer Idee, helfe ich keineswegs automatisch. Früher habe ich das getan, bin die Konzepte detailliert durchgegangen, brachte alternative Ideen ein. Heute lasse ich davon ab. Zu oft musste ich erleben, dass andere durch meine Hilfe glänzen konnten, was schön und befriedigend war, dieser Glanz aber nur von kurzer Dauer war. Weil es eben nicht ihr Konzept war, sie sich die dahinterliegenden Gedanken nicht selbst gemacht hatten und dieses Konzept damit auch nur recht oberflächlich und somit letztlich nicht wirklich erfolgreich vermitteln oder umsetzen konnten.

Heute frage ich kritisch nach: Was macht Sie an Ihrem Konzept unsicher? Wozu genau möchten Sie Feedback haben? Was genau ist Ihr Problem (37)? Mit meiner Meinung halte ich mich dann nicht zurück, nehme Dinge auseinander, ohne das Konzept selbst neu zu entwickeln. Es ist die Aufgabe des um Rat Fragenden, sein Thema zu durchdenken, sein Projekt zu Ende zu bringen.

Auch gegenüber Organisationen verhalte ich mich nicht anders. Da sitzt mir der Produktionsleiter eines Maschinenbauers gegenüber, der sich über die Zusammenarbeit mit den anderen Abteilungen den Kopf zerbricht, und druckst herum. Für mich als Berater eine typische Situation: Einem Klienten gelingt es in einem Gespräch nicht, seine Gedanken, seine Meinung zum Ausdruck zu bringen. Statt kurzerhand das Wort zu ergreifen, um die für uns beide peinliche Stille der Unklarheit zu überbrücken, zwinge ich mich, dies auszuhalten und abzuwarten. Das erfordert Kraft – die Kraft, eine unangenehme Stille auszuhalten.

Es ist eine Art Helfersyndrom, das viele Führungskräfte, aber auch Berater und natürlich jeden von uns umtreibt und in Organisationen im höchsten Maße kontraproduktive Blüten treibt. Aber wenn wir anderen beim kleinsten Problem detailgenau den Weg weisen, wie sollen sich diese weiterentwickeln? Und wie die Organisation als Ganzes?

Keinem Mitarbeiter ist damit geholfen, wenn Sie aus Bequemlichkeit oder vielleicht sogar Mitleid seine Arbeit für gut befinden, obwohl Sie wissen, dass das Geleistete nicht gut genug ist. Aber genauso wenig ist Mitarbeitern damit geholfen, dass Sie anfangen, ihre Arbeit zu erledigen. Und das auch noch in der Erwartung (17), dass diese sich daran ein Beispiel nehmen und es das nächste Mal selbst besser machen. Nein, das Einzige, was Sie damit erreichen: Sie machen Ihre Mitarbeiter von Ihnen abhängig. Und brauchen sich anschließend nicht darüber zu beklagen, dass Ihre Leute mit allen möglichen Problemen zu Ihnen kommen. Das kann niemals im Sinne der Ihnen anvertrauten oder sich Ihnen anvertrauenden Personen sein.

Es gibt die schöne Geschichte eines Zen-Meisters, der seinem Schüler eine Aufgabe stellte. Als der Schüler dem Meister sein Ergebnis zeigte, fragte ihn dieser nur: »Bist du wirklich fertig damit?« Verunsichert ging der Schüler zurück an seinen Tisch, arbeitete weiter an seinem Werk, zeigte es erneut dem Meister, um wieder dieselbe Frage gestellt zu bekommen. Nachdem sich der Vorgang etliche Male wiederholt hatte, haute der Schüler auf den Tisch und stellte klar, dass er nicht mehr weiterwisse und sicher sei, sein Werk vollendet zu haben. Daraufhin antwortete der Meister gelassen: »Dann ist es jetzt fertig.«

Eine wunderbare Haltung für eine Führungskraft, wie ich finde. **Nehmen Sie Ihr Hilfe suchendes Gegenüber nicht automatisch bei der Hand.** Es macht eben einen deutlichen Unterschied, ob Sie aus Unzufriedenheit über den Verlauf eines Projektes einem Mitarbeiter jeden Schritt vorbuchstabieren oder aber mit einer offenen Frage zum selbstständigen Nachdenken anregen, ja vielleicht sogar zwingen, ihn über Grenzen schicken, die er selber für unüberwindbar hält. Wenn mein Sohn Probleme dabei hat, sein Fahrrad zu reparieren, und mich um Hilfe bittet, kann ich ihm das Werkzeug aus der Hand nehmen und selbst zur Tat schreiten. Oder ich bringe ihn dazu, selbst zu erkennen, wo er als Nächstes ansetzen muss. Wollen wir andere unmündig oder mündig machen?

Als voreilige Helfer fördern Sie nur Ihre Trägheit und die der anderen. Lassen Sie also besser los: von dem Glauben, dass etwas genau so werden muss, wie Sie es sich vorstellen. Machen Sie sich nichts vor: Die Ausrede, dass Sie nicht warten könnten, bis ein Mitarbeiter selbst auf eine Antwort kommt, ist nur vorgeschoben. Sie selbst schaffen sich den Zeitdruck.

Hinterfragen Sie Ihr Motiv: Warum wollen Sie jemandem wirklich helfen? Es ist doch nicht so, dass wir unter den Hilfegesuchen ernsthaft leiden würden, oder? Häufig befriedigt es unser Bedürfnis nach Anerkennung. Da ist die Wertschätzung vom Hilfsbedürftigen selbst oder die der Zuschauer am Rande, für die man ein toller Chef ist, der anderen aus der Patsche hilft. Sonnen wir uns nicht geradezu in unserem Erfahrungsschatz (7), den wir gerne zum Besten geben? Helfen tut gut, vor allem uns selbst! Wenn wir wie der weiße Ritter in der Not auf dem Schlachtfeld erscheinen. Dabei sollten wir als Anführer besser Stärke und Ehre (64) vermitteln, indem wir andere nicht vor jeder harten Erfahrung bewahren.

Natürlich wollen Sie andere nicht ins Messer laufen lassen. Aber sollen Sie ihnen deshalb die Chance zum Lernen verweigern? Denn das tun Sie, wenn Sie alles Unangenehme von ihnen abwenden. Sie führen nicht, indem Sie anderen bei jeder Gelegenheit unter den Arm greifen, sondern indem Sie Ihre Leute herausfordern.

So gilt es, diese Spannung, diesen Schwebezustand des Nichtgelingens auszuhalten und so lange zu warten, bis der andere es endlich von alleine schafft. Womöglich findet sich dabei eine ganz eigene bessere Lösung – und das völlig ohne Sie. Denn Sie sind dann nicht mehr der bestimmende Akteur, der Allwissende, der den Lorbeer für sich beanspruchen kann, sondern nur noch wohlwollender Zuschauer. Auch das gilt es auszuhalten.

53 Müßiggang

Es ist ein Irrglaube, dass unser Unternehmensalltag einem kräftezehrenden Marathon gleicht. In der Realität ist es vielmehr ein Wechsel aus Sprint, Training und Erholung. Ja, auch Erholung. **Um Höchstleistungen zu erbringen, müssen wir zwischendurch loslassen, zur Ruhe kommen.**

Was passiert etwa mit einem Marathonläufer? Nach circa 90 Minuten, wenn sämtliche Kohlenhydratspeicher verbraucht sind, geht es an die »stillen Reserven«, sprich die Fettpolster. Doch selbst bei einer exzellenten Fettverbrennung können maximal 50 Prozent der

Energie aus Fett generiert werden, weshalb unser Körper auf das Eiweiß unserer Muskeln zugreift. Wir fressen uns sozusagen ein Stück weit selbst auf. Genau dasselbe passiert mit Ihrer Organisation, wenn Sie nicht regelmäßig für Erholung sorgen. Es hilft nichts, wenn beispielsweise ein Effizienz- und Veränderungsprojekt das nächste jagt.

Als ein Klient nach einem erfolgreichen Effizienzsteigerungsprogramm sofort ins nächste Programm einsteigen wollte, riet ich ihm, den Bogen nicht zu überspannen. Mein Tipp an ihn: Die nächsten Monate nur das Tagesgeschäft walten lassen, damit sich die Belegschaft erholen kann. Und tatsächlich: Nach einer viermonatigen Pause lechzte die Organisation förmlich wieder nach einem neuen Sprung. Das nächste Programm konnte mit voller Kraft beginnen. Ein ausreichendes Maß an Muße und der Wegfall jeglicher Anspannung füllen jedoch nicht nur unsere Energiespeicher wieder auf, es erhöht auch unsere Kreativität.

Es ist ein bekanntes Phänomen: **Grandiose Einfälle kommen uns gerade in den Momenten, in denen wir nicht damit rechnen.** Es sind Situationen, in denen wir uns entspannen, unter der Dusche oder bei einem Glas Wein unter Kollegen. Plötzlich ist da diese pfiffige Antwort, durch die sich für alle der Nebel um eine unternehmerische Herausforderung lichtet.

Im beruflichen Alltag und oft genug auch privat bleibt wenig Raum für freies, ungezwungenes Denken (80), für Muße und Inspiration. Zu voll ist unser Kalender mit Terminen und Meetings. Wir nutzen unsere Arbeitszeit konsequent, um Dinge diszipliniert abzuarbeiten. Schön und gut, aber macht uns das Abhaken unserer Aufgabenliste wirklich dauerhaft erfolgreich?

Ob es um Strukturen, Prozesse oder Produkte geht: Unternehmen, die erfolgreich bleiben wollen, suchen nach Innovationen. Innovationen oder auch nur neue Lösungen setzen aber voraus, dass sich vorhandenes Wissen mit neuen Wahrnehmungen und Erfahrungen verbindet. Erst dann kann es klick machen, sich unsere Kreativität entfalten. Das gelingt nur, wenn Sie der vertrauten Routine des Abarbeitens den Rücken kehren, um ohne Druck Ihrem Potenzial freien Raum zu geben.

Viele herausragende Ideen entstehen nebenbei. Wie etwa der John-Lennon-Song »Nowhere Man«. Fünf Stunden lang hatte der Beatle versucht, einen Song zu schreiben, als er aufgab und sich hinlegte. »Dann kam«, so Lennon, »›Nowhere Man‹, Text, Musik, das ganze verdammte Ding.« Auch Isaac Newton wusste von diesem Phänomen. Die Erleuchtung zu seiner Gravitationstheorie kam ihm, als er im heimischen Obstgarten versonnen einen Apfel betrachtete. Dass ihm dieser auf den Kopf fiel, ist allerdings eine Legende.

Im Alltag fehlt uns dieser Mut zur Muße weitestgehend. Da will etwa ein Ressortleiter den Kundenservice neu gestalten. In einem extra einberufenen Workshop soll dafür ein neues Servicemodell erarbeitet werden. Doch was passiert vorab? Die Agenda legt jeden einzelnen Schritt akribisch fest. Bevor am Konferenztisch Platz genommen wird, hat jeder Beteiligte bereits seine Gedanken geordnet, sich seine Argumente zurechtgelegt. Ein freier, offener und damit inspirierender Austausch schließt sich damit so gut wie aus. Heraus kommt das Übliche: Ansätze, mit denen sich ein paar Prozesse ein klein wenig verändern lassen. Aber wie sich Zusammenarbeit oder Strukturen grundsätzlich verbessern lassen, darauf kommt niemand. Alle bewegen sich bequem im von guten Ideen befreiten Optimierungseinerlei. Was aber passiert, wenn sich die Beteiligten die Zeit nehmen, sich gemeinsam und weitestgehend unvorbereitet in die Sonne zu setzen und dabei entspannt die Gedanken um das Thema kreisen zu lassen?

Leider bekommen Teams oder ganze Unternehmensbereiche einen kräftigen Inspirationsschub häufig erst, wenn eine Bedrohung im Raum steht. Wenn es zum Beispiel heißt, der eigene Bereich werde demnächst ausgelagert. Dann brechen unter dem Druck von außen eingefahrene Verhaltensmuster auf, sprudeln plötzlich die Ideen. Aber Kreativität nur unter Druck und Angst (9)? Lassen Sie es nicht so weit kommen. Denn unter Druck entwickelte Lösungen sind nicht so kreativ wie Ansätze, die einem bewussten Müßiggang erwachsen.

Verankern Sie stattdessen die Freiheit des ungezwungenen Denkens in Ihrem Alltag. Feste Strukturen und kreative Freiräume sind keine Gegensätze – beide gehören vielmehr zusammen. Die meisten erfolgreichen Künstler leben nicht in den Tag hinein, indem sie ihre Inspiration einfach dem Zufall überlassen, sondern steuern und planen bewusst ihr »freies« Denken, geben sich dafür Raum und Zeit. Es gilt, immer wieder gezielt jenseits des eigenen Horizonts (35) zu denken.

Wie das in einem ganzen Unternehmen funktionieren kann, zeigt das Beispiel 3 M. In dem amerikanischen Unternehmen dürfen Mitarbeiter in Forschung und Entwicklung 15 Prozent ihrer Arbeitszeit auf selbst gewählte Vorhaben verwenden, ohne diese mit dem Chef abzusprechen. Die Folge sind Innovationen am Fließband: 3 M hält sechsundzwanzigtausend Patente weltweit und bringt jährlich tausend neue Produkte auf den Markt.

Kreativität und freies Denken brauchen einen festen Rahmen. Machen Sie diese zum Teil eines verlässlichen Alltagsrituals. Zum Beispiel einmal pro Woche ein agendaloses Meeting, auf das sich keiner vorbereitet. Sie sitzen mit Kollegen und Mitarbeitern zusammen, gehen spazieren. Anders als bei den üblichen, im besten Sinne effizienten Workshops ist hier diffuses Denken und Abschweifen geradezu gewollt. Wie gelingt es Ihnen, so »faul« zu sein? Versuchen Sie, nicht länger an Abläufen und Prozessen festzuhalten, an den Vorstellungen, die Sie seit jeher von Workshops und Meetings (36) im Kopf haben, an dem Glauben, dass Sie nur viel leisten, wenn Sie viel schaffen. Dieses Loslassen ist anstrengend, herausfordernd.

Für mich bedeutet diese Disziplin zum Müßiggang, auch mal zwei Stunden nichts zu tun. Etwa an einem Donnerstag um 12 Uhr, wenn die Energiekurve sowieso nach unten zeigt. Das Wunderbare daran: Unser Gehirn arbeitet dennoch. Und kommt auf Ideen, auf die wir womöglich nie gekommen wären. Gerade wenn wir nichts tun, leisten wir unheimlich viel. Halten Sie sich selbst regelmäßig zur Muße an – und enthalten Sie diese vor allem Ihren eigenen Mitarbeitern nicht vor.

Teil 3:
Konsequent gegen Unreife

Ich habe lange von mir behauptet, ein rationaler Typ zu sein. Inzwischen betrachte ich solch eine Aussage und damit mich selber als unglaublich unreif. Reife bedeutet zu wissen, was man warum tut. Noch viel zu häufig bin ich mir nicht im Klaren darüber, warum ich in einem bestimmten Moment mich genau so verhalten habe, wie ich es getan habe. Ich war dann nicht präsent.

In einer Aufsichtsratssitzung etwa ging es mir nur darum, einem Topmanager zu zeigen, dass er unrecht hat. Ich hörte nicht mehr wirklich zu, wenn mein Gegenüber redete, sondern legte mir währenddessen meine Argumente zurecht, um den vermeintlichen Kontrahenten zu überführen oder gar herabzusetzen. Ein kleingeistiges, egoistisches Verhalten, das der Sache und dem Unternehmen, das mich engagiert hatte, überhaupt nichts brachte. Mein Getue diente einzig und allein meiner eigenen Befriedigung, meinem Willen, besser als jemand anderes dazustehen. Es ging nur darum zu siegen. Siegen können wir jedoch unternehmerisch nur, wenn wir nicht kämpfen. Ja, Anerkennung ist wichtig, mir war sie lange viel zu wichtig. Heute bin ich mir dessen zumindest im Nachhinein meist bewusst, rede mir die Dinge nicht mehr schön.

Konsequentes Management bedeutet, aufrichtig und klar zu sein. Wie wollen Sie aufrichtig und klar sein, wenn Sie nicht wissen, was Sie warum tun? Schauen Sie in den Spiegel: Warum lechzen Sie narzisstisch nach Anerkennung Ihres Vorgesetzten oder Ihres Teams?

Warum machen Sie sich im Zweifelsfall unberechenbar oder ver- halten sich gegenüber dem Unternehmen oder Ihren Mitarbeitern illoyal? Nur wir selbst tragen die Verantwortung für das, was wir sind und wie wir uns verhalten.

Teil 3 geht der Frage nach, was uns zu einem reifen Charakter und damit zu einer echten Führungspersönlichkeit werden lässt, die an- deren Halt gibt, die vollumfänglich Verantwortung für das eigene Tun und das der Kollegen und Mitarbeiter übernimmt. Wissen Sie, wer Sie sind? Welche Werte auf welche Weise Ihr Handeln bestim- men? Wie viel Anerkennung Sie wirklich brauchen? Wem folgen Sie bei der Arbeit und warum?

Machen Sie sich klar, dass mit dem nötigen Willen auch ganze Organisationen einen Reifeprozess unglaublich schnell durch- laufen können, der die Zusammenarbeit auf ein neues Niveau bringt. Dafür braucht es durchdachte und gelebte Werte, die durch Erziehung konsequent verinnerlicht werden. Managen Sie auch das Weiche konsequent. Die folgenden Reflexionen setzen sich mit zentralen Fragen unserer persönlichen Entwicklung auseinander. Entdecken Sie, was Sie nicht nur als Führungskraft weiterbringt.

Authentizität: Wissen, wer wir sind

54 Selbstentlarvung

Der Bereichsleiter packte seinen ganzen Frust in einen zwanzig-
minütigen Monolog. Mit ungebremster Wucht prangerte er die unzureichenden Leistungen und Verfehlungen seiner sechs Abteilungsleiter an. Das eigentlich für zwei Stunden angesetzte Meeting
endete damit, dass die Männer wie begossene Pudel vorzeitig den
Raum verließen, gekränkt, teilweise gedemütigt. Als wir alleine waren, fragte ich den Bereichsleiter, ob ihm klar sei, was er gerade getan hatte? Er erläuterte mir, dass es doch sein gutes Recht sei, seiner
nächsten Führungsebene sehr deutlich zu machen, wo ihre Abteilung stehe. Warum solle er nicht genau das weitergeben, was er
beim Treffen der Geschäftsführerrunde an Kritik am eigenen Leib
erlebt hatte? Es wäre schließlich authentisch, mit seinen Gefühlen
nicht hinter dem Berg zu halten.

Um es klar zu sagen: Nein, solch ein Verhalten ist nicht authentisch!
Sich einfach gehen zu lassen, ist unerzogen. Wenn wir abends
schlecht gelaunt von der Arbeit nach Hause kommen, ein paar un-
gespülte Teller in der Küche vorfinden und uns lauthals darüber
beschweren, was dieser Saustall soll, dann haben wir unsere Emotionen nicht im Griff. Wie bei einem Roboter wird ein Knöpfchen
gedrückt, das umgehend die entsprechenden negativen Gefühle
auslöst und wie in einem vorprogrammierten Schaltkreis weiterlei-
tet. Aus unseren negativen Emotionen (10) wird geradewegs ein unreifes, unkontrolliertes Verhalten.

Aber sind wir unseren Emotionen einfach ausgeliefert? Ständig
überfluten uns Gedanken und Gefühle, unaufhörlich und automatisch produziert in unserem Gehirn. Wir denken an den ausgelasse-
nen Abend mit Freunden, und einfach so kommt ein Glücksgefühl
auf. Wir liegen schlecht gelaunt auf der Couch und fragen uns, wa-

rum, bis uns klar wird, dass wir uns einige Stunden zuvor unfair gegenüber der Lebenspartnerin verhalten haben. Dieses Wechselspiel aus Gedanken und Emotionen verläuft zu einem großen Teil unbewusst. Wer schon einmal versucht hat zu meditieren, der weiß: Es ist ein Strom, der sich kaum aufhalten lässt. Sind unsere Handlungen und damit wir selbst also zwangsläufig das Ergebnis unserer unreflektierten Emotionen und Gedanken? Keineswegs!

Ein Gefühl wie Wut überkommt Sie, ebenso Neid oder auch Glück. Das können Sie nicht verhindern und das sollten Sie auch nicht. Aber Sie können sehr wohl steuern, wie Sie sich trotz dieser Gefühle gegenüber anderen verhalten. Sie selbst entscheiden darüber, ob Ihre Wut in einer Aggression gegenüber anderen mündet oder ob Sie sich konstruktiv und fair verhalten. Wir haben stets unzählige Handlungsoptionen.

Eine bewusste Wahl zwischen verschiedenen Handlungsalternativen können Sie nur treffen, wenn Sie sich über Ihre Werte im Klaren sind. Anders als bei Gedanken und Emotionen können wir uns unserer Werte zu 100 Prozent bewusst sein. Und damit aktiv bestimmen, was wir als Nächstes tun oder sagen werden. Unsere Emotionen und Gedanken durchlaufen unser Wertesystem wie einen Filter: Heraus kommt nur das, was wir bewusst sagen oder eben nicht sagen wollen, tun oder eben auch nicht tun wollen. Erlaubt uns unser Wertesystem doch, eine Meinung darüber zu bilden, was wir für richtig, was wir für falsch, was wir für angemessen und was wir für unangemessen halten.

Wenn der Bereichsleiter weiß, was ihm ein Wert wie »vertrauensvolles Miteinander« bedeutet, kann er selbst entscheiden, ob er seine Mitarbeiter verbal an die Wand stellt oder ob er zu ihnen sagt: »Ich bin wütend über Ihre Leistungen. Dennoch möchte ich jetzt mit Ihnen in Ruhe über das Problem sprechen.« Dieses Verhalten wäre zugleich reif als auch authentisch: Der Bereichsleiter hält den ihm wichtigen Wert eines vertrauensvollen Miteinanders hoch. Er lebt danach und lässt seine heftigen Wutgefühle nicht an anderen aus.

Unsere Emotionen (10) sind unsere ständigen Herausforderer. Überkommt Sie in Diskussionen manchmal der Neid, wenn etwa ein anderer seine Sichtweisen gekonnt darlegen kann? Wenn Sie sich klar darüber sind, dass Ihnen an einem fairen Austausch gelegen ist, werden Sie Ihren Neid erkennen, ihn konsequent im Zaum halten und konstruktiv weiterargumentieren. Ja, unsere Emotionen verschwinden nicht einfach, nur weil wir das gerne so hätten, aber wir können dank der bewussten Auseinandersetzung mit Werten ihre Auswirkungen auf unser Handeln kontrollieren.

Es stellt sich die Frage: Haben Sie eine Vorstellung davon, was Ihr Wertesystem auszeichnet? Was Sie etwa unter Verantwortung (62), Vertrauen (78), Loyalität, Freiheit (47), Kundenorientierung oder anderen Werten genau verstehen? Das Definieren und Klären eigener Werte ist eine der anspruchsvollsten Aufgaben, aber zugleich – das müssen Sie immer vor Augen haben – der einzige Weg zu einem reifen Charakter. Und damit unabdingbar für die Konsequenz im Management. Ist Konsequenz doch letztlich nichts anderes, als so zu handeln, wie wir es gemäß unseren Werten für richtig halten.

Wenn Sie sich über Ihre Werte im Klaren sind, werden Sie sich weder leicht verunsichern noch erschüttern lassen, weil Sie wissen, wozu Sie stehen und wozu nicht. Wenn Sie die Wurzeln für das eigene Verhalten geklärt und tiefer haben greifen lassen als jemals zuvor, werden Sie sich zu einem Felsen in der Brandung entwickeln. Weil Sie gemäß eines klaren Wertesystems handeln und die volle Verantwortung für die Konsequenzen dieses Handelns tragen und folglich konsequent sind.

Und damit auf reife Art und Weise authentisch. Es ist durchaus angenehm, mit Menschen zu tun zu haben, die für das stehen, was sie kommunizieren und ausstrahlen. Authentizität ist gut, wenn zum

Beispiel ein Vertriebsmann Kundenorientierung mit jeder Faser verkörpert.

Um dorthin zu gelangen, müssen Sie sich selbst entlarven, der Fratze Wahrheit ins Gesicht schauen, um zu erkennen, wann Sie nicht authentisch sind, sondern sich nur unreif und willenlos Ihren ungefilterten Emotionen überlassen. Und damit auch als Manager immer wieder ineffektiv, inkonsequent und unangemessen handeln.

Sie haben die Wahl: Kritisieren und loben Sie Ihre Kollegen und Mitarbeiter auf der Basis Ihrer Gefühle oder bewusst reflektierter Werte. Wie entscheiden Sie in schwierigen Situationen, was Sie für richtig oder falsch halten? Legen Sie Ihr Wertesystem offen, graben Sie es unter allen möglichen Schichten von Gefühlen, Meinungen und Verhaltensweisen aus und bringen Sie Ihre Vorstellung von Vertrauen, Offenheit (77) und vielen anderen Werten auf den Punkt. Nur so entwickeln Sie unweigerlich einen stabilen Charakter, werden zu dem, was man gemeinhin Persönlichkeit nennt.

55 Berechenbarkeit

Wenn wir Gedanken und Ideen anderen vorstellen, erwartet jeder von uns gemeinhin eine Reaktion. Eine nachvollziehbare Reaktion, menschlich wie fachlich, mag diese auch in einer harten Kritik (79) münden. Umso erstaunter war ich über das Verhalten eines Abteilungsleiters, der sich die Präsentation eines Mitarbeiters angeschaut hatte und auf dem nun die wartenden Blicke der Anwesenden ruhten. Der Abteilungsleiter lächelte – und schwieg, auch noch nach gefühlten drei Minuten. Der Mitarbeiter begann unterdessen, unruhig von einem Bein auf das andere zu wechseln. Was in ihm vorging, war nicht schwer zu erraten: Er zerbrach sich den Kopf darüber, was sein Chef von seiner Präsentation hielt beziehungsweise wie er dessen überraschendes Schweigen interpretieren sollte. Als dieser nach einer halben Ewigkeit sein Schweigen brach und ein

Lob aussprach, fiel dem Mitarbeiter eine Tonnenlast von den Schultern.

Als wir alleine waren, fragte ich den Abteilungsleiter, wofür das Schauspiel gut gewesen sein sollte. Seine lapidare Begründung: Er wollte sichergehen, dass er seine Mitarbeiter immer wieder überrasche. Dass selbst diejenigen, die immer überzeugten, bei einer gewohnt guten Leistung sein Lob nicht als selbstverständlich betrachteten. Ich schüttelte nur den Kopf: Wie bitte soll ein solches Führungsverhalten Höchstleistung bewirken?

Ganz ähnlich ein deutscher Topmanager, der mir gegenüber einmal feststellte, wie wichtig es ihm ist, dass Kollegen ihn nicht einfach berechnen, seine Absichten und Erwartungen nicht lesen können. Unberechenbarkeit, so seine Überzeugung, betrachtet er als eine Tugend für Führungskräfte. Ob im Konzern oder in mittelständischen Unternehmen: Je komplexer das Umfeld, desto mehr fürchten Führungskräfte, in den unweigerlich stattfindenden politischen Spielchen zu einer Größe zu werden, die gezielt in das jeweilige Kalkül eines Gegners oder Mitspielers einbezogen wird.

Wie würden Sie in einer Beziehung reagieren, wenn Ihr Partner auf Ihr alltägliches Verhalten immer wieder neue, unvorhersehbare Reaktionen zeigt? Wenn es um Verhandlungen geht, meinetwegen um einen Firmenkauf oder auch die Akquisition eines neuen Projektes, mag ein Pokerface durchaus sinnvoll sein. Eine Finte, um mit einer Taktik die wahren Interessen ein wenig zu verschleiern. Aber im Kontext der eigenen Führung?

Auch Unbeherrschtheit und Launenhaftigkeit machen eine Person schwer einschätzbar. In einer größeren Schreinerei, in der ich einen Stuhl anfertigen lassen wollte, lernte ich einen angesehenen Meister kennen, einen Mann, der das Herz am rechten Fleck hat, aber gegenüber seinen Angestellten immer wieder geradezu cholerisch auftritt. Der Fluch dieser Menschen besteht häufig darin, dass ihr

Urteilsvermögen, ihr Benehmen, ihre Argumentation zu sehr von den eigenen Launen abhängen. War der Kaffee gerade eben eine Spur zu kalt oder gerät ein Prozess ins Stocken, kann das harsche Auswirkungen darauf haben, wie der nächste Gesprächspartner behandelt wird.

Sowohl der überraschungsfreudige Abteilungsleiter als auch der cholerische Meister verhalten sich unberechenbar. Der eine bewusst, der andere unbewusst. Das Ergebnis aber ist das Gleiche: Beide erzeugen eine Atmosphäre, die geprägt ist von unnötiger Unsicherheit und Vorsicht. Das gefährdet zwangsläufig Produktivität und Innovationsfähigkeit aller Beteiligten. Oft führt dieser unangenehme Cocktail doch dazu, dass Mitarbeiter als potenzielle Opfer auf der Lauer sind, stets auf der Hut, nicht zum falschen Zeitpunkt am falschen Ort die falschen Themen zu platzieren. Auf den Fluren lassen sich Sätze vernehmen wie:»Oh, das zeigen wir dem Chef im Moment besser nicht.« Welch ein Armutszeugnis für das Führungspersonal! Verzögerungen dringender Entscheidungen sind damit genauso vorprogrammiert wie die Nichtdiskussion relevanter Themen. Und das nur, weil ein Verantwortlicher in den Augen seines Umfeldes nicht berechenbar ist. Oder insofern berechenbar ist, als dass wir mit seiner Unberechenbarkeit rechnen können.

Berechenbarkeit ist immer eine Tugend. Kollegen und Mitarbeiter, aber auch uns nahestehende Menschen wollen zu Recht wissen, woran sie sind. Womit sie zu rechnen haben, wenn sie eine Entscheidung von uns erwarten. **Wer in seinem Wertesystem klar ist, wird automatisch berechenbarer.**

Bei mir etwa kann man sich sicher sein, dass ich es nicht leiden kann, wenn mir jemand mit einem Problem (37) kommt, ohne nicht mindestens zwei oder drei Lösungsansätze mitzubringen. Egal, wann und wo und mit wem ich es zu tun habe: Ich überrasche niemanden mit einer anderen Forderung.

Was auch immer Ihre Prinzipien sein mögen: Ihr Verhalten und die Maßstäbe, nach denen Sie Sachverhalte beurteilen, loben oder durchgehen lassen, dürfen nicht von einem auf den anderen Moment unterschiedlich ausfallen. Sie gelten unabhängig von den persönlichen Launen und unabhängig vom jeweiligen Gegenüber. Es spielt keine Rolle, ob Ihr Gegenüber jung oder alt, Ihnen angenehm oder unsympathisch ist. Es gilt eine Formel, und die für alle und zu jedem Zeitpunkt!

Was sind Ihre Prinzipien? Wie behandeln Sie wen in welchen Situationen? Verschaffen Sie sich als Führungskraft Klarheit darüber. Dann wird in Ihrem Umfeld auch nicht taktiert, dafür aber Vertrauen zu einer relevanten Währung. Denn Vertrauen (78) ist auch ein Resultat gelebter Berechenbarkeit.

56 Maßstab

Eine alltägliche Situation: Jemand kritisiert (79) Sie, vielleicht sogar zu Recht. Und wie reagieren Sie, der Kritisierte? Im schlimmsten Fall verteidigen Sie sich, indem Sie auf das frühere Fehlverhalten des Gegenübers in einer anderen Situation verweisen. Als würde dessen Fehler Ihren eigenen rechtfertigen! Das ist nichts anderes als eine reflexartige Reaktion auf eine vermeintliche Bedrohung: Wir zeigen dem Gegenüber, dass er auch nicht besser ist als wir selbst. Obwohl er in der Sache schlicht recht hat und alle Gründe der Welt auf seiner Seite sind, das jetzt mit uns zu klären. Doch nur weil ein Projektpartner vergangene Woche versäumt hat, uns rechtzeitig verfügbare Ressourcen in seinem Bereich zu melden, legitimiert das noch lange nicht unser eigenes Versäumnis: Wenn es Ihre Aufgabe ist, den Kollegen mit relevanten Informationen zu versorgen, dann ist das so – völlig unabhängig davon, ob dieser seinen Pflichten nachkommt oder nicht!

Unreflektierte Selbstverteidigung mag menschlich nachvollziehbar sein, und doch ist sie schlicht unreif. Denn nicht anders verhalten sich

Kinder: Den Vorwurf des Bruders an die kleine Schwester, sie habe die Katze am Morgen nicht gefüttert, entgegnet diese mit dem quakenden Vorwurf, der Bruder habe gestern ja nicht den Tisch gedeckt. Bei Kindern schmunzeln wir über solch ein Verhalten, bei Erwachsenen gibt es dazu keinen Grund, vor allem nicht im Management.

Treffen Sie eine Vereinbarung, die mit Verantwortung (62) und bestimmten Forderungen an Sie verbunden ist, dann lassen Sie Ihr Verhalten allein daran messen. **Und versuchen Sie nicht, das vereinbarte Maßband zu Ihren Gunsten zurechtzustutzen, indem Sie das Verhalten anderer heranziehen. Sonst würde das Maßband bei jeder Gelegenheit Stück für Stück gekürzt, so lange, bis niemand mehr von irgendwem irgendetwas erwarten könnte.** Keine Vereinbarung würde mehr gelten, jegliche Zuverlässigkeit (36) ginge über Bord. Wie oft erleben wir dieses Phänomen in Organisationen? Nach Besprechungen werden fleißig Protokolle abgefasst, die aber das Papier nicht wert sind, auf dem sie stehen, weil sich sowieso niemand mehr darum schert, nachdem die ersten Kollegen damit begonnen haben, sich einfach nicht an das Vereinbarte zu halten. Sobald eine solche Inkonsequenzkultur um sich greift, wird es Zeit, mit einer eigenen klaren Haltung gegenzusteuern. Drehen Sie das System wieder auf produktiv. Egal, wie unverbindlich und unzuverlässig um Sie herum agiert wird.

Das Maßband ist gesetzt, und damit ist es einzuhalten! Dass Ihr Gegenüber seinen Verpflichtungen ebenfalls nicht nachkommt, das gilt es an anderer Stelle zu besprechen. Werfen wir in einer Diskussion nicht alle möglichen Themen und Vereinbarungen in einen Topf, das erschwert nur den gemeinsamen Erkenntnisgewinn und gute neue Vereinbarungen. Die Folge: Die gegenseitigen Ansprüche werden heruntergeschraubt, um Auseinandersetzungen und Schuldzuweisungen zu vermeiden.

Hören Sie auf damit, Ihre eigenen Fehler zu relativieren! **Nur weil jemand anderes etwas falsch macht, wird Ihr Handeln dadurch**

nicht besser. Wenn Sie zehn Minuten zu spät zu einem Treffen kommen, ein weiterer Teilnehmer sogar fünfzig Minuten, ist das gegenüber dem pünktlich Erschienenen keine Entschuldigung. Sie sind zu spät, Punkt. Die Messlatte für das eigene Verhalten ist nicht der Vergleich: Es sind die eigenen Werte oder die getroffene Vereinbarung, an die wir uns gefälligst zu halten haben.

Solche unseligen Vergleiche vollziehen wir meist dann, wenn wir uns mit dem Gegenüber auf Augenhöhe sehen. Über unterschiedliche Hierarchieebenen hinweg greift dagegen eine andere Mechanik, und wir messen gerne mal mit zweierlei Maß. Vielleicht haben Sie das selbst schon erlebt: Ein Vorgesetzter stellt Ansprüche an seine Mitarbeiter, denen er selbst noch nicht einmal im Ansatz gerecht wird. Der Vorgesetzte fordert das Einhalten von Vereinbarungen, dass Dinge geliefert werden, sich um den Erfolg eines Projektes gekümmert wird. Die eigene Unzuverlässigkeit wird hingegen mit den eigenen Verpflichtungen begründet, die ja wesentlich vielfältiger und dringlicher seien als die des anderen.

Keiner von uns sollte so tun, als wäre er perfekt. Das sind wir nicht. Konzentrieren wir uns darauf, unseren eigenen Ansprüchen gerecht zu werden, und verzichten wir auf die Fehlersuche bei anderen.

Weit schwieriger zu bewerten ist, wenn Führungskräfte ihre Mitarbeiter unterschiedlich behandeln. Ist das gerechtfertigt? Müssen Sie die unerfahrene Abteilungsleiterin, die achtundzwanzig Jahre jung die Verantwortung für den Kundenservice übernommen hat, nicht anders führen als den Manager des Vertriebes, der auf zwei Jahrzehnte Erfahrung (7) bauen kann? Und ist nicht jeder Mensch unterschiedlich und bedarf damit einer unterschiedlichen Art der Führung? Dies sind keine trivialen Fragen, und eine pauschale Antwort fällt schwer. Ich habe für mich gelernt, dass es alle gleich zu behandeln gilt, und zwar jeden auf unterschiedliche Art und Weise. Ein Paradoxon?

Jeder Mensch verfügt über einen einzigartigen Charakter, über verschiedene Stärken und Schwächen. Also führen wir jede Person entsprechend anders, möchten wir als Führungskraft effektiv sein. Es gibt schließlich nicht nur einen Führungsstil, den Sie anwenden könnten. Dieser muss zu Ihnen, zu Ihren jeweiligen Zielen und zu Ihrem jeweiligen Gegenüber passen. Demnach ist jeder Mensch unterschiedlich zu führen, und zwar so, wie er es braucht, um effektiv arbeiten zu können.

Andererseits sind alle Kollegen im Hinblick auf ihre jeweilige Rolle in der Organisation gleich zu behandeln. Es macht keinen Unterschied, ob ein erfahrener oder ein unerfahrener Mitarbeiter den Kundenservice führt: Der Anspruch an die Rolle ist derselbe und damit auch der Maßstab, nach dem die Leistungen gemessen werden. Ziele werden gleich gesteckt und mit gleichen Ansprüchen versehen. Anerkennung und Wertschätzung ebenso wie Kritik beruhen auf den gleichen Maßstäben. Da gibt es kein Vertun. **Führen Sie jeden gleich und jeden gemäß individueller Erfordernisse anders.**

57 Lüge

Eine Lüge, das ist laut *Brockhaus* eine bewusst falsche Aussage, die auf Täuschung angelegt ist. Sie liegt auch dann vor, wenn Tatsachen verschwiegen oder entstellt wiedergegeben werden. Zur Lüge gehört also die Absicht. Ist aber ein Lügner immer der Hauptverantwortliche für seine Lügen?

Wie ist das etwa bei der Abgaslüge der Autohersteller? Hier haben Manager über viele Ebenen hinweg über einen langen Zeitraum gemäß obiger Definition gelogen. Kann man Bereichsleitern und allen anderen aus dem Mittel- und Oberbau daraus einen Vorwurf machen? Einerseits ja, denn es waren faktisch Lügen. Andererseits nein! Verantwortlich sind diejenigen im Topmanagement, die diese

Lügen geradezu erzwingen, weil sie weder mit der Wahrheit zurechtkommen noch ein wirkliches Ehrgefühl (64) besitzen.

Es ist die Aufgabe der Führung, ein Umfeld zu schaffen, das Mitarbeiter im höchsten Maße herausfordert, in dem geleistet wird, was geleistet werden kann, das aber nicht überfordert und vor allem nicht mit einer Kultur der Angst (9) einhergeht. Der Angst beispielsweise, den Bonus oder gar den Job zu verlieren. Gerade Boni und Incentivierungen, die nicht spontan gewährt werden, produzieren einen falsch gesteuerten Ergebnisdruck – und damit jede Menge Lügner. Die eigenen Leistungen werden dafür geschönt, und das systematisch (16). Es ist daher geradezu paradox, wenn Führungskräfte sich über die Unaufrichtigkeit ihrer Mitarbeiter beklagt. Denn: **Es gibt weniger Lügenpersönlichkeiten als ein typisches Lügnerumfeld.**

Ein konsequent ergebnisorientiertes Management schafft ein Umfeld, in dem nicht nur darüber geredet wird, dass Lösungen und nicht Schuldige gesucht werden, in dem keiner »rundgemacht« oder mal so richtig »gefaltet« wird. Ein Umfeld, in dem schlicht die Wahrheit gesagt werden kann, um damit konstruktiv umzugehen. Konsequenz macht sich nicht daran erkennbar, dass Sie hart und rüde oder schamlos und verurteilend agieren, sondern daran, wie gelassen (30) Sie auch mit unangenehmen Wahrheiten umgehen. Machen Sie sich dafür klar, wer Sie eigentlich sind und wofür Sie stehen. Sonst werden Sie sich selbst und andere belügen, auch ohne Vorsatz.

Aber selbst wenn ein Lügenumfeld nicht systematisch aufgebaut wird: Gehören Lügen nicht zum Managementalltag? Schließlich stehen Führungskräfte immer wieder unter gehörigem Druck. Wenn Zeit zum Nachdenken ist, lügen wir seltener bewusst. Aber kaum werden wir in einer hitzigen Diskussion in die Enge getrieben, suchen wir nach Ausreden, wo es keine gibt, finden Erklärungen, die völlig haltlos sind. Aussagen, bei denen wir uns im Nachhinein fragen, wie wir so etwas nur sagen konnten. Wenn wir etwa in einer Runde unvorbereitet den aktuellen Stand eines Projektes darstellen sollen und kurzerhand behaupten, außer einigen kleineren Problemen alles im Griff zu haben. Besitzen wir nicht die nötige Reife, um einfach festzustellen, dass wir nicht im Bilde sind? Wenn es unsere Pflicht ist, informiert zu sein, haben wir eben einen Fehler (45) begangen, zu dem wir zu stehen haben.

Wir lügen meist, um gut dazustehen, weil wir gefallen wollen und Anerkennung brauchen. Auch wenn dieses Bedürfnis sicher individuell unterschiedlich ausgeprägt ist: Wenn Sie sich das selber absprechen, reden Sie sich die Welt schön. Sie sind deshalb gut beraten, sich selbst genau zu beobachten. Gerade in Meetings (36) hören wir häufig nicht die Wahrheit, weil Menschen nicht nur gefallen, sondern jegliche negativen Emotionen (10) wie Scham und Schuld vermeiden wollen. »Warum haben Sie das denn nicht früher gesagt?«, ist ein Satz, den wir uns später als Anklage gefallen lassen müssen, wenn wir es vorher schlicht aus Angst vor der Scham mit der Wahrheit nicht so genau genommen haben.

Lässt sich dem Lügen überhaupt nichts Positives abgewinnen? Gerade im Management? Nun, Lügen gehören zum Menschen. Sie verschaffen uns Vorteile, mindestens kurzfristig. Sie können aber auch dem gemeinsamen Vorhaben dienen. Lügen sind ein sozialer Schmierstoff, ohne den es in vielen Situationen nicht geht. Wenn wir etwa andere nicht verletzen oder sie motivieren wollen. Zum Beispiel deshalb die Wahrheit über das neue Kleid der Freundin in schöne Worte kleiden. Oder das Urteil gegenüber der Leistung eines Mitarbeiters weniger drastisch ausfallen lassen, weil wir wissen, dass dieser heute eh schon genug abbekommen und noch einiges an Arbeit vor sich hat.

Es gibt auch die Lügen im Dienste einer großen Sache. Wenn Veränderungen anstehen, etwa eine Umstrukturierung des Unternehmens, wird häufig darüber diskutiert, wann den Mitarbeitern was gesagt wird. Meine schlichte Antwort an die betrauten Manager: gar nicht! Das Reden über ungelegte Eier sorgt nur dafür, dass die Organisation sich fleißig mit Spekulationen beschäftigt. In diesen Phasen der Ungewissheit, während derer keiner so recht weiß, wo morgen sein Platz sein wird oder ob er noch für diese oder jene Aufgabe verantwortlich sein wird, tragen die in die Welt gesetzten Gerüchte zu allem Möglichen bei, nicht aber dazu, dass die Produktivität steigt und alle Ihren Job machen.

Selbst eine wahrheitsgemäße Aussage wie »Das kann ich Ihnen leider nicht sagen« führt zu Gerüchten. Dann hätte man dem Fragesteller gleich alles erzählen können, der Effekt wäre derselbe. Nach meiner Überzeugung dürfen Führungskräfte kein Problem damit haben, bei einer Frage nach dem neuen Projekt ein vorher im Team abgestimmtes Statement abzugeben, das nur bedingt der Wahrheit entspricht. Weil es zum Beispiel wichtige Informationen erst einmal weglässt – mit dem einzigen Ziel: keinen Raum für Spekulationen. Wenn Sie es schaffen, in solchen Prozessen es mit der ganzen Wahrheit nicht zu ernst zu nehmen und nichts zu verraten, was Anlass zu Gerüchten gibt, so ist das der effektivste und effizienteste Veränderungsprozess. Nach dem Motto »Solange es nichts Neues gibt, gilt das Alte«.

Bin ich nun ein Lügner oder gar mehr noch: jemand, der andere zum Lügen anstiftet? Streng genommen ja, und das ganz bewusst! Veränderungen, die wir so durchsetzen, sind kurz und schmerzlos und vor allem sehr klar und konsequent. Wenn der Prozess weit genug fortgeschritten ist und Botschaften klar kommuniziert werden können, erhalten die Betroffenen auch wirklich relevante Antworten und eine klare Richtung.

Als Führungskräfte können Sie nicht zu jedem Zeitpunkt die Wahrheit sagen. Es gibt auch keine richtigen oder falschen, sondern nur unnütze oder nützliche Werte. **Teilen Sie deshalb stets** das mit, was im Sinne des Unternehmens und des Adressaten für das höchste Maß an Produktivität oder Wettbewerbsstärke sorgt.

Status: Das notwendige Maß an Anerkennung

58 Narzissmus

Der schöne junge Mann auf dem Gemälde des italienischen Barock-
malers Caravaggio kniet an einem stillen Wasser und betrachtet voller Hingabe sein Spiegelbild. Es ist Narziss, der griechische Götter-
sohn, der die Liebe von Frauen und Männern immer wieder schroff
zurückwies, um schließlich mit ewiger, unstillbarer Selbstliebe bestraft zu werden. Nach dem römischen Dichter Ovid erkannte Narziss im Angesicht seines Spiegelbildes »die Unerfüllbarkeit seiner
Liebe, ohne dass es ihm etwas nützte: Er verzehrte sich und ver-
schmachtete vor seinem Ebenbild bis zum Tod.« Die griechische
Sage mag nur wenigen geläufig sein, das Phänomen der Selbstliebe
und ihrer Auswüchse aber beschäftigt die Menschen seit der Antike
bis heute. Vor allem über die Psychoanalyse Sigmund Freuds fand der
Begriff »Narzissmus« Eingang in Wissenschaft und Alltagssprache.

Im Sinne Freuds kompensiert der Narzisst mit dem großen Wunsch
nach Bewunderung und der übertriebenen Einschätzung der eigenen Wichtigkeit sein geringes Selbstwertgefühl. Für Freud ein Zeichen von Unreife, die es zu überwinden gilt. Doch Narzissmus wurde im Laufe der Zeit auch anders gedeutet. Etwa durch den
Psychoanalytiker Heinz Kohut, der Narzissmus nicht nur als Phase
ansieht, die jeder Mensch durchläuft, sondern auch als wichtige
Funktion im Erwachsenenalter. Nach Kohut entsteht, wächst und
stabilisiert sich das Selbstwertgefühl eines Menschen durch die Erfahrung von Anerkennung, Bestätigung, Zuwendung oder Bewunderung. Objekte, die einem Individuum derartige positive Erfahrungen ermöglichen, nennt Kohut Selbstobjekte – das sind meist
Personen, aber auch Gegenstände oder Symbole wie Urkunden
oder Ehrungen. Die spiegelnden Selbstobjekte aktivieren Gefühle
von Lebenskraft, Unfehlbarkeit und Allmacht. Warum sonst sollten
wir Urkunden oder Auszeichnungen in unseren Büros ausstellen?

Nach Kohut bleibt jeder Mensch ein Leben lang angewiesen auf eine Matrix von Selbstobjekten, die für unser psychisches Überleben so wichtig sind wie Sauerstoff. Selbstobjekte dienen mit anderen Worten zeitlebens unserem psychischen Gleichgewicht, sprich der Aufrechterhaltung der narzisstischen Homöostase eines Individuums. Letztlich scheint es so, als müssten wir alle bis zu einem gewissen Grade narzisstisch sein. Und dennoch wird dem Phänomen im Alltag eine negative Bedeutung zugewiesen. Insbesondere im Management werden überdurchschnittlich häufig Narzissten vermutet. Der nicht selten auf ein generelles Manager-Bashing zielende Vorwurf lautet, dass Unternehmen den Aufstieg von selbstverliebten Karrieristen geradezu förderten. Narzissten in Nadelstreifen. Ganz falsch ist das nicht.

Je mehr wir den Applaus unseres Umfeldes für unser Selbstwertgefühl brauchen, desto eher inszenieren wir uns dementsprechend perfekt. Legen bei der Präsentation eines Konzeptes mehr als nur ein paar gute Argumente in die Waagschale, sondern vielleicht auch unsere ganze Leidenschaft, alle unsere Fähigkeiten, um Menschen für uns zu gewinnen. Und gerade in schwierigen Situationen ist die Sehnsucht nach Helden groß. Nach Führungskräften, die mit lauter Stimme und großem Gehabe nach vorne gehen. Dann nutzen Narzissten die Gunst der Stunde – qua ihrer eigenen Unzulänglichkeit müssen sie dies geradezu tun, zu sehr lockt der große das Ego fütternde Applaus.

Welcher Redner hat Sie zuletzt beeindruckt? Der ausgewiesene Fachmann, der trocken und nüchtern die Fakten herunterbetet? Oder im Zweifelsfall ein Typ wie Steve Jobs, der alles darauf anlegte, andere für sich und seine Ideen einzunehmen? Dem aber zugleich Mitarbeiter lieber aus dem Weg gingen, um nicht in den Fokus seiner unbarmherzigen Kritik (79) zu fallen. Es spricht viel dafür, dass unser Wirtschaftssystem gerade solche Eigenschaften fördert.

Als Führungskraft spielen wir uns als höhere Instanz auf und sind es auch. Laut Organigramm dazu bestimmt, über anderen zu stehen, führen wir qua Funktion Menschen. Möglicherweise meinen Sie es ja gut. Sie versorgen Ihre Mitarbeiter oder nächsten Führungsebenen mit Anerkennung und Lob, um so deren Selbstwertgefühl zu steigern und sie noch mehr anzuspornen. Doch dieses Prinzip funktioniert nur bei Kindern, die ihrer selbst unverschuldeten Unmündigkeit noch nicht entkommen sind, nicht aber bei Erwachsenen.

Sie halten meine Feststellung für übertrieben? Das ist sie nicht: Sie dürfen nur ausgewachsen nicht mit erwachsen verwechseln! **Als Erwachsene hängt unser Selbstwertgefühl nicht davon ab, ob uns andere loben oder tadeln.** Ihr Selbstwertgefühl, wenn Sie eine gewisse Reife erlangt haben, speist sich einzig und allein aus der Klarheit und Überzeugung bezüglich dessen, was Sie sagen und tun, sowie der vollen Übernahme der Verantwortung für das, was Ihr Handeln zur Folge hat. Sie loben oder tadeln sich quasi selbst.

Wenn der Anteil der zwar ausgewachsenen, in ihrer psychischen Struktur aber noch in kindlichen Mustern verhafteten Mitarbeiter groß ist, mag es für eine Führungskraft durchaus sinnvoll sein, mit Lob und Tadel zu arbeiten. Sind Sie aber an einer produktiven Konsequenzkultur interessiert, ist diese Form von Anerkennung zu beenden! Sowohl bei Ihnen selbst als auch bei anderen.

Es ist Ihre Aufgabe, Ihre Mitarbeiter so weit wie möglich unabhängig davon zu machen, was andere und somit auch Sie selbst von ihren Aktionen und ihren Aussagen halten. Für eine Hochleistungsorganisation braucht es reife und mündige Führungskräfte, denen ein Feedback allein deshalb wichtig ist, um auf Erkenntnisse zu kommen, Zusammenhänge zu erkennen, Ursache-Wirkungs-Beziehungen zu entlarven, die ihnen vorher so nicht klar waren. Nicht der Anerkennung wegen, des Lobes oder des Tadels! Und das gilt auch für Sie selbst. **Machen Sie aus den Reaktionen**

anderer auf sich und Ihre Leistungen keine überlebensnotwendigen Selbstobjekte, die nur dazu dienen, Sie psychisch zu stabilisieren.

Gefährlich wird der Narzissmus vor allem dann, wenn Macht (41) dazu benutzt wird, das eigene emotionale Bedürfnis nach Anerkennung zu befriedigen. Indem sich Narzissten vor anderen aufspielen, um deren Gunst buhlen oder einen Kollegen niedermachen, um sich selbst aufzuwerten. In diesem Fall mindert narzisstisches Verhalten die Produktivität und Wettbewerbsstärke einer Organisation ungemein. Seien Sie auf der Hut! Schließlich ist dieses Verhalten fast kaum einem Menschen fremd. Reizt es Sie etwa nicht, einem unsympathischen, Blödsinn daher redenden Gegenüber einmal zu zeigen, wer hier wirklich den Durchblick hat? Und was tun wir nicht alles, um möglichst viele Schulterklopfer zu ernten? Solche Situationen gilt es immer wieder zu meistern. Oder wollen Sie Ihr Gegenüber zum Selbstobjekt degradieren, das Sie nur dazu benutzen, Ihren Selbstwert zu erhöhen?

Es ist Ihre Aufgabe, dafür zu sorgen, dass Ihre durchaus erforderliche Matrix an Selbstobjekten weder destruktive Folgen noch unproduktive Abhängigkeiten erzeugt. **Denn sobald Sie als Vorgesetzter die Suche nach Anerkennung in den Vordergrund stellen, geht es Ihren Mitarbeitern nicht mehr um die beste Lösung, sondern nur noch um das, was Ihnen am besten gefällt!** Und das ist fatal, denn das vernichtet Kreativität, Innovationskraft und Produktivität – sowohl bei Ihnen selbst als auch bei anderen!

Der Drang nach Allmacht und Unfehlbarkeit richtet im Management ungeheuren Schaden an. Versuchen Sie deshalb den Spagat: Reagieren Sie einerseits nicht ignorant und überheblich und damit selbstverliebt auf Kritik, sondern sorgen Sie stattdessen dafür, dass noch bessere Lösungen als Ihre eigenen zum Zuge kommen! Andererseits müssen Sie von dem, was Sie tun, in hohem Maße überzeugt sein und entsprechend auftreten. Seien Sie also

Narzisst! Aber bleiben Sie dabei auf das Wohl Ihrer Organisation bedacht – im Wissen, dass niemand unfehlbar ist. Sie selbst am allerwenigsten.

59 Demut

Die Vorstellung, sich selbst kleiner zu machen, als man in Wirklichkeit meint zu sein, wem würde das nicht widerstreben? Wenn ein Kollege sich in einer Diskussion auf ein für ihn fremdes Terrain begibt, auf dem Sie sich selbst bestens auskennen: Behalten Sie Ihren Wissensvorsprung für sich oder korrigieren Sie ihn vor aller Augen? Gerade in Situationen, in denen es ein Leichtes ist, gegenüber anderen unser Wissen und unsere Erfahrung auszuspielen, wird die persönliche Zurückhaltung zur Herausforderung. Lautet die Devise doch allerorten: Mach dich nicht kleiner, sondern größer, als du bist!

Im Christentum, einer der prägenden Wurzel unserer westlichen Kultur, spielt Demut als Tugend eine zentrale Rolle. Sie ist der Schlüssel zu Gott, dem wir uns als Menschen unterordnen und anvertrauen, indem wir unsere eigene Bedeutungslosigkeit erkennen. Nach Meister Eckhart bedeutet vollkommene Demut »das Vernichten seiner selbst«. Was im Mittelalter als erstrebenswerte christliche Haltung galt – in Zeiten des selbstbestimmten Individuums erschließt sich der Segen dieser Tugend kaum. Für Friedrich Nietzsche gehört Demut »zu den gefährlichen, verleumderischen Idealen, hinter denen sich Feigheit und Schwäche, daher auch Ergebung in Gott verstecken«.

Und so verbinden wir mit Demut die Gefahr, etwas zu erleben, was es um jeden Preis zu vermeiden gilt: die Demütigung, sprich die öffentliche Herabsetzung oder Erniedrigung. Der andere Diskussionsteilnehmer, der vor aller Augen über uns triumphiert, der andere Autofahrer, der uns beschneidet, der Kellner, der uns trotz

Aufforderung nicht gebührend beachtet. Nein, wir wollen nicht demütig sein, sondern aufrecht durchs Leben gehen und dafür den gebührenden Respekt erhalten! Wir pochen im Straßenverkehr auf unser Recht auf freie Fahrt, im Restaurant erklären wir dem Service, wie er seinen Job zu machen hat, damit wir schneller bedient werden.

Wer sich zurücknimmt, sich demütig verhält, erniedrigt sich also selbst. Ist sogar feige? Demütigung und Demut – zwei Seiten derselben Medaille? Nein, interpretieren wir Demut nicht falsch. In Demut steckt das Wort »Mut«, auf den es im Führungsalltag immer wieder ankommt. **Den Mut, einem Projekt oder einem Unternehmen zu dienen, nicht sich selbst und den eigenen Interessen.** Den Mut, der Wahrheit ins Gesicht zu schauen und die Selbstüberschätzung im Angesicht der eigenen Begrenztheit und Unvollkommenheit, die jedem von uns eigen ist, zu überwinden. Das Zurückstellen der eigenen Wünsche, Bescheidenheit im Dienste der Sache: Führungskräfte, die sich von Selbstüberschätzung, Machtbesessenheit und Erfolgszwang befreien, die sich selbst weniger wichtig nehmen, sind paradoxerweise besonders erfolgreich. Die einflussreichsten Manager, so scheint es mir, sind diejenigen, die keinen Einfluss suchen.

Nur wenige Führungskräfte zeigen diese Demut. Etwa der Vorstandsvorsitzende, der in unserer Zusammenarbeit bei keiner Diskussion, keiner Entscheidung, keinem Meeting jemals die Chefkarte spielt. Der Mann wirkt wie ein besonnener, reifer Familienvater, gerade weil er niemals Sätze sagt wie: »Das wird jetzt so gemacht!« Oder: »Das ist so und nicht anders!« Dabei rechtfertigt sein Erfolg das durchaus: In den vergangenen acht Jahren verdoppelte er den Umsatz seiner Logistikgruppe. Er genießt Respekt und Anerkennung, und das, obwohl er dies niemals einfordert oder selbstverliebt inszeniert. Stattdessen: konstruktive Dialoge (31), bei denen er seine Meinung eher unter die anderer stellt. Allein deshalb, weil er immer wissen möchte, wie andere auf die Dinge schauen.

Und das mit der Vermutung, dass die eigene Sicht unzulänglich sein könnte.

Kennen Sie eine Führungskraft, die kein Problem damit hat, Ihnen ins Gesicht zu sagen: »Damit kenne ich mich nicht aus. Da müssen Sie mir helfen!« Ein Zeichen von Demut, ein Zeichen von Anerkennung des Wertes und des Beitrages, den ein anderer leisten kann. Selten erleben wir solch eine produktive und letztlich wirksame Zusammenarbeit. Kein Kräftemessen, kein Waffenvergleich, sondern immer ein Suchen und Ringen um die besten Ansätze.

Die Realität in vielen Unternehmen ist eine andere: Mitarbeiter trauen sich nicht, sich zu Wort zu melden, Kritik zu äußern, sich mutig einzubringen. Aufgrund eines Mangels an Demut der verantwortlichen Führungskräfte? Vielleicht. Zu sehr meinen wir, den starken Mann markieren, hier und da ein Exempel statuieren zu müssen, und wirken dadurch eher schwach. Wir sorgen mit unserer Attitüde der Macht (41) für ein angstvolles Umfeld, in dem weder kreativ noch produktiv und vor allem auch nicht miteinander gearbeitet wird, sondern alle Kraft in die eigene Verteidigung und das Zurückweisen von Schuld (10) gesteckt wird.

Müssen Sie also zum demütigen Priester werden, um erfolgreicher zu sein? Nein, aber es lohnt sich, dieses Paradoxon für sich zu klären und aufzulösen: Verwechseln Sie Demut nicht mit Kriechertum, das wäre nur Heuchelei. Natürlich behaupten Sie sich, ordnen sich auch nicht unter, nur weil Sie dazu aufgefordert werden. Sie verhalten sich aus freien Stücken demütig, wenn es für den Erfolg des Projektes oder des Unternehmens entscheidend ist. Servilität, die dem eigenen Chef gefallen mag, ist verachtenswert!

Wichtig ist, dass Sie selbst entscheiden, wann Sie es für richtig halten, Ihre eigenen Bedürfnisse im Sinne einer Sache hintanzustellen. Wenn Sie etwa einem Kunden versprochen haben, einen Auftrag zügig zu erledigen, kann das ein arbeitsintensives Wochenende bedeuten. Es ist ein demütiges Verhalten, diesem selbst gesetzten Anspruch gerecht zu werden.

Demut bedeutet auch den realistischen Blick auf die eigene Fehlbarkeit. Den Mut, eigene Fehler (45) sich selbst und anderen gegenüber einzugestehen. Und das aus der festen Überzeugung heraus, dass Fehler eben nur Fehler sind und dem eigenen Selbstwertgefühl nichts anhaben können. Im Kleinen, wenn Sie es waren, der vergessen hat, den Müll runterzubringen, und den Tadel seiner Partnerin klaglos hinnimmt. Oder im Großen, wenn Sie als Verantwortlicher die Affäre des eigenen Konzerns nicht herunterspielen, sondern sich aktiv um Besserung bemühen. So wird Demut zu Stärke. Zu einer äußerst produktiven Haltung, die durchaus fordert, die kritisiert, die auch nicht frei von Ehrgeiz (2) ist. Im Gegenteil: Demut geht mit einer Dankbarkeit einher für die eigene Position und den Beitrag, den Sie selbst in der Welt, in diesem Unternehmen leisten können und wollen.

Diese Dankbarkeit bringt Härten mit sich. So geht der oben genannte Vorstand phasenweise sehr bewusst an seine Grenzen, um den Anspruch und dem Auftrag, den er für sich sieht, gerecht zu werden. So sagte er einst zu mir: »Mir ist sehr bewusst, dass das, was ich hier tue, alles andere als lebensverlängernd ist.« Um jedoch gleich klarzustellen, dass das aktuell alternativlos sei, wolle er das Unternehmen nicht in unnötige Schwierigkeiten bringen. Sie könnten daraus ableiten, dass demütiges Verhalten selbstaufopferndes Verhalten ist. Der Schluss führt aber zu weit. Ja, es geht phasenweise darum, eigene Bedürfnisse einem größeren Auftrag aus Dankbarkeit und Pflichtgefühl heraus zurückzustellen – aber niemals darum, sich selbst ernsthaft zu schaden. Das verbietet allein die Demut vor dem eigenen Leben.

60 Würde

Die Ausgangslage schien eindeutig: Der Manager und ich stimmten überein, dass der Mitarbeiter trotz guter Rahmenbedingungen seiner Aufgabe nicht gerecht geworden war. Umso mehr überraschte mich das, was im folgenden Meeting vor sich ging: Der Manager sprach die Versäumnisse des Mitarbeiters zwar an, verkleidete seine Kritik (79) aber in so viele Wattebäuschchen, dass der Eindruck entstand, dass doch alles in Ordnung oder zumindest nicht weiter tragisch sei. Aber nichts war in Ordnung! Im Nachhinein begründete der Geschäftsführer sein Verhalten damit, dass er dafür Sorge tragen wollte, dass der Kritisierte sein Gesicht wahre. Es ginge schließlich immer auch um die Würde des anderen.

Was lässt sich aus dieser Entgegnung folgern? Dass die jedem Menschen eigene Würde vor berechtigter Kritik schützt? **Meines Erachtens verletzt eine sachliche Kritik, und sei sie noch so hart und schmerzhaft für den Betroffenen, niemals die menschliche Würde.**

Im Grundgesetz heißt es: Die Würde des Menschen ist unantastbar! Haben Sie nicht trotzdem das Gefühl, dass diese im betrieblichen Alltag immer wieder verletzt wird? Mitarbeiter werden gedemütigt, herabgesetzt, selbst wenn dies manchmal nur ein subjektiver Eindruck der Betroffenen sein mag. Aber die Wahrnehmung der anderen ist die Realität (15), mit der wir uns auseinandersetzen müssen. Es ist ein echtes Dilemma: Dürfen Sie als Führungskraft Ihren Mitarbeitern nichts zumuten, vor allem dann nicht, wenn diese das selbst als ungerechtfertigte Zumutung empfinden? Oder was ist mit Würde überhaupt gemeint? Wo liegt die Grenze, die es einzuhalten gilt?

Das eigentliche Problem vieler Führungskräfte: Sie haben kein klares Verständnis davon, wie ihr Verhalten die Würde eines anderen tatsächlich beeinträchtigt. Die Folge: Sie agieren zögerlich und inkonsequent, aus Angst (9), andere durch ihr Tun zu kränken. Oder sie richten ihre Kritik nicht auf das Verhalten des Mitarbeiters, sondern auf den Menschen selbst. Aus einem punktuellen Versagen in einem Projekt wird der generelle Versager (46), aus einer wiederholt schlechten Leistung wird der Minderleister, dem wir ständig neue Aufgaben aufbürden.

Führungskräfte benutzen Mitarbeiter, heißt es in Bezug auf die Würde immer wieder kritisch. Was ist daran ethisch falsch, was richtig? Immanuel Kant stellt fest, dass die Menschenwürde dann verletzt wird, wenn ein Mensch einen anderen bloß als Mittel für seine Zwecke benutzt – etwa durch Sklaverei, Unterdrückung oder Betrug. Weiter führt der Philosoph aus, dass »vernünftige Wesen Personen genannt werden, weil ihre Natur sie schon als Zwecke an sich selbst, als etwas, das nicht bloß als Mittel gebraucht werden darf, auszeichnet, mithin so fern alle Willkür einschränkt«. Menschen dürfen also niemals ein Mittel zum Zweck sein?

Ich glaube, dass es jenseits von Sklaverei und Unterdrückung die Aufgabe von Führungskräften ist, Menschen zum Erreichen eines Zweckes einzusetzen. Aus Kants Definition leite ich für mich die entscheidende Frage ab: Benutzen wir Menschen für die eigenen Zwecke, für den eigenen Bonus, die eigene Karriere? Oder zum Erreichen von unternehmerischen Zielen?

Ein Beispiel: Ein junger Mitarbeiter aus dem Controlling wird zu keinem Meeting (36) eingeladen, obwohl das für sein Verständnis der internen Zusammenhänge des großen Konzerns relevant ist. Mit ihm wird kein Gespräch darüber geführt, wie er sich weiterentwickeln kann. Er wird lediglich mit Aufgaben betraut, die er für seinen Chef zu erfüllen hat, damit dieser anderenorts damit glänzen kann. Hier wird für mich eindeutig die Würde eines Menschen verletzt. Auf diese versteckte Form der Verletzung, die Menschen umso nachhaltiger und genauso heftig spüren wie das offensichtliche Mobbing, treffen wir häufig in Unternehmen.

Doch selbst wenn Sie einen anderen Menschen nicht für Ihre eigenen Zwecke, sondern nur zum Wohle des Unternehmens einsetzen, können Sie seine Würde verletzen: immer wenn Sie den Aspekt der Ausschließlichkeit unberücksichtigt lassen. Denn kümmert Sie der andere ansonsten gänzlich nicht, verletzen Sie immer seine Würde. Wie mein Mentor einmal zu mir sagte: »Matthias, führe nicht die Funktion, sondern die Person.« Für mich selbst ein dramatischer Paradigmenwechsel. Und doch schließt das gewisse Konsequenzen gegenüber anderen nicht aus. Denn seien wir ehrlich: Es wäre naiv anzunehmen und schier unmöglich, dass unser Handeln niemandem Schaden zufügt.

Immer wieder kommt es zu der Situation, dass Sie einen Mitarbeiter, der seiner Aufgabe dauerhaft nicht gerecht wird, kritisieren oder sogar entlassen müssen. Wahrscheinlich fühlt sich dieser Mitarbeiter in seiner Würde verletzt. Aber dessen, wenn auch nur temporär, verminderte Lebensqualität steht dem unter Umständen möglichen Erhalt eines ganzen Unternehmensbereiches gegenüber. Ein einzelner Leidtragender versus eine Vielzahl von Betroffenen – eine weise Abwägung, die jeder von uns auf die eine oder andere Art und Weise immer wieder treffen muss. Meine Lebensmaxime ist daher: **mit dem eigenen Verhalten mehr Menschen nützen als schaden.**

Auch im Privaten stehen wir vor dem Dilemma, dass unser Tun anderen hilft und sie zugleich verletzt. Trichtere ich meinem kleinen Sohn ernst und unnachgiebig ein, dass er nicht noch einmal bei Rot über die Ampel läuft, und er fühlt sich deshalb gekränkt und schuldig – oder belasse ich es bei einer milden Rüge, die womöglich ein weiteres Fehlverhalten mit fatalen Folgen nach sich zieht?

Halten wir fest: Wenn Sie jemanden kritisieren, verletzt dies niemals die Würde des Menschen. Vorausgesetzt, Sie bezwecken mit dieser Kritik nicht Demütigung, sondern Erkenntnisgewinn. Es ist ein würdevolles Verhalten, andere Menschen im Sinne des gemeinsamen Zieles Ihrer wohldurchdachten, aufrichtigen Meinung auszusetzen – selbst wenn derjenige danach wie ein begossener Pudel davonschleicht. Das gilt es für den Kritisierten wie den Kritikübenden auszuhalten! Und ist es letztlich nicht auch entwürdigend, wenn wir hinter unseren eigentlichen Möglichkeiten zurückbleiben?

61　Fleiß

Ein Blick auf die jährliche Zahl der Überstunden, die in Deutschland angehäuft werden, und wir erkennen schnell, dass es in unseren
Unternehmen sicher nicht an Fleiß mangelt. Die meisten Mitarbeiter hängen sich in ihrer Arbeit rein, wenden viel Zeit auf, zeigen
Präsenz. Dabei bedeutet Fleiß in Form langer Bürozeiten und tat-
kräftigem Engagement nicht zwangsläufig, dass Sie oder Ihre Mitarbeiter einen Beitrag zur Wertschöpfung und zur Weiterentwicklung der Organisation leisten. **Statt fleißig vor uns hinzuarbeiten,
müssten wir etwas ganz anderes viel öfter tun – nachdenken!**
Darüber, was genau wir wozu tun wollen. Doch dafür ist uns die Zeit
wiederum zu knapp bemessen. Dabei gibt es kaum eine wichtigere
Entscheidung als darüber, worin es sich wirklich lohnt, unsere Tat-
kraft zu investieren.

Fleiß, und das wird im Management viel zu häufig übersehen, ist
zwar eine Tugend, aber nur eine zweiten Ranges. Oskar Lafontaine
entgegnete Anfang der Achtzigerjahre dem damaligen Bundes-
kanzler Helmut Schmidt, der auf die Bedeutung der sogenannten
bürgerlichen Tugenden wie Pflichtgefühl, Standhaftigkeit (66) und
Disziplin (18) bestand, dass sich damit auch ein Konzentrationsla-
ger betreiben lässt. Eine harte und unbequeme, aber meines Erachtens richtige Feststellung.

Fleiß ergibt nur dann Sinn (1), wenn er auf das schnelle Erreichen
eines sinnvollen Zieles ausgerichtet ist. Stecken Sie Ihre Energie
etwa in die mehrstündige Aufbereitung eines Statusberichtes statt in
die Betreuung Ihres Kunden, dann ist das zwar fleißig, verschwendet
aber lediglich wichtige Ressourcen. **Fleiß, und das gilt es immer
wieder zu vergegenwärtigen, ist immer nur Mittel zum Zweck!**

Leider wird das in vielen Unternehmen anders praktiziert. So hatte
ich vor Kurzem ein Gespräch mit einem Leiter der Unternehmens-
entwicklung, der mit seinen Managern im Anschluss an ein fünf-

stündiges Strategiemeeting eine weitere Runde mit externen Investoren zu drehen hatte, drei bis vier Stunden zusätzlich. Auf die Frage, ob das denn sinnvoll und ein konzentriertes Arbeiten überhaupt noch möglich ist, erwiderte der Unternehmensleiter: »Nein, natürlich nicht, aber bei uns hält man das Bild des hart arbeitenden Managers hoch.«

Meiner Überzeugung nach sind Menschen nach vier Stunden konzentriertem Arbeitens nicht mehr zu wahrer Höchstleistung in der Lage. Vielleicht noch ein paar Anrufe, das Abarbeiten von Mails, der passive Konsum eines Vortrages oder ein entspannter Gedankenaustausch, aber zu mehr? Etwa zu bahnbrechenden Ideen, innovativen Konzepten, anspruchsvollen Diskussionen, konstruktiven Verhandlungen? Kaum!

Deshalb kann ich mit dem sogenannten protestantischen Arbeitsethos wenig anfangen. Wird doch mit zunehmender Zeit der Kosten-Nutzen-Effekt immer geringer: Nur noch mit viel Aufwand lässt sich ein unwesentlich kleiner Zusatznutzen generieren. Workshops, die mehr als sechs Stunden in Anspruch nehmen, halte ich ab Stunde sieben für Zeitverschwendung. Besser, Sie gehen nach einer konzentrierten Arbeitsleistung nach Hause, lassen die Erkenntnisse sacken und regenerieren sich, um wieder Energie zu tanken. Anders als viele Führungskräfte, denen im Laufe der Zeit jegliche energetische Ausstrahlung, diese Aura des Tatkräftigen, abhandenkommt.

Wir richten im Management zu viel Aufmerksamkeit auf Fleiß und andere Sekundärtugenden wie Gehorsam, Pünktlichkeit oder Pflichtbewusstsein.

Was aber würde passieren, wenn wir uns neu ausrichten würden? Unser Augenmerk auf vier Werte legten, die seit der Antike als Primärtugenden gelten: Gerechtigkeit, Tapferkeit, Weisheit und Mäßigung?

Stellen Sie sich vor, Sie erwarten von Ihren Mitarbeitern nicht, dass sie Fleißpunkte sammeln, sondern einen tapferen Widerspruchsgeist entwickeln und dazu einen tieferen Sinn für Gerechtigkeit, der darin mündet, dass konstruktive Kritik (79) Teil der Alltagskultur wird. Und dazu gehört auch Mäßigung, die dafür sorgt, dass sich Eitelkeiten (58) in Grenzen halten. Für wie viel mehr Produktivität und Wettbewerbsstärke würde eine Unternehmenskultur (72) auf der Basis dieser vier Werte sorgen, die sowohl die griechischen wie auch christlichen Philosophen über Jahrhunderte als zentral erkannt haben? Vier Werte, auf die so manche aufgeblähte Führungsleitlinie hätte Wert legen sollen.

Haben Sie sich schon einmal gefragt, ob und inwieweit Sie als Mensch gerecht, tapfer, weise und mit Augenmaß agieren? Und falls ja, auf welche Art Sie dieses Verhalten bei anderen einfordern? Oder ob Sie möglicherweise die Wertschätzung von Kollegen und Mitarbeitern zu sehr an Sekundärtugenden festmachen?

Setzen Sie sich intensiv mit den vier Primärtugenden auseinander, so führt dies in einer Organisation zu einer sinnvollen Auslegung von Sekundärtugenden. Und damit zu mehr Ergebnisorientierung (5), Konsequenz und zu mehr Klarheit im Miteinander. Denn treffen Sie Ihre Entscheidungen weise, gerecht, tapfer und mit Augenmaß, gibt es keinen Grund mehr, sich nicht voller Fleiß an eine gestellte Aufgabe zu machen.

Rückgrat: Im aufrechten Gang

62 Verantwortung

Es ist einer dieser unseligen Sätze, die in Unternehmen täglich zu vernehmen sind: »Dafür bin ich nicht verantwortlich!« Was meinen wir, wenn wir darauf verweisen, wir selbst oder jemand anderes ist für etwas verantwortlich oder eben nicht verantwortlich? Schauen wir uns den unternehmerischen Kontext genauer an: Es wird zwischen der Verantwortung für die Durchführung einer Aufgabe und der kaufmännischen beziehungsweise rechtlichen Verantwortung im Sinne von »genehmigen«, »billigen« oder »unterschreiben« unterschieden. Der Meister einer Werkstatt ist somit für das Reparieren der Autos verantwortlich, der Geschäftsführer für das Stellen der jeweiligen Rechnung, aber auch für das Endergebnis.

Das Englische unterscheidet in diesem Sinne zwei Formen von Verantwortung: »responsibility« und »accountability«. Zuständig im Sinne des Ersteren ist man für die Ausführung einer Tätigkeit. Rechenschaft für etwas ablegen und dafür auch rechtlich Geradestehen müssen wir im letzteren Fall. Im kleinen Maßstab lässt sich das schnell klären: Wenn ich nach einer Party meines Sohnes die Küche betrete und es dort aussieht, als hätte eine Bombe eingeschlagen, hat mein Sohn dazu vielleicht nichts beigetragen, ist aber zweifellos im Sinne von Accountability für die Auswirkungen seines Festes verantwortlich. In Unternehmen fällt uns diese Ergebnisverantwortung wesentlich schwerer.

Wer ist beispielsweise bei der Deutschen Bank verantwortlich für den Handel mit faulen Wertpapieren oder die Manipulation des Leitzinses? Letzten Endes natürlich die Unternehmensführung. Die mutmaßliche Unwissenheit darüber, was einige wenige in den Ebenen darunter getan oder unterlassen haben, schützt vielleicht rechtlich, hilft dem Unternehmen aber nicht weiter. Deswegen muss das Topmanagement sich auch solche Vorfälle zu eigen machen und damit auseinandersetzen. Der entscheidende Punkt hierbei ist aber, wenn es uns um eine unternehmerisch fruchtbare Definition von Verantwortung geht: Die Führung trägt nicht alleine die Verantwortung.

Ausnahmslos jeder, der in einer Organisation etwas von kriminellen Taten mitbekommt und nicht eingreift, indem er die Chefetage, die Revision oder eine andere geeignete Instanz darüber informiert, ist verantwortlich. Jeder, der absichtlich wegschaut oder, ich gehe noch einen Schritt weiter, den es nicht interessiert, was um ihn herum, in der Nachbarabteilung, im anderen Unternehmensbereich passiert, trägt ebenfalls Verantwortung für das Fehlverhalten seiner Kollegen. Auch wenn in einem Unternehmen die Führungsspitze für das Ergebnis Verantwortung übernehmen muss: Alle anderen, die bemerken, dass etwas nicht so läuft, wie es laufen sollte, sich darum aber nicht kümmern, solange im eigenen Zuständigkeitsbereich alles in Ordnung erscheint, werden ihrer Verantwortung nicht gerecht.

Allein das Nichteingreifen zeugt in einem solchen Fall von Verantwortungslosigkeit. Sie haben für alles, was Sie tun oder nicht tun, die Verantwortung zu übernehmen. Verantwortlichkeit fordert aktives Handeln ein! Wenn eine Person in der U-Bahn belästigt wird, müssen Sie eingreifen. Sie warten nicht, bis das Opfer Ihnen seine Hilfsbedürftigkeit signalisiert. **Verantwortung wird Ihnen nicht gegeben, sondern Sie müssen diese übernehmen!**

Wer Verantwortung übernimmt, überprüft Entscheidungen und Verhalten, auch der anderen, im Sinne der eigenen Verantwortlichkeit. Mögen Sie ein noch so kleines Rädchen im Getriebe einer Organisation sein: **Sie sind für alles, was durch Sie und mit Ihnen und um Sie herum geschieht, mitverantwortlich.** Der Grad der Verantwortung mag unterschiedlich ausfallen, der Verantwortung selbst können Sie sich dennoch nicht entledigen, indem Sie die Schuld auf andere abwälzen.

Seien Sie »accountable« für das eigene Leben. Übernehmen Sie die Verantwortung nicht nur für das, was Sie tun, sondern vor allem für das, was dabei herauskommt. Akzeptieren Sie dies, hat jegliches Jammern und Beschweren sofort ein Ende. Damit geben Sie zugleich das Prinzip Hoffnung auf. Denn wer verantwortungsbewusst, präsent und selbstbestimmt lebt, der hofft nicht mehr.

Diese Haltung überträgt sich auf alle Facetten Ihres Lebens. Gefällt Ihnen ein Film im Kino nicht, regen Sie sich nicht mehr auf, sondern verlassen Sie den Kinosaal und machen mit Ihrer Zeit etwas Besseres. Wenn Sie das Gefühl haben, dass Sie Ihrer Verantwortung im Job nicht gerecht werden können, kündigen Sie. Sie zahlen den Preis, aber nicht weil andere dies fordern.

Ob im Kino oder im Unternehmen: Wer sich beschwert, ohne die Situation durch sein Handeln zu verändern, zeigt damit nur, dass er keine Verantwortung übernimmt. Keine Verantwortung für seinen Bereich, sein Unternehmen, sein Leben. Es ist immer Ihre Entscheidung (20), was Sie tun oder nicht tun. Allein schon deshalb tragen Sie für alles die Verantwortung.

63 Entschlossenheit

Meist genügt ein Blick, und Sie erkennen, wie entschlossen ein Mensch ist. Der Freund, der eine Zigarette in der Hand schaukelt und mit aller Bestimmtheit feststellt, dass dies seine letzte sein wird. Sie schauen ihn an und hegen intuitiv Zweifel. Dagegen der Kollege auf dem Flur, der mit ernster Miene einem Meeting entgegenstrebt und im Kopf noch einmal seine Idee durchgeht. Das Vermitteln von Entschlossenheit mag eine geradezu körperliche Angelegenheit sein, die aber nicht selten durch unser tatsächliches Handeln ad absurdum geführt wird.

Wer als Führungskraft zu lange wartet, einen Kundentermin hinauszögert, die Vertriebsressourcen nicht auf das neue Geschäftsfeld umschichtet oder einen unfähigen Projektleiter nicht endlich austauscht, hat irgendwann den Ruf als Zauderer weg. Handeln wir dagegen zu schnell, wirken wir unter Umständen hektisch, getrieben, opportunistisch, aktionistisch, unsouverän. Und sind das im Zweifel auch: wenn wir etwa den Projektleiter innerhalb von sechs Monaten dreimal austauschen. Und fordern wir ein Projektteam weit über die Grenzen des tatsächlich Möglichen und Sinnvollen, sind wir nichts anderes als verbissen in eine Sache, weil wir nicht wahrhaben wollen, dass diese nicht mehr zu retten ist. Was also macht wahre, konsequente Entschlossenheit nun aus?

Entschlossenheit entfaltet sich nur, wenn Sie eigene Ziele verfolgen. Keine abstrakten Ziele, sondern klare Vorstellungen davon, was Sie konkret erreichen wollen. Zustände, die Sie herbeiführen möchten und von denen Sie überzeugt sind, diese auch erreichen zu können. Leben Sie aber mehr oder weniger in den Tag hinein und lassen sich allein durch die Wünsche anderer antreiben, seien es Kunden oder Vorgesetzte, werden Sie niemals entschlossen handeln.

Ihre volle Entschlossenheit braucht es vor allem, wenn sich zwischen Ihnen und dem angestrebten Zustand ein Hindernis in den Weg stellt. Das kann die eigene Furcht oder Müdigkeit sein oder die Vorbehalte und Ängste (9) eines Kunden, die einen Projekterfolg verhindern. Für einen Sportler sind es zum Beispiel immer wiederkehrenden Gewichtsprobleme, die er unter Kontrolle bringen muss, um in die Weltspitze vorzustoßen.

Kennen Sie diesen einen Moment, in dem etwas in Ihnen kippt, sich Ihre Entschlossenheit Bahn bricht und Sie schlagartig damit beginnen, ein Vorhaben in die Tat umzusetzen, alles investieren, um dem eigenen Zukunftsbild gerecht zu werden?

Nehmen wir ein alltägliches Beispiel. Mir ist ein ordentlicher Arbeitsplatz wichtig. Ich habe eine klare Vorstellung davon, wie dieser auszusehen hat: Auf dem Schreibtisch liegt nichts weiter als das, woran ich gerade arbeite, der Eingangskorb ist leer, Bücher liegen nicht kreuz und quer herum, sondern stehen sortiert im Regal. Und doch weicht das tatsächliche Bild jeden Tag Stück für Stück ein bisschen mehr von diesem für mich erstrebenswerten Zustand ab: Briefe und Akten sammeln sich im Eingangskorb, neue Bücher kommen und werden erst auf den Schreibtisch, später auf den Boden gelegt, und wenn ich nicht aufpasse, weicht nach wenigen Wochen das tatsächliche Bild des Arbeitsplatzes deutlich vom eigenen Anspruch ab. Eine Zeit lang halte ich diesen Zustand aus, bis das erträgliche Maß überschritten ist. Endlich gehe ich entschlossen zu Werke: Ich nehme mir Zeit, um Bücher wegzuräumen, Akten durchzugehen, den Eingangskorb zu leeren, Themen wegzuarbeiten, die sich auf dem Schreibtisch türmen, trenne mich von lieb gewonnenen Dingen.

Entschlossen sind Sie dann, wenn Sie erledigen, was zu erledigen ist. Sie haben keine Wunschvorstellung von irgendetwas, sondern den absoluten Willen (73), dies konsequent umzusetzen. Sie nehmen sich also nicht nur vor, ab morgen ein wenig mehr Sport zu treiben, nein, Sie tun es! Sie schieben sich und andere über Hürden, die Sie davon abhalten, das Ziel zu erreichen. Sie quälen sich frühmorgens aus dem Bett, um zehn Kilometer zu laufen. Entschlossen zeigen Sie dem störrischen Designer auf, dass er sehr wohl einen Entwurf generieren kann, der den Kundenanspruch umsetzt. Entschlossen räumen Sie abends den Kleiderschrank auf, obwohl Sie müde sind. Entschlossen gehen Sie in das Meeting, und zwar nicht, obwohl Sie dort mit Gegenwind rechnen, sondern gerade deshalb!

Was Sie aber nicht tun: Sie kämpfen nicht gegen Windmühlen. Wenn Sie erkennen, dass die Bedingungen (39) es nicht zulassen, das angestrebte Ziel zu erreichen, ist es fahrlässig, weiterhin alle Ressourcen dafür zu opfern. Wenn wir uns ein Büro mit vier Personen teilen, die eben eine andere Vorstellung von Ordnung haben, ist es unsinnig, den eigenen rigoroseren Anspruch aufrechterhalten zu wollen.

Entschlossenheit im Management, das bedeutet im Zweifel sogar abzuwarten, einen unbefriedigenden Zustand für eine gewisse Zeit auszuhalten und dabei für andere unentschlossen zu wirken. Aber nur, wenn dieses entschlossene Zögern in letzter Konsequenz dem Erreichen Ihres angestrebten Zielzustandes dient.

 **Ehre**

Für viele Menschen mag es ein altmodischer Begriff sein: Ehre. Was bedeutet uns das heute überhaupt noch? Als das deutsche Strafrecht kodifiziert wurde, besaßen Angelegenheiten der Ehre noch einen höheren Stellenwert als zum Beispiel Körperverletzung. Heute kennt unser Strafgesetzbuch noch »Straftaten gegen die Ehre« wie Beleidigung, Verleumdung oder üble Nachrede. In der US-Army werden Soldaten »unehrenhaft« entlassen, wenn sie Verrat begehen, fahnenflüchtig werden, einen Befehl verweigern oder Drogen konsumieren – Handlungen, die schwerwiegende Konsequenzen haben für das Leben der Kameraden oder für das Ansehen der Armee.

Welche Relevanz hat Ehre im Unternehmenskontext, in dem es sehr selten um Leben oder Tod geht, sehr wohl aber um Verrat, Zusammenhalt und Ansehen? Welche Rolle spielt Ehre in unserer Funktion als Führungskraft? Besitzt das eigene Team, das Unternehmen eine Ehre, die es zu verteidigen gilt? Und wenn ja, worauf basiert diese?

Wenn wir über Ehre reden, gilt es zwischen innen und außen zu unterscheiden. Dreht sich die innere Ehre doch in erster Linie um Selbstachtung, um den Menschen als Träger geistiger und sittlicher

Werte. Bei der äußeren Ehre geht es dagegen um soziale Anerkennung, im weiteren Sinne auch um Wertschätzung. Gemeinsam ist beiden Formen, dass Ehre durch andere beschädigt werden kann. Wer Ehre hat, so die Annahme, lässt diese Beschädigung nicht so einfach geschehen, sondern verteidigt sie oder stellt sie wieder her. **Ehre, so scheint es, zwingt uns mehr als Achtung oder Respekt zur Tat.**

Ein Beispiel: Eine Gruppe von Managern einigt sich unter der Führung ihres Geschäftsführers als Reaktion auf einen Umsatzeinbruch darauf, eine bestimmte Anzahl von Mitarbeitern zu entlassen. Alle bis auf einen Manager stimmen dem Entschluss zu. Der Überstimmte will aber nicht nachgeben, weil die Entlassungen seiner Ansicht nach den ethischen Prinzipien des Unternehmens nicht gerecht werden. Aber die Mehrheit ist ebenfalls überzeugt, zum Wohle des Unternehmens zu handeln. Weil der widerständige Manager nicht nachgibt, den gemeinsamen Entschluss mehrfach sabotiert, indem er etwa vorab mit den Mitarbeitern darüber spricht, wird er letzten Endes vor die Tür gesetzt, sozusagen unehrenhaft entlassen.

Der Geschäftsführer reagiert damit auf eine Ehrverletzung in zweierlei Hinsicht. Zum einen verteidigt er den gemeinsamen Entschluss, für den seine Organisation seiner Ansicht und auch der Mehrheit der Kollegen nach stehen soll. Der Widerstand des Managers lässt sich somit als Missachtung der Organisation und ihrer Werte verstehen. Für den Geschäftsführer wiederum bedeutet die Missachtung seiner Anweisung durch den Manager einen Gesichts- und Autoritätsverlust. Eine Frage der Ehre? Durchaus.

Andererseits: Hat sich der ungehorsame Manager nicht gerade deshalb ehrenhaft verhalten, weil er sich für seine Überzeugungen opferte? Und weil er dies letztlich nicht für sich selbst tat, sondern für das Wohl des Unternehmens und seiner Mitarbeiter?

Ungehorsam, vor allem der konstruktive, ist eine interessante Facette von Ehre. 2011 wurde das erste Mal seit dem Vietnamkrieg einem Soldaten, dem US-Marine Sergeant Dakota Meyer, die Medal of Honour verliehen, die höchste militärische Auszeichnung im US-Militär. Das Besondere: Sergeant Meyer missachtete 2009 gemeinsam mit einem Kameraden während eines Taliban-Angriffs in Afghanistan den Befehl eines Vorgesetzten. Auf eigene Initiative hin retteten sie in einer sechsstündigen Tortur, in der sie mehrfach immer wieder mit ihrem Humvee in ein stark umkämpftes Dorf fuhren, ein Dutzend Marines und zwei Dutzend afghanische Soldaten aus einer an sich aussichtslosen Situation.

Es geht im Management um viel weniger und doch um etwas, was unter Umständen von größter Wichtigkeit für uns selbst und andere sein kann: Darum, einen Kundenauftrag an Land zu ziehen oder im Vertrieb an einem Thema dranzubleiben – Vorhaben, für die Sie vielleicht eine Anweisung missachten aus der tiefen Überzeugung, das Richtige zu tun. Oder weil Sie der Überzeugung sind, das Ihr Chef mit seiner Anweisung nur das Beste für seine eigene Karriere im Sinn hat.

Es geht immer wieder darum, Rückgrat zu zeigen! Zu dem zu stehen, was Sie für richtig halten. Offen auszusprechen, was Sie denken, und sich entsprechend zu verhalten. Etwa weil Sie das Gefühl haben, jemand wird ungerecht behandelt, und Sie schreiten ein. Und Sie legen sich dabei im Zweifel mit dem gesamten Team an inklusive dem eigenen Chef. Wenn die Konsequenz ist, dass Sie dafür vor die Tür gesetzt werden, dann ist das eben so. Nur so werden Sie am Ende in den Spiegel schauen und behaupten: Ich habe Ehre!

65 Krieg

Sie und ich leben in einem System, das von Wettbewerb bestimmt ist. Ob wir dies nun mögen, für richtig, gesellschaftlich und ethisch notwendig erachten oder nicht, es ist einfach so. Und es ist sicher nicht ganz falsch zu behaupten, dass all unsere Errungenschaften, all unser Fortschritt letztlich auf unserem Wettbewerbsgeist fußen. Und so konkurrieren wir mit unseren Wettbewerbern um die Aufmerksamkeit unserer potenziellen Kunden, die Gunst des Marktes. Mit besseren Produkten, höherem Kundennutzen oder dem besseren Service. Denn es geht letztlich darum zu siegen. Doch ähnlich wie im Sport sind Siege nur Momentaufnahmen. Immer wieder ziehen andere für eine bestimmte Zeit an uns vorbei.

Aber nicht jede unternehmerische Niederlage lässt sich auf die Stärke des Wettbewerbers zurückführen, sondern – und das kostet mich weit wesentlich mehr Tränen – auf den falschen, das Innere unserer Organisationen gerichteten Ehrgeiz (2) einiger Führungskräfte. Unerträglich sind mir ihre »Spielchen«, mit denen sie versuchen, ein Stückchen mehr Macht (41), Geld oder Anerkennung für sich zu ergattern oder sich die nächste Sprosse auf ihrer Karriereleiter zu sichern. Nicht nur, dass sie mit Niedertracht, Verleumdung oder auch einfach nur bewusst unterlassener Mitwirkung dafür sorgen, einzig und allein ihre ureigensten Bedürfnisse zu befriedigen! Nein, sie sorgen dafür, dass wir in unserem eigentlich »Sport«, dem Wettbewerb am Markt, als Verlierer dastehen!

Sie nerven in wichtigen Meetings (36) und Workshops mit ihren Taktierereien und Selbstprofilierungen. Sie stehlen wertvolle Zeit, bremsen den Prozess und rauben uns letztlich die Chance auf Sieg. Sie helfen nicht, uns auf den Wettkampf draußen am Markt vorzubereiten, um dort zu gewinnen. Nein! Sie schwächen uns, unsere Organisationen, unsere Unternehmen. So absurd es klingt: Die alltäglichen Kampfarenen sind die zwischen IT und Fachbereichen, zwischen Marketing und Vertrieb, zwischen Entwicklung und Fertigung.

Dabei wird gerade, wenn Schwierigkeiten auftauchen, die es unternehmerisch gemeinsam zu lösen gilt, die meiste Energie in den Aufbau der eigenen Verteidigungsstrategie gesteckt, in die Beweis-

führungen dafür, dass es im Grunde die Verfehlungen des Produkt-
managements oder eines anderen Gegners sind, die uns scheitern
lassen. Das läuft selbstverständlich ganz subtil ab, ohne öffentliche
Anklage. Es ist die hohe Schule der Politik, genauer gesagt der destruktiven Politik.

Auch wenn wir darüber klagen: Politik ist per se nichts Schlechtes,
sie dient dem Erreichen gemeinsamer Ziele. Und dafür dürfen alle
Mittel recht sein, da bin ich ganz bei Machiavelli! Doch was in Unternehmen betrieben wird, ist nach innen und nicht nach außen gerichtete Politik. Selbstzerstörend und energieraubend wird dafür
gesorgt, dass die Performance schwindet. **Wenn schon ein Feindbild, dann doch bitte ein Wettbewerber!** Und nicht die Abteilung
nebenan (27), auch wenn es so unerträglich leicht und verlockend
scheint.

Selbst wenn es nur einige wenige Führungskräfte sind, die diese un-
selige Egopolitik betreiben: Niemand im Unternehmen bleibt von
diesen Unruheherden verschont! Sie ähneln den von Ben Simons
und Luis Parada 2012 entdeckten »Krebsmutterzellen«, die dafür
verantwortlich sind, dass ein ganzer Organismus metastasiert.
Einmal radikalisiert, infizieren sie unweigerlich und unaufhaltsam
»Nachbarzellen« – Managerkollegen, Mitarbeiter –, die in diesen
völlig unnützen Kampf um Positionen hineingezogen werden. Um
sich selbst zu behaupten, machen Sie bei dieser Art von Politik
vielleicht auch noch mit und werden damit zu einem Teil von etwas, das Sie zutiefst verachten.

Protokolle werden nicht mehr geschrieben, um Wichtiges festzuhalten, sondern für die spätere Beweisführung. Schließlich sorgen
diese Unruheherde dafür, dass die Organisation sich mehr mit sich
selbst beschäftigt, sich intern bekämpft und bekriegt, sodass mehr
und mehr Energie in interne Positionierungs- und Absicherungs-
bestrebungen gesteckt wird. Bis zu 40 Prozent der Arbeitszeit wird
nach meiner Beobachtung interner Politik gewidmet. Das aber

zehrt die für die Leistungsfähigkeit im Wettbewerb notwendige Unternehmenskraft unweigerlich auf. Und damit meine ich nicht ein gesundes Kräftemessen innerhalb eines Unternehmens – das kann durchaus zielführend sein, geht es zum Beispiel um die Produktivität einzelner Einheiten oder Kollegen im direkten Vergleich.

Aber einen fairen internen Wettbewerb haben egomanische Führungskräfte gar nicht im Sinn. Als Außenstehender rieche ich förmlich diese »Mutterzellen« in meinen Strategie- und Veränderungsprojekten. Es erstaunt mich immer wieder, wie sehr Organisationen sich bereits mit dieser Art von Führungskraft, die durch ihren Ehrgeiz nicht selten fachlich glänzt und fatalerweise für wertvoll und unersetzlich gehalten wird, assimiliert haben.

Sorgen Sie dafür, dass Sie Ihre eigene Energie auf den Kampf draußen und nicht den Kampf nach innen richten, und andere werden Ihrem Beispiel folgen. Im besten Falle halten Sie mit positiver Politik dagegen, schaffen Bündnisse, die dadurch geprägt sind, dass sie auf den wahren Einzelinteressen der Beteiligten fußen und in ihren Schnittmengen das Unternehmen voranbringen. So überlassen Sie die politische Bühne nicht den wenigen von Unsicherheit und Angst (9) getriebenen Kräften.

Ansonsten ignorieren Sie diese »Mutterzellen« und, wenn es Ihnen qua Machtposition möglich ist, reißen Sie sie heraus! Es gibt kein besseres Heilmittel!

66 Standhaftigkeit

An einem mangelt es in Unternehmen selten: Meinungen. Sei es zur neuen Unternehmensstrategie oder zum Farbton des Firmenlogos: Gerne äußern sich selbst entfernt Beteiligte ungefragt zu allem und jedem. Als Führungskraft können Sie darauf reagieren – aber Sie müssen es nicht. Denn was bringt Ihnen und dem Unternehmen die

Kakofonie aus Stimmen und Stimmungen, die Ihnen täglich in den Ohren klingt? Meistens gar nichts!

Es ist eine Situation, wie sie bei einem Workshop immer wieder vorkommt: Für den Kick-off zum neuen Projekt wurde eineinhalb Tage lang intensiv an den gewünschten Ergebnissen, Vorgehensweisen und Strukturen gearbeitet. Am Ende will der Gesamtprojektleiter ein Feedback, um zu erfahren, wie die Teilnehmer den Workshop fanden. Welch ein Fehler! Es gibt lobende Worte dazu, dass das Thema endlich gezielt angegangen wird, darauf folgt eine Ladung Bedenken: Einige Teilnehmer wissen nicht genau, wie das eigentlich alles geschultert werden soll neben dem, was man ja sowieso schon zu tun habe. Und dass sie mit den anderen Teams agil in kurzen Zyklen arbeiten sollen ohne detaillierte Planung, da fühlen sie sich noch sehr unsicher.

Bedenken! Unlust! Unsicherheit! In solchen Momenten neigen Sie als Verantwortlicher vielleicht dazu, vor lauter Betroffenheit Ihren Kurs zu überdenken. Ehrlich gesagt: Das halte ich für absoluten Unsinn. Denn wenn Sie dem Betriebsklima zu viel Bedeutung beimessen, gelangen Sie selten ans Ziel. Aber genau darum geht es: ein Projekt voranzubringen. Lust und ein Gefühl der Sicherheit bei der Zusammenarbeit sind lediglich hilfreiche Bedingungen (39), deren Eintreten uns freut. Aber, und das ist der entscheidende Unterschied, sie sind nicht das eigentliche Ziel des Vorhabens. Als Führungskraft muss Ihnen nicht beides gelingen: ein Projekt erfolgreich umsetzen, sodass es jedem Mitarbeiter Freude bereitet. Nein, das muss es nicht. Anders verhält es sich nur, wenn die Verbesserung weicher Faktoren wie Akzeptanz und Wertschätzung selbst im Fokus einer Entwicklungsmaßnahme steht.

Ich selbst verzichte schon lange darauf, mir das Feedback der am Prozess Beteiligten einzuholen. Einen Workshop mit der Aufforderung zu beenden: »Jetzt sagt mal jeder, wie er oder sie das so fand!«, das bringt niemanden einen Deut weiter. Das Ergebnis wird durch Meinungsäußerungen in großer Runde nicht besser, sondern im Zweifel nur schlechtgeredet.

Ihr Anspruch darf es nicht sein, es jedem und allem recht zu machen. Vor allem darf Ihre eigene Selbstsicherheit nicht davon abhängen, ob jeder Beteiligte in einem Prozess zufrieden, glücklich und mit allem einverstanden ist. Lassen Sie sich darauf ein, werden Sie fremdgesteuert. Wie oft passiert es, dass wir Rückmeldungen bekommen, die nichts anderes sind als das artikulierte Eigeninteresse einiger Personen, die versuchen, eine Entwicklung in ihrem Sinne zu manipulieren (43)? Und manchmal manipulieren wir uns auch noch selbst: Immer wenn wir nicht anders können, als unsere Ohren bereitwillig für das Feedback derjenigen zu öffnen, die uns so gerne nach dem Mund reden.

Grundsätzlich sollten Sie, ob persönlich oder unternehmerisch, das Rückgrat haben, nur dort Feedback anzunehmen, wo Sie es brauchen, und das auch nur von Personen, von denen Sie es schätzen! Ansonsten gehen Sie in einem Sumpf von Meinungen unter und treffen im schlimmsten Fall sogar schlechte Entscheidungen (20). **Hören Sie nicht auf alles, was Ihnen gesagt wird, bleiben Sie standhaft.**

 **Halt**

Krise, wachsende Zweifel, Mutlosigkeit: Wann kommt endlich der nächste große Auftrag, der das Unternehmen in den nächsten Monaten über Wasser hält? Der den eigenen Job und den der Mitarbeiter sichert? Auf Fragen wie diese haben Führungskräfte nicht immer eine Antwort. Wie auch? Wir wissen selbst nicht alles, bewegen uns in unsicherem Umfeld und sind dennoch gefordert, anderen eine Antwort zu geben. Eine Antwort, die Orientierung und damit Halt verspricht in einer schwierigen Phase.

Wie oft stehen Sie als Vorgesetzter vor der Frage: Wann und bei welchen Herausforderungen ist es notwendig, dass Sie anderen Halt geben oder vielleicht auch bewusst nicht? Schließlich lernt derjenige am schnellsten schwimmen, so ein Sprichwort, der ins kalte Wasser geworfen wird. Welche Argumente oder Verhaltensweisen sind »haltlos«, werden deshalb schnell entlarvt? Und welche »gehaltvoll«, weil sie Menschen nichts vorgaukeln, sondern etwas geben, was sie die Härten einer Situation annehmen lässt? Und wann verraten Sie sich selbst, weil Sie Antworten liefern, wo es keine geben kann?

Kommen Sie nicht auf die Idee, als Führungskraft eines krisengeschüttelten Unternehmensbereiches auf Zeit zu spielen, indem Sie vor der Belegschaft den baldigen Gewinn eines Kunden in Aussicht stellen, ohne selbst davon überzeugt zu sein. **Halt braucht Authentizität: den festen Glauben an die eigene Aussage – andernfalls wird das Gesagte schnell zur Farce, welche die Empfänger erst recht erschüttert.**

Um anderen Halt zu geben, braucht es mehr als nur gewiefte Erklärungen, vieldeutige Versprechen, aufmunterndes Schulterklopfen. Mehr als Wortakrobatik und gestenreiche Inszenierung. Halt wurzelt in einer reifen Haltung, in einer weisen Sicht auf die Welt und das Leben. In der Einsicht, dass es einerseits in den seltensten Fällen so schlimm wird wie angenommen, dass sich die Mehrzahl der persönlichen und unternehmerischen Krisen meistern lassen. Dass andererseits aber auch alles vergänglich ist: jedes Geschäftsmodell und jedes Unternehmen und natürlich auch Sie selbst. **Diese Relativität der Dinge vor Augen gibt enormen Halt, der sich nachhaltig auf andere überträgt.**

Diese unerschütterliche Haltung war auch dem britischen Polarforscher Ernest Shackleton zu eigen, der Anfang des 20. Jahrhunderts mehrere Expeditionen in die Antarktis leitete. Als vorbildhaft motivierende Führungspersönlichkeit hatte er selbst in scheinbar aussichtslosen Situationen immer noch klar das Ziel vor Augen. Shackleton plagten wie andere auch Gefühle des Ausgeliefertseins und der eigenen Begrenztheit. Er ließ sich davon jedoch nicht übermannen, behielt reflektiert die Kontrolle und führte konsequent auf das Ziel hin – und das, ohne auf seinen gefährlichen Expeditionen einen einzigen seiner Männer zu verlieren, das war ihm von größter Bedeutung. Was Shackleton auszeichnete, ist sein Verzicht auf mögliche Durchhalteparolen, wie wir sie im Management häufig erleben. Parolen, die kein Mensch hören möchte, die niemanden wirklich motivieren, die letztlich nur an der Oberfläche kratzen.

Präsentationen zum Beispiel: oft reine Schönfärberei und letzten Endes verlogen, durchaus aus dem ehrenhaften Motiv heraus, für Halt und Sicherheit sorgen zu wollen. Nur wird dadurch weder das eine noch das andere generiert, dafür aber jede Menge Zeit verschwendet. In der Regel weiß jeder Mitarbeiter, was die Stunde geschlagen hat, wie es um das Unternehmen oder den eigenen Bereich steht. Auch die Verbreitung von Angst (9) und Schrecken – »Es geht um Ihren Arbeitsplatz!« – steigert dann die Produktivität nicht mehr. Viel mehr erreichen Sie, wenn Sie den Stand der Dinge ehrlich konstatieren, um im besten Fall für Gelassenheit (30) oder gar Heiterkeit zu sorgen, mit der es wieder motiviert ans schwere Werk geht.

Nur wenn Sie begreifen, dass alles vergänglich ist, es sich zugleich aber lohnt, aus jeder noch so aussichtslosen Situation das Beste rauszuholen, wenn Sie also die Zusammenhänge des Lebens nüchtern feststellen, werden Sie sich zu einer konsequenten Führungskraft entwickeln. Zu einem Anführer, der selbst im Angesicht größter Herausforderungen Menschen bei der Stange hält und sie für ihr Unternehmen kämpfen lässt.

Loyalität: Wem wieso folgen?

68 Kameradschaft

Das Miteinander in deutschen Büros hat sich in den vergangenen Jahren auffällig verändert. Ein Wert wie Vertrauen gewinnt mit flacher werdenden Hierarchien an Bedeutung. Vom Klettergarten bis zum gemeinsamen Grillen nach Feierabend oder sonstigen After-Work-Events: Es wird einiges dafür getan, dass sich ein Klima entwickelt, in dem aus dem Kollegen vom Büro nebenan mehr wird als nur ein Kollege. Aber was genau soll aus dem Kollegen werden?

Im besten Fall so etwas wie ein Freund, so der Wunsch, den nicht nur viele Mitarbeiter, sondern auch HR-Experten hegen. Die idealistische Vorstellung dahinter: Eine Gemeinschaft von Freunden kooperiert besser, streitet weniger, setzt sich auch in harten Zeiten füreinander ein. Ein romantisches Bild. Aber macht Freundschaft den Arbeitsalltag wirklich angenehmer? Und werden Unternehmen und Führungskräfte dadurch tatsächlich erfolgreicher?

Als ich zu Beginn meiner unternehmerischen Karriere eine gute Freundin als Leiterin Finanzen einstellte, veränderte sich vor allem eines: Mir fiel es ihr gegenüber deutlich schwerer, meine Erwartungen (17) und Forderungen zu äußern, als gegenüber meinen anderen Mitarbeitern. Schließlich gibt es im Privaten nicht das Machtgefälle (41), das jede Beziehung von Chef und Mitarbeiter mal mehr, mal weniger prägt. Ein Stück weit verschwand durch meine falsche Rücksichtnahme die Klarheit (25) in meinem eigenen Verhalten, die erfolgreiches Management eben auszeichnet. In diesem Fall blieb das zum Glück ohne negative Folgen.

Was aber passiert, wenn echte Interessenkonflikte ausbrechen? Wenn es um die strategische Ausrichtung oder gar um die Existenz eines Unternehmens geht? Was genießt dann den Vorrang: die

Freundschaft oder die Interessen des Unternehmens? Eine Frage der Loyalität, der wir in Wirtschaft und Politik immer wieder begegnen – wenn es zum Skandal kommt, weil etwa bei der Vergabe von öffentlichen Aufträgen ein befreundeter Unternehmer bevorzugt wurde.

Berufliche Freundschaft? Ich gehe so weit zu sagen: Auch wenn Sie sich an Gesetze und Regeln halten, dürfen Sie in Unternehmen keine Freunde haben. Weil Sie im Zweifelsfall immer die Sache Ihrer Organisationen höher stellen müssen als Ihre eigenen Bedürfnisse oder die einer anderen Person. Heißt das aber, dass Kollegialität das höchste Maß an zwischenmenschlicher Verbundenheit ist, auf das wir bei der Arbeit setzen?

Um diese Frage zu beantworten, lohnt es sich, einen Blick auf die Bedeutung von Kameradschaft in der soldatischen Gemeinschaft zu werfen. Diese verpflichtet Soldaten in Paragraf 12 des Soldatengesetzes, die Würde (60), die Ehre (64) und die Rechte des Kameraden zu achten und ihm in Not und Gefahr beizustehen. Diese Pflicht schließt gegenseitige Anerkennung, Rücksicht und Achtung fremder Anschauungen ein.

Was aber bedeutet nun Kameradschaft für das Verhältnis von Kollegen, von Vorgesetzten und Mitarbeitern? Sicher keine blinde Gefolgschaft, die ohne ein gemeinsames Ziel auskommt oder allein auf Zuneigung baut. Bedeutet Kameradschaft doch, sich für ein gemeinsames Ziel zu engagieren, innerhalb dieses Rahmens füreinander einzustehen, und das selbst in konfliktbehafteten Beziehungen und bei emotionaler Distanz. **Sie müssen Ihre Kollegen eben nicht mögen, um mit ihnen hervorragend zusammenarbeiten zu können.** Zuverlässigkeit (38) und ein auf den beruflichen Bereich begrenztes Vertrauen (78) reichen dafür völlig aus. Vertrauen als ein Resultat aus Verbindlichkeit, Verlässlichkeit und folglich Berechenbarkeit (55).

In einer echten Kameradschaft wissen die Beteiligten, wofür sie stehen, was das Werteverständnis der Mitstreiter ausmacht und was sie gemeinsam erreichen wollen. Kameradschaft bedeutet, die anderen zu nehmen, wie sie sind, und sich für sie zu engagieren – wohlgemerkt unter dem Dach des gemeinsamen Zieles. Es ist also unkameradschaftlich, übereinander herzuziehen, andere zu be- und verurteilen. Es bringt nicht nur überhaupt nichts, es schafft auch Gräben, die nicht selten zu den typischen Kriegen (65) zwischen Abteilungen oder Ressorts eskalieren.

Das Praktizieren von Kameradschaft ist eines der erstrebenswertesten Merkmale konsequenten Managements. Wird sie gepaart mit der Fähigkeit zur Kritik (79) und damit einhergehend von Mut (76) und Offenheit (77), entwickelt sich das, wonach sich so viele Organisationen sehnen: eine High-Performance-Kultur.

Führungskräfte brauchen dafür keine Freunde, sondern die Zuverlässigkeit von Kameraden! Denn im Zweifel müssen Sie das Ziel der Organisation über Ihre Interessen und die der anderen stellen. Wenn beispielsweise im Rahmen einer Umstrukturierung der Kundenservice in ein Niedriglohnland verlagert werden soll und der Verantwortliche dieses Bereiches, der seinen Job verlieren soll, ein guter Freund ist: Was würden Sie tun? Wenn Sie bis jetzt meinten, es sei besonders anspruchsvoll, sich selbst für eine Sache zu opfern: Nein, es ist wesentlich anspruchsvoller, andere im Dienste einer Aufgabe zu opfern!

Im Rahmen von Kameradschaft gelingt es viel eher, das unternehmerisch Richtige zu tun, als bei einem freundschaftlichen Verhältnis. Sie würden mit dem Chef des Kundenservice offen sprechen und das Notwendige abstimmen. Denn echte Kameradschaft, und das ist entscheidend, stellt beiderseitig das unternehmerische Interesse nach vorne – auch gegenüber Ihren eigenen Interessen. **Folglich ist alles, was Sie konträr zum Unternehmensnutzen tun, unkameradschaftlich gegenüber der Organisation und Ihren Kollegen.**

Sie mögen vielleicht einwenden, dass unternehmerischer Erfolg auch unter den Vorzeichen der Freundschaft zu erreichen ist. Das ist unter einer Einschränkung durchaus richtig: wenn es sich um eine wahrhaftige Freundschaft handelt. Wenn Sie also Ihrem Gegenüber jederzeit alles zumuten können, jede Kritik, jede unternehmerische Konsequenz. In der Realität jedoch sind die allerwenigsten Freundschaften auf diese Weise dauerhaft belastbar, weshalb wir es vorziehen, sie im Ernstfall nicht auf dem Altar notwendiger unternehmerischer Entscheidungen zu opfern.

69 Stabilität

Wer nicht mit der Zeit geht, geht mit der Zeit, heißt es. Ich leite daraus die Grundhaltung ab, dass es einem Unternehmen stets darum gehen muss, dem Wandel ein Stück voraus zu sein. Ich betrachte es geradezu als einen Ausdruck von Loyalität gegenüber einem Unternehmen, wenn Verantwortliche eine Rastlosigkeit einfordern, die verhindert, dass Strukturen und Prozesse verkrusten, Sinnvolles von gestern zur sinnlosen Gewohnheit von heute wird.

Es sind die besonders erfolgreichen Führungskräfte, denen eine starke Antriebskraft zu eigen ist. Die den permanenten inneren Zwang verspüren, Dinge immer besser zu machen. Die der Wille (73) auszeichnet, im Spiel des Wettbewerbs immerzu der Beste zu sein. Und da es stets einen gibt, der versucht, noch besser zu sein, sind sie ständig damit beschäftigt, Abteilungen oder ganze Organisationen vor sich herzutreiben. Nicht selten leider so lange, bis sie den Bogen überspannen. Bis Mitarbeiter ausgebrannt sind, Teams nicht mehr Schritt halten können und Commitment und Engagement schwinden, weil alles Priorität (19) hat und damit nichts mehr eine Priorität ist. Und das nächste Change-Projekt, so gut es auch gemeint und durchdacht ist, sang- und klanglos scheitert. Nicht zuletzt deshalb, weil der innere Widerstand oder Resignation der weniger Rastlosen unter dem permanenten Veränderungsdruck unaufhaltsam zunimmt.

So verhalten sich die wenigen extrem ambitionierten Führungskräfte zwar loyal gegenüber dem Unternehmen, oft aber illoyal gegenüber Mitarbeitern und Kollegen, denen es in der Regel unabhängig vom Erfolg nach deutlich mehr Stabilität und Kontinuität verlangt – ein zutiefst menschliches Bedürfnis. Die meisten Menschen würden sich, vor die Wahl gestellt, ein Leben auf der Überholspur zu leben, weltweit im Einsatz zu sein und der eigenen Karriere zuliebe immer wieder Arbeitgeber und Wohnort zu wechseln oder aber die Vorteile eines festen Arbeitsplatzes und eines Häuschens im Grünen zu genießen, für Letzteres entscheiden. Was ist daran schon auszusetzen?

Und so verhält sich die Mehrheit der Vorgesetzten bewusst oder unbewusst loyal gegenüber den eigenen Mitarbeitern. Indem sie mehr verwalten als gestalten. Indem sie zögern, Mitarbeiter über Gebühr zu belasten, um durch solch eine Anspannung einen Kraftakt der Veränderung herbeizuführen. Und das nur, weil sie den Wert der Stabilität höher einschätzen als den Nutzen, der sich aus dem Neuen (6) ergibt. Unter solch einer passiven Führungskraft mag es für Mitarbeiter zeitweise recht angenehm und bequem sein, für das Unternehmen aber und damit für alle hat diese Geruhsamkeit über kurz oder lang verheerende Folgen.

Wem soll also Ihre Loyalität gelten – den nächsten Führungsebenen und Mitarbeitern und ihrer Sehnsucht nach Stabilität? Oder dem Unternehmen als Ganzes, das auf Dauer nur durch das Erreichen immer neuer, ambitionierter Ziele bestehen kann? Gefragt ist ein Spagat, bei dem es um eines nicht geht: den gesunden Mittelweg, auf dem wir bei angenehmem Tempo nicht zu viel und nicht zu wenig von den Mitarbeitern erwarten. Das bringt kein Unternehmen weiter, so richten wir uns nur im Mittelmaß ein.

Um ein neues Niveau zu erreichen, persönlich wie unternehmerisch, müssen Sie die Belastung immer weiter bis zu einer kaum mehr erträglichen Grenze schrauben. Das klappt nur unter zwei

Bedingungen: wenn echte Prioritäten gelten und wenn immer wieder in den Erholungsmodus umgeschaltet wird. Jeder Spitzensportler setzt sich im Training wie im Wettkampf höchsten Belastungen aus – um sich dann ebenso professionell die notwendige Ruhepause zu gönnen, während der die körperlichen wie geistigen Kräfte gesammelt werden, um aufs Neue die eigene Bestleistung anzugreifen.

Die Kunst ist es, im Zickzackkurs unterwegs zu sein: es einerseits nicht fortwährend zu übertreiben, andererseits auch nicht den Wert der Stabilität über die Notwendigkeit der Veränderung zu stellen. Gehen Sie Ihre Ziele also nicht verbissen, sondern mit einer gehörigen Portion sportlichem Ehrgeiz (2) an.

Fordern Sie von sich selbst und anderen vieles, aber nicht zu viel auf einmal. Denn in Sachen Aktivität wird manchmal eine hohe Drehzahl erreicht, ohne dass noch viel geleistet wird. Der Manager eines Maschinenbauers konfrontierte seine Organisation nahezu wöchentlich mit neuen Ansätzen und Möglichkeiten. Innovative Aspekte, gegen die es nicht viel zu sagen gab und die von der nächsten Ebene sogar für gut befunden wurden. Aber verbunden mit dem Anspruch, alles sofort voranzutreiben, führte dies über kurz oder lang dazu, dass eben nichts mehr wirklich voranging.

Wenn Sie immer noch mehr und noch schneller und am liebsten sofort etwas bewirken wollen, rufen Sie sich ins Gedächtnis, dass Stabilität und Kontinuität ebenfalls einen Wert besitzen und diese für die Leistungsfähigkeit der Mannschaft phasenweise eine notwendige Bedingung sind. Zur Ruhe kommen, Luft holen, das erfolgreich umgesetzte Projekt erst einmal verdauen, das eigene Tun reflektieren – das ist für jeden von uns genauso wichtig wie die nächste Kraftanstrengung. Häufig fehlt es am Bewusstsein dafür.

Achten Sie darauf, dass Ihre Organisation wie jeder natürliche Organismus Erholungs- und Stabilisierungsphasen benötigt. In

Unternehmen, die fortwährend alles auf den Kopf stellen, ihre Strukturen ebenso wie ihr Personal, entwickelt sich keine Identität und keine Loyalität. Beides benötigt bei aller Veränderungsbereitschaft auch ein gewisses Maß an Kontinuität. Und sei es die immer wiederkehrende Ruhe vor dem nächsten Sturm. Wissen Sie, was Ihnen und Ihrer Organisation das notwendige Maß an Stabilität und damit die nötige Kraft zur Veränderung verleiht?

70 Schulden

»Jetzt schuldest du mir aber etwas!«, sagt der Leiter eines Unternehmensbereiches zu seinem Kollegen, dessen kontrovers diskutiertes Konzept über den Umbau der Produktion er zuvor in der Geschäftsführerrunde vehement verteidigt hat. Der Kollege, froh und erleichtert über den gerade eingefahrenen Erfolg, nickt dankbar und im Wissen, dass er nun zwar einen neuen Verbündeten an seiner Seite hat, dessen Gunst es aber nicht umsonst gibt. Solche politischen Spielereien sind Alltag auf den Führungsebenen unserer Unternehmen. Aber sind sie deshalb gut und richtig?

Beziehungen sind wie Konten, hört man manchmal. Es wird ein Betrag eingezahlt, indem wir jemandem bei dessen Angelegenheit unterstützen. Die Unterstützung wird beim Helfenden als Aktiva verbucht, beim Unterstützten als Passiva. Gerät eine Seite zu sehr ins Minus, gilt die Beziehung als belastet und es wird bei Gelegenheit um Ausgleich gebeten in Form einer Gefälligkeit.

Ist solch ein Verhalten nicht unehrenhaft (64)? Es geht doch nicht darum, das zu tun, was gemäß der Bilanz einer Beziehung gefordert wird, sondern das, was Sie aufgrund Ihrer Werte für richtig und für unternehmerisch notwendig halten. Sollten Sie aber nichtsdestotrotz diese menschliche Schwäche, diese Eigenart, Beziehungen auf diese Art und Weise zu betrachten, ins eigene Kalkül einbeziehen?

Management dreht sich um das Erreichen von Zielen unter Einsatz auch menschlicher Ressourcen, die es zu steuern und zu führen gilt. Das ist relativ einfach, solange dies in der Hierarchie von oben nach unten geschieht. Deutlich schwieriger wird es, wenn wir andere Führungskräfte für unser Vorhaben gewinnen wollen. Sollten wir uns nicht ab und an darauf einlassen, dass eine Hand die andere wäscht? Sind wir nicht gerade auf der Kollegenebene gezwungen, auch mal schmutzige Deals einzugehen?

Stellen Sie sich vor, ein Konstruktionsleiter möchte eine neue Werkzeuggruppe fertigen lassen, mit der im nächsten Jahr ein neuer Markt erschlossen werden kann. Dafür benötigt er die Zusage aus der Fertigung. Nun ist es aber dummerweise so, dass der Leiter der Fertigung dem Verantwortlichen einer anderen Produktlinie etwas schuldig ist. Und dieser möchte »seine« Produkte eben wie geplant produziert sehen. Wie entscheidet sich der Fertigungsleiter? Es mag im Sinne des Unternehmens klug sein, die Produktion zugunsten der neuen Werkzeuggruppe anders auszurichten, die Schulden des Fertigungsleiters könnte dies aber verhindern. Eine richtige unternehmerische Entscheidung würde somit einer vermeintlichen Schuld zum Opfer fallen. Aber befindet sich der besagte Fertigungsleiter wirklich in einem Dilemma?

Nein, es gibt keinen Interessenskonflikt, wenn Sie unvoreingenommen abwägen, was unternehmerisch richtig oder gar notwendig ist, und dem, was Sie wegen eines Beziehungskontos zu tun meinen müssen. Denn das falsche Denken beginnt bereits damit, dass Sie an dieser Stelle von zwei Handlungsmöglichkeiten ausgehen. Aber es gibt keine Alternative, wenn Sie im Sinne des Unternehmens handeln wollen!

Sie verhalten sich nur dann klug und reif, wenn Sie solche Konten erst gar nicht eröffnen. Denn einmal eröffnet, sind sie nur schwer wieder kündbar. Und greift dieses Verhalten in Organisationen um sich, sorgt es kontinuierlich für schlechte unternehmerische Entscheidungen (20). Deshalb nehmen Sie Angebote, die es aus unreifem Verhalten anderer natürlich zuhauf gibt, besser niemals an. So verführerisch diese auch klingen mögen.

Ein Lied davon singen, wenn es nicht so gefährlich wäre, können Opfer der Mafia, etwa Restaurantbetreiber: Einmal auf die Hilfe eines undurchsichtigen Geschäftsmannes eingelassen, vielleicht einen kleinen privaten Kredit oder Türsteherdienste in Anspruch genommen, und schon hängt man für den Rest seines Lebens im Sumpf, sprich in der Schuld des anderen. Schulden aller Art sind das Lebenselixier mafioser Strukturen, weshalb Kriminelle übrigens immer darauf achten, dass eine Schuld niemals ganz getilgt wird.

Nehmen Sie also in einer schwierigen Situation die Hilfe eines anderen an und sehen sich dadurch in seiner Schuld, sollten Sie Haltung bewahren. Sie kündigen sämtliche bewusst oder unbewusst eingegangene Beziehungskonten – auch wenn Ihr Vorhaben dadurch erst einmal einen Rückschlag erfährt. Nur so erziehen (74) Sie Ihr Umfeld dazu, es Ihnen gleichzutun. Für die Organisation ist das ein notwendiger Prozess der Selbstreinigung. Sonst tragen Sie zum Entstehen eines Systems bei, das nicht mehr dem unternehmerischen Zweck, sondern lediglich den Interessen Einzelner dient. Ein korruptes System!

Halten wir fest: **Niemand schuldet irgendwem irgendetwas!** Es geht nie darum, eine Schuld abzutragen, die es gar nicht geben kann, sondern immer darum, sich so zu verhalten, dass Sie entsprechend Ihrer eigenen Werte einen Beitrag leisten. Nicht mehr, aber auch nicht weniger.

⓴ Solidarität

Wieso engagieren sich Menschen füreinander oder für eine Sache? Stellen Sie sich ein Unternehmen als eine Art Solidargemeinschaft vor, in der Sie aus Überzeugung Werte teilen – eine Gemeinschaft, die Ihnen wichtig ist, weil diese Ihnen Stabilität, Orientierung, auch die notwendige Monotonie liefert: Sie wissen, wie die Kollegen sich verhalten, wenn Sie morgens ins Büro kommen, wie die Frühstückspause abläuft, worüber geplaudert wird. Bis dahin, dass der eigene Bereich, das ganze Unternehmen mit seinen Ritualen Ihnen und Ihren Kollegen und Mitarbeitern eine so hohe Identifikation und Sicherheit liefert, dass sich alle dafür selbst im Angesicht eigener Nachteile starkmachen.

Dann sind Sie etwa dazu bereit, die kostspielige Fertigung in Deutschland zu lassen, weil die Zusammenarbeit und das Miteinander mit dem Fertigungsleiter derart etabliert, schön und routiniert ist, dass Sie und Ihre Kollegen solidarisch selbst im Angesicht jeglicher Widrigkeiten zusammenhalten. Oder wie in Frankreich der Staatsbankrott stets umschifft und solidarisch an der 35-Stunden-Woche festgehalten wird, sodass im Kollektiv dem Untergang entgegengesegelt wird.

Solidarität ist Ausdruck einer aufrichtigen Verbundenheit unter Gleichgesinnten, die Ziele, Werte und Sinn (1) teilen. Solidargemeinschaften basieren auf der Überzeugung, gemeinschaftlich für etwas einzutreten. Doch ist eine solche Solidarität, über die sonst eher im politisch-gesellschaftlichen Kontext gesprochen wird, unternehmerisch überhaupt möglich oder sinnvoll?

Zuallererst: Ich halte es für einen großen Fehler von Führungskräften, sich mit ihren Mitarbeitern gemein zu tun. **Wenn Sie etwa zu treffende Entscheidungen vergemeinschaften, ist das nichts anderes als Führungsschwäche:** Sie nehmen die unangenehme Last von Ihren Schultern und verteilen diese auf das gesamte Team.

Aber auch die ernst gemeinte Proklamation einer gemeinsamen Gesinnung durch die Führung ist letztlich zum Scheitern verurteilt. Stellen Sie sich vor, Sie rufen in besseren Zeiten die Solidarität innerhalb der Firmenmauern aus, kommen aber ein halbes Jahr später aufgrund eines deutlichen Umsatzeinbruchs nicht umhin, Mitarbeiter zu entlassen. Sie wird nun erst recht ein noch kräftigerer Gegenwind treffen, als in dieser Situation ohnehin zu erwarten ist.

Nein, vergessen Sie es, Solidargemeinschaften durch Vorgaben von oben zu bilden. Allein schon deshalb, weil es dafür die freie persönliche Entscheidung braucht! Als Chef können Sie eine solche Entwicklung höchstens stimulieren, aber niemals anordnen. Aber, und das ist entscheidend, Sie werden niemals Teil dieser Gemeinschaft sein.

Natürlich können Sie behaupten, Führungskräfte und Mitarbeiter säßen im selben Boot. Das stimmt ja auch – aber einer ist eben Kapitän, hält das Steuer in seinen Händen und sagt, wohin die Reise geht. Da können Sie als Kapitän noch so oft Ihrer Mannschaft im Maschinenraum einen Besuch abstatten und sich dem warmen Gefühl der Zusammengehörigkeit hingeben: Der hierarchische Unterschied bleibt bestehen, und das ist auch gut so. Sie werden eben immer wieder auch Entscheidungen fällen müssen, die Ihre Mitarbeiter als Affront gegen die angebliche Gemeinschaft betrachten. Allein schon deshalb, weil Ihnen als Führungskraft notwendige harte unternehmerische Veränderungen wichtiger sein müssen als die von Mitarbeitern in der Regel favorisierte angenehme Kontinuität.

Ganz anders verhält es sich dagegen auf derselben Hierarchieebene. Wenn Sie die Frage, was Sie gemeinsam erreichen wollen, mit Ihren Managerkollegen übereinstimmend beantworten, legen Sie den Produktivitätshebel schlechthin um. Dafür müssen Ihre Kollegen nicht einfach nur einer Idee oder einem Vorhaben zustimmen, sondern sich damit identifizieren. Die Gruppe muss sich aus freien

Stücken solidarisch erklären. Durch ein »Management by commitment« und nicht »by compliance«. Die besondere Herausforderung dabei: Solidarität geht im Zweifelsfall auch zulasten der Interessen Einzelner. Wie gehen Sie damit um, wenn Ihre Kollegen gegen Ihre Interessen entscheiden? Wenn etwa Budget aus Ihrem in einen anderen Bereich verschoben wird, weil das eben für das Unternehmen besser ist?

Kommt es tatsächlich zu unternehmerisch sinnvollen Ergebnissen, die Ihren persönlichen Interessen nicht zuträglich sind, so haben Sie das auszuhalten und die Entscheidung solidarisch mitzutragen – im Sinne des gemeinsamen unternehmerischen Ziels. Damit verhalten Sie sich gemäß dem Verständnis von Solidarität reif und nicht kleingeistig. **Denn eine Solidargemeinschaft funktioniert nur so gut, wie Sie als Einzelner Ihre Interessen, Ihren Neid und andere negative Emotionen (10) überwinden.**

Zusammenarbeit: Weiches hart managen

72 **Kultur**

Am Anfang jedes ambitionierten Cultural-Change-Programms steht die Unzufriedenheit. Da ist das Gefühl, ständig hinterherzuhinken, die Dinge nicht umgesetzt zu bekommen, die man sich vornimmt. Aber auch das Gespür, dass sich etwas verändern muss, dass es so nicht weitergehen kann. Wenn etwa ein Versandhändler merkt, dass er auf keine pfiffigen Geschäftsmodelle im E-Commerce-Zeitalter kommt, dass es dafür zu hierarchisch zugeht, dass dafür die richtigen Leute fehlen – dass also die Ursache für den Verlust an Marktanteilen an der Art und Weise liegt, wie man miteinander umgeht. Oder wenn wir als Führungskräfte erleben, wie gute Ideen und engagierte Mitarbeiter in den Mühlen der von uns selber mit aufgebauten Bürokratie und Technokratie ersticken und schließlich das Unternehmen verlassen.

So unterschiedlich die Gründe der Unzufriedenheit sein mögen: Als Verantwortliche fühlen wir uns regelrecht gedrängt, die Unternehmenskultur neu zu justieren, wenn etwa deutlich wird, dass sich die Zusammenarbeit zwischen der IT und den anderen Fachbereichen verändern muss, um die Markteinführung neuer Produkte deutlich zu beschleunigen. Oder dass es eine ausgeprägtere Streitkultur zwischen allen Unternehmensbereichen braucht, um mehr Innovationen zu generieren.

Diese permanenten Baustellen im Miteinander sind die Ursache für den ganzen Zirkus, der rund um das Thema Kultur betrieben wird. Doch oft erwächst daraus ganz schnell, nicht selten mit gut gemeinter Unterstützung von Menschen, die für die tatsächliche Wertschöpfung wenig Verständnis haben, ein Projekt, das viel Managementkapazität bindet und nahezu keine unternehmerischen Effekte bringt. Auch deshalb, weil eine grundlegende Frage selten beantwortet wird: Was verstehen wir überhaupt unter Kultur? Und welche Rolle spielen dabei Werte (54)?

Ein Wert entscheidet über Alternativen. So ist es eine Ausprägung des Wertes Wertschätzung, wenn es in der Abteilung üblich ist, andere ausreden zu lassen. Dieser Wert wird geteilt, und entsprechend verhalten sich alle Mitarbeiter dieser Abteilung. In einer anderen Abteilung des Unternehmens wird dieser Wert vielleicht nicht in dieser Form interpretiert. Ist man unzufrieden mit der Leistung eines anderen, fällt man sich dort zügig ins Wort, um eine Idee zu ergänzen oder zu kritisieren, um letztlich schneller zu einer besseren Lösung zu kommen. Ist das eine Verhalten jetzt besser oder schlechter als das andere? Das zu beurteilen, wäre schlicht arrogant. Wer das Verhalten anderer bewertet, stellt sich über diese. Allerdings ist eine Diskussion darüber möglich oder sogar notwendig, was für die Organisation nützlich ist. Sich direkt kritisieren oder sich ausreden lassen – welche Verhaltensweise führt eher zu mehr Geschwindigkeit (28), Produktivität oder auch Innovationskraft?

Die gegenseitig akzeptierte Verhaltensweise, bei der wir Menschen stets eine Wahl treffen, ob wir nun, wie in diesem Beispiel, zunächst einmal zuhören oder unterbrechen, entspricht einem gelebten Wert. Alle unsere Verhaltensweisen sind auch das Ergebnis unseres Wertesystems, ob im Kleinen oder im Großen. Ob wir anderen in öffentlichen Verkehrsmitteln einen Sitzplatz anbieten, für einen guten Zweck spenden oder unser Geld lieber für uns behalten. Die Summe der Werte, die in einem Unternehmen geteilt und gelebt wird, ist somit nichts anderes als Kultur. Oder besser: Subkultur. **Denn in der Regel gibt es für ein Unternehmen keine Kultur in Summe.**

Es wäre dramatisch für die Wettbewerbsstärke des Unternehmens, wenn beispielsweise das Controlling genau dasselbe Wertesystem und damit genau dieselbe Kultur aufweisen würde wie der Vertrieb.

Alleine aufgrund der Tätigkeit und der Art des Miteinanders müssen die Kulturen in den beiden Bereichen unterschiedlich sein. Im Controlling spielen Qualität und Genauigkeit die erste Wertegeige, und im Vertrieb sind es Kundenorientierung und Mut (76). Wie dem auch sei, die beiden Kulturen werden auf keinen Fall identisch sein. Wie also kommt man auf die absurde Idee, einem Unternehmen eine einheitliche Kultur überstülpen zu wollen?

Die immer wieder unternommenen Versuche, eine Unternehmenskultur zu etablieren, entspringen meist dem hehren Wunsch, ein anderes Miteinander in einzelnen Bereichen oder an bestimmten Schnittstellen herbeizuführen. HR-Experten, externe Berater jeder Couleur, produzieren dann im Laufe monatelanger Prozesse viel Papier. Umfangreiche Leitlinien und Wertesammlungen, in denen davon gesprochen wird, wie wichtig einem Qualität, Innovationskraft, Loyalität, Kundenorientierung, Verbindlichkeit, Wertschätzung und noch viele weitere Werte seien und wie sehr man diese doch gemeinsam lebe.

Zuletzt hatte ich bei einem Industrieunternehmen ein solches Dokument vor mir, das Ergebnis mehrerer mühevoller Workshops und Sitzungen der obersten Führungsebenen. Es enthielt neunzehn Wertebegriffe – ein pompöses Potpourri aus allem, was irgendwem irgendwie wichtig erschien. Nicht selten das Ergebnis gut gemeinter Initiativen, die jedoch schnell dazu ausarten, dass sämtliche vorgebrachten Sichtweisen aufgenommen werden. Als wäre Kultur etwas, das einem Selbstzweck diente – auf dass jeder in einem Leitbild das wiederfindet, was ihm wichtig erscheint.

Kultur ist im Status quo häufig ein Zufallsprodukt. Entstanden durch die Sozialisierungen jedes einzelnen Managers und Mitarbeiters, durch die Werte, die jeder von ihnen mitbringt, und das, was sich als gemeinsamer Nenner in Form eines geteilten Werteverständnisses über die Zeit herausgebildet hat. Aber soll die zukünftige Kultur einfach nur das widerspiegeln, was die meisten gut und richtig finden? Allein deshalb, weil es eben mit ihrem Wertverständnis übereinstimmt?

Oder müssen die Werte eines Unternehmens nicht das Ergebnis eines gezielten Überlegungsprozesses sein? Eine Antwort auf die Frage: **Welche Werte müssen wir wie leben, damit wir morgen im Wettbewerb erfolgreich bestehen können?** Um dann damit anzufangen, uns im täglichen Handeln davon leiten zu lassen? Wird die Auswahl der Werte ernsthaft betrieben, dann habe ich noch keinen erfolgreichen Veränderungsprozess begleiten dürfen, bei dem sich auf mehr als drei Werte fokussiert wurde. Oder können Sie sich vorstellen, dass Sie im täglichen Miteinander Ihr eigenes Handeln in Bezug auf mehr als drei Vorgaben bewusst steuern? Dass Sie im Gespräch mit Mitarbeitern darauf achten, ob Sie sich selbst zugleich wertschätzend, vertrauensvoll, fordernd, ergebnisorientiert, kundenorientiert und mitfühlend verhalten?

Werte versehen Ihre Handlungen mit einer klaren Haltung. Eine Haltung, die Sie etwa dazu bringt, sich auch in schwierigen Momenten wertschätzend zu verhalten und anderen aufmerksam zuzuhören, statt aus der Haut zu fahren. Wenn aber die wenigen Werte, die Sie bewusst leben, nichts anderes sind als Verhaltensweisen, geht es weniger um einen Wandel der Kultur als vielmehr darum, erst einmal die eigene Reife voranzutreiben.

Wenn Sie also als Führungskraft die Verzweiflung treibt, sollten Sie sich besser zweimal überlegen, ob Sie kurzerhand ein Cultural-Change-Programm aus der Taufe heben. Fangen Sie besser damit an, Ihre drei wichtigsten Werte zu reflektieren. Hierbei ist der Nutzen für Sie selbst und Ihr Umfeld wenigstens vorprogrammiert. Denn Ihre Mitarbeiter richten sich am ehesten an dem aus, was ihnen vorgelebt wird. Ob in Ihrer Organisation ein wertschätzendes Miteinander herrscht, hängt letztlich davon ab, wie Sie selbst sich verhalten.

73 Wille

Es ist Sonntag, ich sitze im Sessel, starre aus dem Fenster und bin von mir selber enttäuscht! Ich hatte ein echtes Performance-Tief endlich überwunden – und jetzt dieselbe Situation wie zuvor! Aber der Reihe nach: Seit Wochen war ich unruhig und genervt, und allmählich schlug dieser Zustand auch auf mein Gemüt und meine Leistungsfähigkeit durch. Ich fühlte mich meiner Energie beraubt und hatte nicht wirklich eine Ahnung, was die Gründe dafür waren. Ein paar Expertenrunden später war Etliches ausgeschlossen und ein Thema eingekreist: Ernährung. Es galt, Histaminhaltiges zu meiden, insbesondere alten Käse, Rotwein und Schokolade.

Also blieben abends gereifter Rioja und Bordeaux verschlossen, und unser Käsehändler bekam mich nicht mehr zu Gesicht. Der Effekt: Nach gut drei Wochen schlief ich wieder tief, fühlte mich besser und hatte die für mich gewohnte Lebens- und Arbeitsenergie zurück. In diesem Zustand des Wohlgefühls war es vielleicht kein Wunder, dass eines gemütlichen Abends gemeinsam mit meiner Frau ein wunderbarer Rioja mit ein wenig Käse und Antipasti unseren geselligen Abend kürten. Nachdem sich das nicht negativ bemerkbar machte, nahm mit auflebender Dolce Vita meine Schlafqualität entsprechend ab, und meine Stimmung wurde gereizt und depressiv. Wieso hatte ich von einem funktionierenden Erfolgsrezept abgelassen? Es war doch mein Wunsch, mich wieder fit und wohlzufühlen, und ich hatte es auch geschafft! Doch jetzt sitze ich hier, bin genervt und auch noch enttäuscht von mir selber.

Szenenwechsel: Die Mitarbeiterbefragung in einem deutschen Chemieunternehmen zeigt deutliche Unzufriedenheit mit dem Management. Eine Begeisterung für die eigenen Produkte ist ebenso wenig vorhanden wie eine akzeptable Neigung der Mitarbeiter, ihren Arbeitgeber weiterzuempfehlen. Grund genug für das Management, an den Führungswerten zu arbeiten. Parallel dazu setzen sich zwanzig Change-Agents mit den neuen Werten und deren

Konsequenz für den Führungsalltag auseinander. Bald ist klar: Es braucht mehr Wertschätzung gegenüber den Mitarbeitern. Und Kritik (79) soll nicht nur akzeptiert, sondern von den Führungskräften aktiv eingefordert werden.

Wenige Wochen nach den ersten Maßnahmen zeigt eine Befragung eine positive Entwicklung! Zwei weitere Monate später ist die Enttäuschung groß: ein Rückfall auf das Ausgangsniveau. In der Folge werden zusätzliche Maßnahmen ergriffen. Statt die Situation jedoch wieder in den Griff zu bekommen, verschlechtern sich nicht nur die Werte unter das Ausgangsniveau, in der Belegschaft werden die Veränderungsmaßnahmen inzwischen als Farce empfunden.

Was war geschehen? Auch hier gab es einen aufrichtigen Wunsch: den Wunsch des Managements, einen Zustand zu ändern, der nicht mehr akzeptabel war. Wie bei meinem privaten Thema: Wir erkennen etwas – nicht vage, nicht vermutend. Nein, hieb- und stichfest. Wir ergreifen entsprechende Maßnahmen und wollen den Zustand, der uns nicht passt, ändern. Und dann? Nach anfänglicher Motivation und ersten Erfolgserlebnissen fallen wir in alte Muster zurück, und es ändert sich nichts. Oder die Situationen verschlimmern sich wie bei dem Chemieunternehmen sogar. Der missliche Zustand, den wir eigentlich ändern wollten, verhärtet sich noch, indem wir mit gescheiterten Versuchen das System in seiner Stabilität (69) bestätigen.

Woran liegt das? An mangelnder Erkenntnis? Es existiert ein Wunsch, eine Sehnsucht nach einem besseren Zustand. Meine Sehnsucht nach gewohnter Stärke und der Wunsch der Chemiemanager nach einer stärkeren Identifikation der Mitarbeiter mit dem Unternehmen. Sind der Wunsch, das Verlangen nicht stark genug gewesen?

Oft bleiben unsere Vorstellungen zu diffus. Wir spüren zwar, dass es am Istzustand etwa zu ändern gilt. Aber wenn Sie sich beispielsweise einfach nur wünschen, sich gesünder zu ernähren, reicht das wirklich aus, um ein eingespieltes Verhalten zu verändern? Wir schaffen das nicht ohne eine möglichst konkrete Vorstellung vom Sollzustand (5). Wie wird sich ein Abend ohne Wein und Käse anfühlen? Was werde ich stattdessen tun, um mich wohlzufühlen? Darüber hatte ich mir ehrlich gesagt keine Gedanken gemacht.

So ergeht es vielen von uns: Wir setzen uns nicht mit dem Zustand auseinander, den wir erreichen möchten. Wie wird die Zusammenarbeit im Unternehmen sein, wenn wir wertschätzender und offener miteinander umgehen? Was heißt das für das alltägliche Verhalten des Geschäftsführers, des Bereichsleiters, des Mitarbeiters? Und was ist die Kehrseite? Welchen Preis gilt es dafür zu zahlen? Das blenden wir aus Bequemlichkeit häufig aus. Aber nichts auf der Welt, das sich zu haben lohnt, fällt einem in den Schoß – sonst wäre es nämlich schon da.

Zu oft ähneln unsere Wünsche Luftblasen, die zerplatzen, sobald sie mit der Realität (15) in Berührung kommen. Wenn Sie sich nicht die Mühe machen, Ihre Motive zu klären, den Zielzustand genau zu durchdenken und mit den eigenen Kollegen zu diskutieren und damit das Delta zwischen Ist und Soll greifbar machen, bleiben Sie in einer diffusen Wolke von Wünschen hängen, aus der Sie eines niemals ziehen werden: die Willenskraft, ein Ziel auch gegen Widerstände zu erreichen.

Sowohl bei meiner Ernährungsumstellung als auch bei der Kulturänderung in dem Chemieunternehmen wurde das zentrale Element, das die Brücke vom Wunsch in die Realität schlägt, außer Acht gelassen: der Preis! Nur wenn Sie den Preis kennen, können Sie eine echte Kosten-Nutzen-Abwägung vornehmen. Sonst bleibt es ein Wunsch, eine Sehnsucht. Nur Vorhaben, die diese Abwägung bestanden haben, kommen in den Genuss eines unserer wertvollsten Güter: echter persönlicher Willenskraft. Meine Ernährungsumstellung hatte keine Chance auf Erfolg. Ich war und werde nie bereit sein, auf guten Rotwein, Käse und Schokolade zu verzichten. Ich war und bin nicht bereit, den Preis zu zahlen.

Ähnlich im Chemieunternehmen. Der aufrichtige Wunsch, die Zusammenarbeit kollegialer und werteorientierter zu gestalten, brachte zwar zunächst eine Initiative zutage, die auch Effekte zeigte: Die Bewertungen wurden kurzfristig besser! Dennoch verhielten sich die Führungskräfte auf Dauer nicht so, wie sie sich das vorgenommen hatten. Insbesondere wenn es stressig wurde, und das war es nahezu täglich. Irgendetwas in der Lieferkette klappte nicht wie geplant oder Kunden steuerten kurzfristige Auftragsänderungen ein, was in einer internationalen Supply-Chain immer zu Chaos führt. Die Folge: Der Druck wurde reflexartig an die Mitarbeiter weitergegeben, und im Eifer des Gefechtes wurde wie gehabt ein Schuldiger an den Pranger gestellt. Folgerichtig wurden die Bewertungen schlechter. Es zeigte sich: Das Durchhaltevermögen (22) war nicht da. Der Preis für ihr Vorhaben war den Chemiemanagern nicht klar und der Nutzen auch nicht, sodass es nicht den Hauch einer Chance gab, dass aus Wunsch echter Wille werden würde.

Es galt zunächst das Wozu zu klären. Wozu soll die Kultur geändert werden? Nach den ersten oberflächlichen Antworten, die sich darum rankten, dass die Mitarbeiter sich wohler und dem Unternehmen stärker verbunden fühlen sollten, kamen wir an unternehmerisch relevante Größen. Es wurden echte Produktivitätspotenziale und geringere Fehlerraten vermutet. Dann die Kehrseite der Medaille: Was ist notwendig dafür, was ist der Preis? Eine detaillierte Maßnahmenanalyse brachte dabei nicht nur zutage, dass diverse Foren und regelmäßige Plattformen für die Mitarbeiter geschaffen werden müssten und dass die Führungskräfte nicht nur Zeit in Gespräche zu investieren hätten, sondern auch an ihrer Persönlichkeit, an ihrem Charakter arbeiten müssten. Ein ziemlicher Aufwand!

Erst jetzt gab es eine wirkliche Basis, auf der eine Entscheidung getroffen werden konnte. Wollte man die 15 Prozent Produktivität und war man bereit den, Preis dafür zu zahlen? Lohnte sich das? Sie entschieden sich dafür. Ob es dem Chemieunternehmen gelingen wird, weiß ich nicht. Das wird die Zeit zeigen, aber eines ist sicher: Die Initiative hat nun eine reelle Chance. **Denn zwischen Wunsch und Wille klebt das Wozu!**

Was mich angeht, so habe ich mich nach der Abwägung von Nutzen und Preis für Rotwein, Käse und Schokolade entschieden. Aber zumindest an drei Tagen die Woche übe ich abends Abstinenz. Der Preis ist für den Nutzen in meinen Augen angemessen, und so ist auch der Wille da, es genau so zu tun!

Ob unternehmerisch oder privat: Wenn Sie etwas ändern wollen, und sei das Thema noch »so weich«, klären Sie Nutzen und Preis vorher ab, sonst werden Sie und Ihr Umfeld niemals den notwendigen echten Willen entwickeln, die Sache durchzuziehen.

74 Erziehung

Glauben Sie, man kann Menschen verändern, indem man ihnen erklärt, warum es besser ist, sich auf eine bestimmte Art zu verhalten? Ob bei unseren Partnern, Kindern, Freunden oder Kollegen: Diese Versuche haben noch nie dauerhaft gefruchtet. Und dennoch versuchen wir es immer wieder, gerade in Unternehmen.

Da will das Management eines großen Wirtschaftsprüfers nach etlichen Workshops die neuen Werte und Leitlinien an die Mitarbeiterschaft vermitteln. Im Mittelpunkt des Prozesses, eines sogenannten Rollouts, steht dabei ein großes Event, bei dem stolz und mit viel Brimborium die Ergebnisse präsentiert werden. Begeisterung erwünscht! Schließlich hat sich das Topmanagement in den Monaten zuvor ziemlich ins Zeug gelegt, um herauszufinden, dass Dinge wie Wertschätzung und Vertrauen für das Miteinander im Unternehmen essenziell sind. Was genau unter Wertschätzung verstanden wird, darüber mag es zwar unterschiedliche Meinungen geben, aber immerhin hat man auch die Ergebnisse einer Umfrage unter Mitarbeitern zu diesem Thema berücksichtigt – was der Vorstandschef nicht unerwähnt lässt. Schließlich sei man ja eine starke Gemeinschaft. Er hat zwar in dem Projekt nicht mitgearbeitet, aber eine dazu passende Rede vor sich liegen, gefeilt von seiner HR-Leiterin und seinem PR-Sprecher.

Und weil nicht alle Mitarbeiter vor Ort sein können, wird das Event per Liveschaltung an alle Standorte übertragen. Vorab wurden von einer PR-Agentur aufwendige Broschüren angefertigt, in denen ebenso wie auf den ab jetzt in allen Meetingräumen hängenden Postern die Vielfalt an Werten des menschlichen Miteinanders wort- und bildreich dargestellt werden. Alle Mitarbeiter sollen schließlich eindrücklich erfahren und verstehen, wofür das Unternehmen steht und welches Verhalten man ab jetzt von ihnen erwartet.

Halten Sie mich ruhig für einen Pessimisten. Aber Unternehmen sollten diesen ganzen Quatsch einfach lassen! Bei einem großen Autobauer, der gerade dabei war, das Miteinander im internationalen Vertrieb zu verändern, fragte man mich, wann denn die Mitarbeiter darüber auf welche Art informiert werden würden. Meine schlichte Antwort dazu: »Gar nicht!« Das könne nicht sein, man müsse die Leute doch informieren, schallte es mir entgegen. Das würde sich so gehören und die Mitarbeiter müssten im Bilde sein.

Nun, ich halte es schlicht für einen Mythos, dass man Menschen etwa erklären kann, dass sie ab morgen offener miteinander umgehen oder mutiger ihre Kritik (79) äußern sollen, weil dies notwendig ist, um gemeinsam auf gute Ideen zu kommen. Oder dass Zuverlässigkeit (38) entscheidend ist, will man Vertrauen aufbauen, und so weiter und so fort. Nein, alle Theorie ist grau! Menschen interessieren sich nicht für das, was sie hören, lesen oder sehen, sondern nur für das, was sie selbst erleben. Konsequenterweise ist es vertane Liebesmüh, über solche Dinge zu reden oder gar andere dazu aufzufordern, sich zu verändern. Wollen Sie, dass sich in Ihrem Bereich eine andere Kultur (72), ein anderes Verhalten als bisher etabliert, gibt es nur eine Stelle, an der Sie ansetzen können: bei sich selbst und bei Ihren direkten Kollegen.

Bei einem Versicherungsunternehmen hatte man nach dem Rollout noch zwei Jahre lang jeden möglichen Zirkus inszeniert, um die Mitarbeiter in die gewünschte Richtung zu bewegen. In Teambuilding-Events abseits des Alltagsstresses diskutierte man in netten Tagungshotels die Notwendigkeiten und machte durch diverse Metaphern und Spiele »erlebbar«, was Vertrauen (78) bedeutet. Und dennoch herrschte das diffuse Gefühl vor, dass sich nach all den Anstrengungen rein gar nichts änderte. Im Gegenteil, das Management machte sich mit seinen Bemühungen zunehmend lächerlich. Die Plakate mit den wohlfeilen Botschaften, welche die Wände der Flure und Konferenzräume zierten, hatten findige Mitarbeiter längst mit der einen oder anderen gehässigen Zeile konterkariert. Nicht der Wille (73) zur Veränderung wuchs, sondern der Widerstand gegen all das aufgeblasene Wortgeblubber. Ich riet dem Management, alle Vorhaben sofort zu stoppen.

Stattdessen ging die vierköpfige Geschäftsführung in Klausur, pickte sich dort wenige grundlegende Werte wie Kundenorientierung, Offenheit und Mut heraus, um herauszufinden, was man darunter konkret verstehen will. Welches Verhalten erwünscht, welches Verhalten abgestellt werden soll. Wir gingen einzelne Situationen und Alltagsphänomene immer wieder durch. Vor allem aber fingen die Geschäftsführer an, ihr eigenes Verhalten entsprechend den definierten Werten zu spiegeln und konsequent umzustellen. Wer fortan bei einer Geschäftsführungsrunde nicht mutig Kritik äußerte, musste sich umgehend der Kritik der anderen stellen. Wer nicht kritisiert, ist illoyal – das war ab jetzt das Motto. Die Geschäftsführer erzogen sich also selbst um.

Eine andere Wahl haben wir auch nicht: **Bevor wir andere erziehen, tun wir gut daran, uns erst einmal selbst zu erziehen.** Eine
äußerst anstrengende Arbeit! Haben Sie schon einmal versucht,
sich selbst Unpünktlichkeit oder die fehlende Bereitschaft, in großer Runde das Wort zu ergreifen, ab- beziehungsweise anzutrainie-
ren? Falls ja, wissen Sie, wovon ich spreche. Dafür braucht es zuerst
Klarheit über den Zustand, den Sie herbeiführen möchten. Und
dann braucht es den Mut und vor allem echten Willen, das tatsächlich zu tun, und das immer wieder. Sie leben es selbst vor, um zu
zeigen, dass es geht. Denn das Einzige, was Menschen dazu bewegt,
sich anders zu verhalten, sind Vorbilder, die sich selbst verändern.
Und als Führungskraft sind Sie ein Vorbild! Erst kommt die Nach-
ahmung, später die Sozialisierung im breiteren Stil. Die einzige
Methode, die einen nachhaltigen Wandel im Miteinander bewirkt.

Viele Eltern wissen, wie kontraproduktiv es ist, seinen Kindern zu
erklären, dass man sich gesund ernähren muss, und wie das Ganze
zur lächerlichen Pose wird, wenn wir uns bei einer fettigen Pizza
oder der Stresspackung Gummibärchen erwischen lassen. Als Va-
ter muss ich, vor den Augen meines Kindes, einer Frau im Bus beistehen, die gerade belästigt wird. Tue ich es nicht, wird mein Kind
womöglich einem Mitschüler nicht beistehen, der von anderen ge-
mobbt wird.

Letztlich ist Erziehung im Managementkontext nicht anders. Es
wird niemals reichen, wenn Sie ein gewünschtes Verhalten nur mit
vielen Worten erklären. Es mag alles richtig sein, was Sie sagen, und
Ihr Gegenüber in der Lage sein, alles nachzuvollziehen. Und dennoch: **Nur wenn Sie Ihren Anspruch vorleben, werden es Ihnen
andere gleichtun.** Ist das einfach? Nein!

So gilt es, Fehlverhalten jedes Mal direkt anzusprechen. Es bringt
nichts, die mangelnde Kritikfähigkeit des Mitarbeiters erst im Jah-
resgespräch zu thematisieren. Eine Ansprache fällt nur dann auf
einen Nährboden, wenn der Acker noch frisch ist, wenn eine Situa-

tion gerade aufgetreten ist. Immer und immer wieder. Geduld, Ausdauer und fortwährende Wiederholung gepaart mit Vorleben sind die Grundpfeiler einer gelungenen Erziehung.

Und was geschah letztlich im Versicherungsunternehmen? Sobald die Mitarbeiter sahen, wie sich das Verhalten der vier Geschäftsführer verändert hatte, sie sich sogar vor versammelter Mannschaft gegenseitig in die Pflicht nahmen, war dies bald das Gesprächsthema Nummer eins auf den Fluren und in den Kaffeepausen. Und, oh Wunder, begannen die nächsten Ebenen damit, sich sukzessive an dem vorgelebten Verhalten zu orientieren. Sie hatten schließlich die Blaupause für das eigene Verhalten jeden Tag vor Augen. Und zwar nicht in Form irgendwelcher Plakate mit irgendwelchen Beschreibungen, denn die waren unlängst im Mülleimer verschwunden.

75 Konsequenz

Nehmen wir einmal an, Wettbewerbsvorteile durch eine von Mut (76) und Geschwindigkeit (28) geprägte Zusammenarbeit wären einfach zu haben. Dann würden wir sie doch in den meisten Organisationen wiederfinden, oder? Das ist aber nicht der Fall. Die wenigen Unternehmen, die über eine echte Leistungskultur verfügen, sind dünn gesät. Und diese Unternehmen können Ihnen davon erzählen, wie anstrengend es war, dieses Niveau zu erreichen – und welche Maßnahmen immer wieder notwendig sind, um dieses hohe Niveau zu halten.

Es ist eben nicht damit getan, dass Sie ihren Mitarbeitern gut zureden. Und selbst wenn Sie ein entsprechendes Verhalten vorleben, kann sich der Prozess der Veränderung lange hinziehen. Vor allem dann, wenn Sie sich nicht rechtzeitig Gedanken darüber machen, welche Konsequenzen ein gewünschtes oder ein unerwünschtes Verhalten mit sich bringen.

Stellen Sie sich vor, Sie möchten, dass Ihre Mitarbeiter sich endlich wie vereinbart zu jedem Termin vorbereiten. Wenn Sie einen Mitarbeiter beim ersten Fehlverhalten abmahnen und ihn beim zweiten Mal vor die Tür setzen, werden Sie sehen, wie unglaublich schnell sich das Verhalten in ihrer Organisation in puncto Zuverlässigkeit (38) ändert. Ist das beschriebene Führungsverhalten zu empfehlen? Nein, eher nicht. Es macht aber deutlich, dass die Behauptung, eine Veränderung nicht herbeiführen zu können, in der Regel eine faule Ausrede ist.

Auch dass Veränderungen lange dauern würden, ist ein Mythos. Ja, Veränderungen fordern uns im höchsten Maße heraus, aber sie können dennoch sehr schnell herbeigeführt werden. Das hängt letztlich nur von zwei Faktoren ab: der Klarheit darüber, was genau Sie herbeiführen wollen, sowie der Konsequenz, mit der Sie dafür sorgen, dass diesem Veränderungsanspruch genüge getan wird. Bereits vor Beginn des Veränderungsprozesses stehen dafür zwei Aspekte im Fokus: Welche Belohnung gibt es für gewünschtes Verhalten? Und wie bestrafen Sie unerwünschtes Verhalten? Jeder Verhaltenswissenschaftler kann Ihnen darlegen, dass Verhaltensänderungen mit genau diesen beiden, und nur diesen beiden, Mechanismen herbeizuführen sind. Und die Geschwindigkeit wird schlicht durch das Ausmaß an Belohnung oder Bestrafung bestimmt.

Um in diesem Sinne konsequent handeln zu können, müssen Sie darauf vorbereitet sein, bevor Sie in die entsprechende Situation geraten, in der ein Verhaltensverstoß stattfindet. Wissen Sie schon, wie Sie reagieren werden, wenn Ihre Mitarbeiter nicht miteinander, sondern gegeneinander arbeiten – und das, obwohl zuvor von allen der Teamgeist hoch und heilig beschworen und zugleich ein entsprechendes Set an Verhaltensweisen festgelegt wurde?

Stellen wir uns vor, eine Vertriebsmannschaft beschließt, die Erfahrungen im Kundenkontakt offen miteinander zu teilen. Alle beteiligen sich – bis auf einen, der von den Erkenntnissen der anderen profitiert, sein eigenes Wissen aber für sich behält. Wie sanktionieren wir die offensichtliche Verweigerung zur Zusammenarbeit? Lassen wir es die ersten drei Male noch durchgehen oder schreiten wir beim ersten Verstoß sofort ein? Und führen wir dann ein ernstes Gespräch unter vier Augen oder gibt es eine Ermahnung vor versammelter Mannschaft?

Wenn Sie Ihre Reaktion nicht rechtzeitig durchdenken, verhalten Sie sich im Angesicht des Regelverstoßes womöglich ungerichtet, zögerlich, unsicher und sogar noch ambivalent und opportunistisch – bei dem einen Mitarbeiter so, bei dem nächsten anders. Und je nachdem, wie Sie gerade gelaunt sind, noch einmal anders. Das darf nicht sein! Nehmen Sie sich ein Beispiel an professionellen Bobfahrern und stellen Sie sich vor, wie Sie kritische Situationen meistern, bevor diese eintreten. Am besten, indem Sie diese immer und immer wieder in Gedanken durchspielen, damit es im Falle des Falles automatisch so abläuft, wie Sie es gemäß Ihrer eigenen Werte für richtig halten. Gute Vorsätze alleine helfen hier nicht.

Es gibt dabei auch kein Richtig oder Falsch. Bei fortwährender Unpünktlichkeit eines Mitarbeiters kann ein verpflichtendes Training genauso richtig und konsequent sein wie eine Abmahnung. Seien Sie sich nur bewusst darüber, was Sie wollen und was Sie bereit sind, dafür in Kauf zu nehmen. Und: Wie schnell wollen Sie die Veränderung sehen? Das Prinzip ist einfach: je konsequenter, desto schneller.

Für den Erfolg von Change-Projekten ist es entscheidend, dass wir uns in einer Organisation auch ohne Weisungsbefugnis gegenseitig konsequent erziehen. Etwa in einem Führungsteam, das beschließt, sich wie ein echtes Hochleistungsteam mehr herauszufordern und endlich den Mut an den Tag zu legen, Dinge offen anzusprechen und miteinander nach Erkenntnissen zu ringen. Die Idee mag sich für alle erst einmal gut anhören. Und doch werden wahrscheinlich bereits nach kurzer Zeit einige der Kollegen wieder auf kleingeistige Verteidigungsstrategie setzen, auf Rechtfertigungen (14) und auf die Suche nach Schuldigen. Wenn vor Beginn des Treffens nicht die Konsequenzen festgelegt werden, was im Falle eines solchen Fehlverhaltens passiert, wird sich niemals etwas zum Guten ändern! Ganz einfach: Dort, wo nichts passiert, wenn nichts passiert, passiert nichts!

Für eine erfolgreiche Sozialisierung braucht es eine Mechanik, die es möglich macht, Fehlverhalten direkt anzusprechen. Das kann durchaus mit Spaß und Freude einhergehen: Wieso nicht mit den Kollegen vereinbaren, dass bei jeder Rechtfertigung zwei Euro in das Rechtfertigungsschwein in der Mitte des Tisches zu werfen sind? Solche und andere Mechanismen helfen, konsequent am Ball zu bleiben, ohne dass es steif und gezwungen zugehen muss und die Betroffenen sofort in die Opferrolle gedrängt werden. Ansonsten wird es sehr schwierig, im Moment des Fehlverhaltens den richtigen Ton zu treffen.

Verwechseln Sie dabei Konsequenz keinesfalls mit Härte! Dies passiert insbesondere Führungskräften, die unter Druck geraten oder verzweifelt versuchen, eine nicht greifende Änderung herbeizuführen. Und dann unzureichend vorbereitete Mitarbeiter anbrüllen, dass man das aber anders vereinbart habe. Wer so ausfällig, unfreundlich und geringschätzend agiert, zeigt damit nur, dass er nicht mehr Herr der Lage ist. Dabei lässt sich mit Härte und Unfreundlichkeit so gut wie nichts erreichen! Außer, dass die Performance des »Angeklagten« noch weiter abnimmt.

Und sollten Sie eine Verhaltensänderung trotz entsprechender Bemühungen nicht herbeiführen können, weil die betreffende Person nach anderen Werten lebt und arbeitet und sich auch nicht den Ansprüchen der Organisation fügen kann, passt man eben nicht zueinander und muss sich trennen. Hire and fire on values! Das ist nicht hart, sondern konsequent. Mitarbeiter aufgrund inkompatibler Werte und unpassenden Verhaltens zu entlassen, das ist die finale Konsequenz. Sind Sie dazu bereit?

Performance: Was uns weiterbringt

 **Mut**

Der erste Sprung vom Zehnerbrett im Freibad – in jungen Jahren eine Art Reifeprüfung in Sachen Mut. Wie war das bei Ihnen? Die meisten nähern sich diesem Ziel behutsam an: Zuerst der unspektakuläre Sprung vom Einer, dann das Drei- und das Fünfmeterbrett, bis endlich die höchste Herausforderung ansteht. Jedes Mal geht es um nicht weniger als die Überwindung der eigenen Furcht, darum, nicht beschämt vor allen anderen den Rückweg über die Leiter antreten zu müssen. Stattdessen der freiwillige, im besten Fall kräftige oder gar waghalsige Absprung. Wer von anderen hinuntergestoßen wird, hat es nicht geschafft, hat seinen Mut sich selbst und den anderen nicht bewiesen. Steigen wir zum ersten Mal erfolgreich aus dem Becken, fühlen wir uns ein Stück größer, erwachsener. Wir finden zunehmend Gefallen daran und tun es wieder und wieder. Wir machen die Erfahrung, dass sich Mut lohnt.

Später, im Job, stellen sich Herausforderungen anders dar. Die Welt ist komplexer, es gibt mehr Optionen als springen oder nicht springen. Und vor allem finden sich viel mehr vermeintliche Gründe, warum wir eigentlich gar nicht springen müssen. Und so strotzt es auf allen Unternehmensetagen nur so von Ausreden: Dass wir den Service ja nicht neu ausrichten können, solange wir nicht wissen, wie sich der Vertrieb die Kundensegmentierung vorstellt. Dass wir erst einmal Klarheit darüber brauchen, wie sich der Wettbewerb genau aufstellt, bevor wir selbst in die Offensive gehen können. Die Liste der unternehmerischen Situationen, in denen wir aus Unsicherheit darüber, was uns nach dem Sprung genau erwartet, denselben verweigern, lässt sich unendlich fortsetzen.

In einer Zeit, in der Veränderungen immer schneller vorangehen, Geschäftsmodelle früher als erwartet nicht mehr greifen und neue

Produkte im Handumdrehen von der nächsten Innovation abgelöst werden, müssen Unternehmen und Führungskräfte immer wieder aufs Neue und vor allem schneller als bisher den Sprung ins Unbekannte wagen. Um aber entsprechend agil zu sein, was sich viele Unternehmen wünschen, müssen wir selbst wesentlich mutiger werden, als wir es heute vielfach noch sind.

Doch Sie können nur dann mutiger werden, wenn Sie sich damit auseinandersetzen, was Sie unter Mut verstehen. Was grenzt diesen Zustand von Naivität oder Fahrlässigkeit ab? Wo ist Vorsicht geboten? Und wo gilt es schlicht die eigene Feigheit zu überwinden?

Räumen wir an dieser Stelle mit einem Missverständnis auf: Es ist schon erstaunlich, wie viele Führungskräfte meinen, bereits mutig zu handeln, wenn sie mit dem Rücken zur Wand stehend endlich das Heft des Handelns in die Hand nehmen. Doch das hat nichts mit Mut zu tun, das ist schlicht ein verzweifelter Überlebenskampf, dem es an einem wichtigen Kriterium für Mut mangelt: jeder alternativen Handlungsoption und damit jeder Freiwilligkeit. Wenn Sie etwa sich selbst und Ihren Unternehmensbereich zu lange vor der notwendigen Umstrukturierung in Schutz nehmen, im allerletzten Moment mit einer Radikalkur das Ruder noch rumreißen und dafür im Zweifel sogar noch reichlich externe Hilfe herbeirufen, sollten Sie das Wort »Mut« nicht verwenden.

Ich spreche nur dann von Mut, wenn bewusst mögliche Chancen oder auch Katastrophen antizipiert werden, um entsprechend zu handeln, obwohl es aktuell noch gar nicht die Notwendigkeit gibt. Denn wer verlässt schon freiwillig die eigene Sicherheit spendende Komfortzone? Dabei sind Sie in solchen Situationen immer noch Herr Ihrer Lage, Sie werden durch keine Umstände gezwungen (80), niemand schubst Sie das Zehnerbrett hinunter. Sie können das einzugehende Risiko (49) selbst abwägen, eine Voraussetzung für mutiges Handeln.

Ein Beispiel: Wenn Google in eine völlig neue Branche einsteigt und ohne jede Erfahrung das Auto der Zukunft entwickeln will, weil der Konzern darin eine große Chance sieht, aber zugleich von niemandem dazu gezwungen wird, hat das mit unternehmerischen Mut zu tun. Wenn deutsche Autobauer sich dagegen auf den Weg in die Elektromobilität begeben, hat das rein gar nichts mit Mut zu tun, sondern ist eine längst notwendige, vielleicht sogar späte Reaktion auf die Marktentwicklung.

Mut, so wie ich ihn definiere, ist das bewusste Eingehen eines Risikos, das mit der hohen Wahrscheinlichkeit eines überdurchschnittlichen Nutzens einhergeht. Wer Roulette spielt, um der persönlichen Finanzkrise zu entkommen, handelt in diesem Sinne nicht mutig. Es geht nie um eine Kamikaze-Aktion, darum, völlig verzweifelt oder naiv unvorsichtig zu handeln und alles auf ein Pferd zu setzen. Etwa auf ein einziges, noch in der Entwicklung befindliches Produkt, welches das ganze Unternehmen retten soll. Oder eine Firmenakquisition, die ein gesundes Unternehmen möglicherweise in den Ruin treibt.

Wenn Sie mutig handeln wollen, denken Sie darüber nach, woraus Sie Ihre Sicherheit ziehen. Aus Plänen, eingespielten Vorgehensweisen und Methoden? Oder aus einer klaren Vorstellung darüber, was es zu erreichen gilt? Immer wenn Sie es wagen, Neuland (6) zu betreten, sollten Sie an Ihre Idee glauben, insbesondere im Angesicht dessen, was noch unklar ist. Im besten Fall setzen Sie eben nicht alles auf eine Karte, sondern probieren aus, starten Testreihen, tasten sich vor, geben sich ein wenig dem Fluss der Dinge hin. Sie fahren auf Sicht, erzielen Ergebnis um Ergebnis, um sich stückchenweise dem Ziel zu nähern. Wer im Sinne von Umsetzungsmanagement mutig handeln will, achtet darauf, mit Unschärfe und Unklarheit so gut wie möglich zurechtzukommen. Der Alltagstrott aus Plänen und Meilensteinen hilft Ihnen dabei nur bedingt.

Der größte Feind Ihres Mutes ist somit auch nicht der fahrlässige Übermut, sondern die Routine, die Performancesteigerung ebenso verhindert wie Innovationen. Wenn Sie nicht mehr hinterfragen, was Sie eigentlich warum machen und ob das richtig ist oder nicht. Versuchen Sie und Ihr Team oft genug, über den eigenen Schatten zu springen? Wie lange ist es her, dass Sie Neues gewagt und dafür auch gekämpft haben?

Wenn Sie das machen, wird es schnell ungemütlich – weil Sie auf Widerstand und Kritik (79) treffen, die es auszuhalten gilt. Wer feige ist, zettelt in Managementrunden keine kontroverse Diskussion um den besten Weg an, brüskiert keine Kollegen mit einer Idee, die alles auf den Kopf und den anderen Unternehmensbereich infrage stellt. Überdurchschnittliche Leistungen brauchen Mut: Desjenigen, der als Erster den Schritt nach vorne wagt oder einfach das sagt, was alle bereits denken. Es ist eben immer der Mutigste einer Clique, der als Erster den Zehner besteigt und springt, und nicht derjenige, der aufgrund des sozial entfachten Drucks zögerlich nachzieht.

Doch ist Zögerlichkeit immer das Gegenteil von Mut? Der Feige zieht die Option des mutigen Handelns gar nicht in Betracht. Der Zögerliche dagegen wartet eine Zeit lang, bis er sich sicher genug dazu fühlt. Dabei lässt sich kluges von dummem Zögern unterscheiden: Letzteres ist das Abwarten in Angesicht einer alternativlosen Situation. Sie warten tatenlos so lange, bis es Ihnen endlich leichter fällt, etwas zu tun. Es ist das Stehen auf dem Fünfmeterbrett und das Hinunterschauen in der Hoffnung, dass man sich irgendwann trauen wird. Es ist das Ertragen einer erkalteten Beziehung, nur weil sich keine neue abzeichnet. **Kluges Zögern hat dagegen mit Passivität nichts zu tun:** Sie entwickeln aktiv unterschiedliche Optionen, erweitern die eigenen Perspektiven so lange, bis Sie ein Maß an Sicherheit erreicht haben, das sich für Sie richtig anfühlt.

Wir geben uns zu wenig Mühe, uns mit dem eigenen unguten Gefühl auseinanderzusetzen. Welche Parameter stören uns wirklich? Welche Variablen nehmen wir aus der Gleichung, damit das eigene Nutzen-Risiko-Verhältnis passt?

Es kann durchaus klug sein, zunächst einmal abzuwarten. Zu sehen, wie sich die Dinge entwickeln, um zur richtigen Zeit am richtigen Ort zu handeln. Zum Beispiel, um im großen Stil eine Akquisition zu tätigen, welche die eigene Wettbewerbsstärke sichert, und dies zu einem Zeitpunkt, den Sie für günstig halten. Und das natürlich unter Bedenken sämtlicher Faktoren, die damit einhergehen: Schaffen Sie die Integration? Stellt sich das preislich nachher wirklich besser dar? Wird sich demnächst nicht ein besseres Akquisitionsobjekt anbieten? Oder lässt sich dasselbe Ziel, für das Sie die Akquisition unternehmen, nicht auch anders erreichen, gar mit einer noch besseren Risiko-Nutzen-Ratio? Beim Einstellen eines neuen Mitarbeiters die gleiche Frage: Reichen dessen vertriebliche Qualifikationen aus? Besitzt die Person ausreichende Kenntnisse des Marktes? Oder warten Sie lieber ab, bis sich jemand findet, der die vakante Position besser ausfüllt?

All das sind keine trivialen Entscheidungen (20). Triviale Entscheidungen zeichnen sich dadurch aus, dass die Entscheidungsparameter glasklar sind und dass sie sich auch im Zeitverlauf nicht ändern. Das Fünfmeterbrett ist ein solches: Die Höhe von fünf Metern bleibt. Kaffee, Espresso oder Cappuccino? Eine triviale Entscheidung, denn die Optionen sind klar und die Entscheidungsparameter auch.

Bei komplexeren Businessentscheidungen müssen Sie dagegen trotz der immer noch vorhandenen Unschärfe rechtzeitig den Mut aufbringen, auf eines der Pferde zu setzen, sonst bleiben Sie ewig stehen, und nichts geht voran. Sie werden nie eine Firma akquirieren und wachsen. Sie bekommen keinen neuen Mitarbeiter im Vertrieb, der hundertprozentig passt, und werden vielleicht mit Ihrem Projekt nicht rechtzeitig über die Ziellinie kommen. Hier brauchen Sie einfach Klarheit über Ihre Wohlfühlparameter, und fragen Sie sich immer, ob diese wirklich allesamt erfüllt sein müssen. Oft hilft es auch, Rückfallpositionen zu bauen: Was soll passieren, wenn Sie keinen geeigneten Vertriebsmitarbeiter finden, was, wenn die Akquisition nicht hinhaut? In der Praxis zeigt sich, dass wir häufig zu unbedacht handeln. Dass wir uns zu wenig Mühe machen, die alternativen Handlungsoptionen bezogen auf das Ziel zu bedenken, um eine sinnvolle Handlung mutig zu vollführen!

Letztlich ist es oft die Angst vor Fehlern (45), die uns hindert, ein Wagnis einzugehen, Geschwindigkeit (28) aufzunehmen. Die uns zögern lässt, rechtzeitig die Weichen neu zu stellen. Aber je länger Sie warten, desto schlimmer wird es meist. Den größten unternehmerischen Schaden richten nicht die Fehler an, die durch Handeln entstehen, sondern das Nichthandeln selbst. **Aus der Angst vor Fehlern nicht zu handeln, das ist der eigentliche Fehler, den Sie begehen können.**

77 Offenheit

Das berühmte Haar in der Suppe, wie gerne fischen Sie danach? Da ist der Kollege aus dem Vertrieb, der sein neues Konzept vorstellt, welches die Verantwortlichen aus Marketing und Produktion herausfordert. Wie reagiert die Runde? Kaum hat der Vertriebsleiter das letzte Chart geklickt, erklären ihm die Kollegen, warum das nicht funktionieren kann und natürlich auch nicht wird. Der eben noch von sich selbst berauschte Ideengeber stellt schlagartig auf Verteidigung um. Auf ihr Verhalten angesprochen, geben die Beteiligten vor, sie würden nur gesunde Kritik üben beziehungsweise ungerechtfertigte Kritik von sich weisen. Aber ansonsten seien sie ja offen für gute Ideen. Wirklich?

Es reicht nicht, sich andere Sichtweisen, andere Lösungsansätze respektvoll anzuhören! Damit werden Sie keine ausgeprägte Offenheit im Sinne einer echten Leistungskultur erlangen. **Offenheit definiere ich als die Bereitschaft, die Perspektiven der anderen wirklich verstehen zu wollen.** Wer offen ist, will seinen Horizont (35) erweitern. Keine Sorge, das macht Sie nicht zum Fähnchen im Wind. Sie können durchaus eine durchdachte, fundierte Meinung haben. Aber ziehen Sie immer in Erwägung, dass diese unter Umständen nicht sämtliche Aspekte berücksichtigt. Und vielleicht ziehen Sie ja aus Ihren Erkenntnissen auch nicht die richtigen Schlüsse?

Mut und Offenheit sind die beiden Werte, die letztlich zu wahrer Team-Performance führen. Den Mut, die Dinge anzusprechen und zu diskutieren, wobei es im Sinne der Sache unweigerlich Reibung geben muss, weil wir miteinander um die beste Lösung ringen. Und zweitens unsere Offenheit, in diesen oft hitzigen Diskussionen kein Bollwerk, um unsere eigenen Ansichten herumzubauen, die Schotten nicht dichtzumachen, sondern die von anderen mutig angesprochenen Punkte zum eigenen Denken durchzulassen. Und das wohlgemerkt nicht, um wie in den meisten Organisationen am Ende mit einem halb garen Kompromiss dazustehen. Es geht immer darum, bisher unentdeckte, nicht identifizierte Variablen ins Kalkül einzubeziehen, mit denen sich durch eine gemeinsame Anstrengung noch wesentlich bessere Ansätze generieren lassen. Wenn der Vertriebsleiter auf wirklich offene Kollegen aus anderen Bereichen trifft und von ihnen völlig unerwartete Anregungen erhält, die dazu führen, dass er sein Konzept über den Haufen wirft zugunsten eines völlig neuen Ansatzes, der den Status quo noch radikaler herausfordert – dann ist das wunderbar!

Solch eine Herausforderung kommt einfach daher, solange es eine hohe Überschneidung hinsichtlich der Ziele gibt. Wenn etwa Marketing und Vertrieb parallel darüber nachdenken, wie sie in einem neuen Marktsegment den ersten Großkunden gewinnen können. Wesentlich schwieriger wird es, wenn es gar um das Verlagern von Mitteln geht. Beispielsweise der Vertrieb anregt, dass es sinnvoll sei, die eigenen personellen Ressourcen zulasten anderer Abteilungen aufzustocken, will der Marketingleiter davon auf einmal nichts wissen. Oder es kommt gar nicht erst zur Verstimmung zwischen den beteiligten Abteilungen, weil der Vertriebsleiter nicht den Mut aufbringt, seine Forderung auszusprechen. Nicht, weil er diese plötzlich für falsch hält, sondern aus Angst vor der mangelnden Offenheit des eigenen Kollegen wird geschwiegen und nicht das gemacht, was im Sinne des Unternehmens richtig ist.

Ohne Mut kann es keine Offenheit geben! Das eine funktioniert nicht ohne das andere. Es ist ein Yin-und-Yang-Prinzip: Wollen Sie eine High-Performance-Kultur, die geprägt ist durch das Ringen um die beste Lösung und diese konsequent verfolgt, dann trainieren Sie beide Werte exzessiv.

Die Schwierigkeit: Beiden Werten stehen starke Emotionen gegenüber. **Offenheit scheitert immer wieder an Gefühlen wie Schuld, Scham und Neid.** Wir fühlen uns schuldig, wenn andere uns durch ihre offen vorgetragene Kritik bloßstellen. Wir empfinden Scham, wenn Kollegen uns als Spielverderber hinstellen. Wir werden neidisch, wenn andere mutig und selbstbewusst ihre Meinung kundtun. Und der eigene Mut schafft es häufig nicht über die Hürde der Angst (9) vor dem unausweichlich scheinenden Konflikt, den wir durch unsere Offenheit auslösen würden. Es sind die offensichtlichen Scham- und Schuldgefühle von anderen, die uns zurückhalten, die wir nicht provozieren wollen aus falsch verstandener Kollegialität. Es bedarf somit eines hohen Maßes an Reife, diese Emotionen bei sich und anderen zu erkennen, zu etikettieren und professionell mit ihnen umzugehen. Denn vermeiden oder unterdrücken lassen sie sich nicht.

Trainieren Sie sich selbst und andere im Umgang mit diesen dunklen Emotionen (10). Am besten, indem Sie bei kontroversen Diskussionen über relevante Themen direkt eingreifen. Das Vorgehen ähnelt dem Training einer Fußballmannschaft: Der Trainer am

Rand schreit »Stopp!«, und alles bleibt stehen. Jetzt wird die Spielsituation auseinandergenommen: Jedem Einzelnen wird gezeigt, wer gerade den gemeinsamen Austausch blockiert hat, wer sich geweigert hat, die anderen zu verstehen und vor welchen Möglichkeiten er oder sie nun steht. Dann wird gepfiffen und es geht weiter. Theoretische Erörterungen haben nahezu keinen Effekt, wenn Sie eine von Offenheit und Mut geprägte Leistungskultur etablieren möchten.

78 Vertrauen

Der Managementalltag steckt voller Widersprüche, die mehr in unserer menschlichen Natur wurzeln, als wir gemeinhin wahrhaben wollen. Stellen Sie sich eine Führungskraft vor, die zu ihrem Mitarbeiter sagt, sie vertraue ihm voll und ganz, mit dem Budget entsprechend hauszuhalten. Um wie selbstverständlich noch die Bitte hinzuzufügen, wöchentlich einen Bericht darüber zu erhalten. Die Führungskraft meint also, ihrem Mitarbeiter etwas Gutes zu tun, indem sie ihm das Vertrauen ausspricht. Dieses Vertrauen reicht aber scheinbar nicht aus, ihn von der Leine zu lassen.

Es ist ein menschliches Dilemma: Vertrauen, dieser Wert, ohne den keine für uns so wichtige zwischenmenschliche Beziehung auskommt und der in Unternehmen von offizieller Seite gerne als Erfolgsfaktor hochgehalten wird, kollidiert leider viel zu oft mit unseren Ängsten, Unsicherheiten und Unklarheiten. Können Vertrauen und Kontrolle (13) überhaupt jemals Hand in Hand gehen?

Für mich ist Vertrauen das bewusste Eingehen eines Risikos (49), verletzt oder enttäuscht zu werden. Enttäuscht werden wir auf der professionellen Ebene, verletzt eher im privaten Umfeld. Die Vorstellung, andere müssten sich unser Vertrauen erst verdienen, halte ich deshalb für fragwürdig. Vertrauen kann immer nur gegeben werden, indem wir bereit sind, das Risiko einzugehen. Die andere Person kann höchstens dazu beitragen, unsere Risikobereitschaft zu steigern, um ihr im Sinne eines vertretbaren Verhältnisses von Risiko und Nutzen zu vertrauen. Das meinen wir, wenn wir davon sprechen, dass sich eine Person unser Vertrauen erst verdienen muss – eine Aussage, die unpräzise und unklar ist.

Das bewusste Eingehen eines Risikos grenzt Vertrauen damit von Naivität ab: Dinge zu tun, von denen wir per se wissen, dass sie uns verletzen oder enttäuschen, das wäre naiv. Aber Vertrauen, und das ist im Job wie im Privaten bedeutsam, schließt gemäß meiner Definition jegliche Form von Kontrolle aus.

Wenn ich meinem Sohn zum Beispiel sage: »Ich vertraue dir, dass du höchstens eine Stunde pro Tag mit dem iPad spielst«, schließt das aus, dass ich überraschend das Kinderzimmer betrete, meinem Sohn heimlich über die Schulter schaue oder beim Abendessen nachfrage, ob er sich entsprechend verhalten hat. Denn verhalte ich mich so, ist meine Vertrauensbekundung schlicht eine Lüge (57). Wenn ich vertraue, habe ich erst einmal hinzunehmen, was geschieht. Denn: **Wer vertraut, der kontrolliert nicht!**

Um beim Beispiel der Führungskraft zu bleiben, die einen wöchentlichen Bericht einfordert: Warum sagt sie nicht, dass ihr das Risiko von möglichen Budgetabweichungen zu groß ist und sie deshalb sämtliche Entscheidungen, die über einen bestimmten Betrag hinausgehen, absegnen möchte? Die Führungskraft zieht eine präzise Vertrauensgrenze, die ihr einzugehendes Risiko genau definiert. Eine solche Versachlichung ist für die Businesstauglichkeit des emotionalen Themas Vertrauen absolut notwendig.

Die Grenze macht Ihrem Gegenüber deutlich, wozu Sie bereit sind und wozu nicht. Diese Grenze kann sich zu einem bestimmten Zeitpunkt durch positive oder negative Erfahrungen nach unten oder oben verschieben. Vor allem aber dient sie Ihnen dazu, in puncto Vertrauen klar und verbindlich zu sein. Dazu gehört auch zu wissen, was die Konsequenzen (75) sein werden, wenn Sie wider Erwarten verletzt oder enttäuscht werden.

Geschieht dies nämlich, meinen wir viel zu schnell, dass unser Vertrauen missbraucht wurde. Ein schwerwiegender Vorwurf, den ein Manager eines Chemieunternehmens vorbrachte, dessen Team alles andere als zuverlässig agierte. Zu häufig hätten seine Kollegen Vereinbarungen nicht eingehalten. Die Schlussfolgerung des Managers: »Ich vertraue hier niemandem mehr!« Fragen Sie sich in einer solchen Situation besser, ob Sie von anderen einfach nur enttäuscht worden sind. Waren Sie möglicherweise zu naiv, weil das bewusst eingegangene Risiko zu hoch war? Und haben Sie damit folglich selbst einen Fehler begangen?

Als Manager verhalten Sie sich klug, wenn Sie statt eines emotionalen Vorwurfs das eigene Verständnis von Vertrauen überdenken – eine anspruchsvolle Aufgabe. Denn Vertrauen ist ein Wert, der zugleich eine Emotion darstellt. Wir sind enttäuscht, verletzt, beleidigt und leiten daraus unreflektiert unsere Handlungen ab, anstatt unser Werteverständnis (54) zu überdenken – der einzige Filter, der Ihnen ein reifes Verhalten ermöglicht.

Als Elternteil wie als Führungskraft handeln Sie reif, wenn Sie darüber nachdenken, wie hoch das Risiko ist, das Sie einzugehen bereit sind, und wovon Sie es abhängig machen, um es sukzessive zu steigern. Vertrauen bewegt sich schließlich an der Grenze zwischen Vorsicht und Naivität. Diese Grenze gilt es, immer weiter zu verschieben. Auch nach Rückschlägen, die nichts anderes als ein Indiz dafür sind, dass Sie die Grenze zu schnell zu weit verschoben und damit naiv gehandelt haben. Statt diese Grenze Ihres Vertrauens jedoch zurückzuversetzen, überlegen Sie lieber genau, wie viel Kontrolle wirklich notwendig ist.

Haben Sie darauf vertraut, dass der Key-Account-Manager mit dem Kunden aktiv neue Lösungen entwickelt, und wurden enttäuscht, weil Sie davon ausgehen, dass er dazu eigentlich in der Lage ist, wäre es fatal zu sagen: »Ab jetzt begleite ich dich bei jedem zweiten Gespräch.« Ziehen Sie besser die Grenzen nur insofern zurück, als dass Sie ein Gespräch über Ihre konkreten Erwartungen führen. Es liegt an Ihnen, das Grenzgebiet des maximal möglichen Vertrauens immer wieder auszuloten, wollen Sie belastbare Beziehungen, wollen Sie ein Hochleistungsteam.

Um es deutlich zu sagen: **Es ist Ihre Pflicht, ein möglichst hohes Maß an Vertrauen zu erreichen.** Und damit ein möglichst großes Risiko, verletzt oder enttäuscht zu werden, einzugehen. Warum aber sollen Sie solch ein Risiko überhaupt eingehen? Welchen Nutzen können Sie sich davon versprechen? Vertrauen, und das wird häufig übersehen, ist kein Schönwetterphänomen, sondern die Waffe Nummer eins gegen Komplexität.

Wenn Eltern sich beklagen, dass sie sich für ihre Kinder um alles kümmern müssen und sie diese Aufgabe oft aufzehrt, zeugt das von einer mangelnden Risikobereitschaft. Wer seiner Tochter nicht vertrauen will, dass sie ihr Lernen selbst organisiert, dem bleibt nichts anderes übrig, als ständig Hausaufgaben zu kontrollieren. Wer seinem heranwachsenden Sohn nicht darin vertraut, mit öffentlichen Verkehrsmitteln allein zum Sporttraining zu kommen, der organisiert eben alle möglichen Fahrdienste.

Nicht anders im Job. Wenn Sie nicht das Risiko eingehen wollen, Ihren Mitarbeitern zu vertrauen, werden Sie diese zwangsläufig kontrollieren und erzeugen gerade dadurch einen ungeheuren Aufwand. Indem Sie sich womöglich sogar täglich berichten lassen, schließlich kennt die Fantasie über irgendwelche Kennzahlen keine Grenzen. Diese Komplexität aber vernichtet Produktivität und beschneidet Innovationspotenziale, weil die Beteiligten nicht mehr selbst denken. Sich immer weniger mit dem identifizieren, was sie tun, immer weniger Sinn (1) darin sehen.

Warum vertrauen Menschen innerhalb von Organisationen so wenig? Weil in unseren Organisationen reflexartig nach Schuldigen
gesucht wird. Wenn aber Menschen eines vermeiden wollen, sind
dies Scham- und Schuldgefühle. Dem Mangel an Vertrauen und Risikobereitschaft liegt also immer eine Vermeidungsstrategie zu-
grunde. Dementsprechend lügen (57) wir uns gegenseitig an, sichern uns ab, schreiben Protokolle, um uns für eine mögliche
Beweisführung »vor Gericht (16)«, etwa einem Lenkungsausschuss,
zu wappnen.

Beklagen Sie sich also über eine Misstrauenskultur, dann stellen Sie
sich die Frage, wieso Führungskräfte oder Mitarbeiter eine Vermeidungsstrategie fahren? Vielleicht müssen Sie sich bei der Beantwortung dieser Frage an die eigene Nase fassen. Sorgen Sie für das
notwendige Maß an Vertrauen in Ihrem Umfeld.

79 Kritik

»Nehmen Sie es nicht persönlich« ist einer dieser Sätze, bei denen ich immer wieder den Kopf schüttele. Ob in einer Diskussion
unter Führungskräften oder im privaten Umfeld, wenn ein Freund
dem anderen den Spiegel vorhält. **Was wir nicht erkennen: Insbesondere negative Kritik ist per se persönlich!** Allein deshalb, weil
sie, so wohlwollend sie auch gemeint sein mag, beim Empfänger immer Gefühle wie Scham oder Schuld auslöst (10). Ein Kind
sieht vielleicht ein, dass es sich auf die Prüfung hätte besser vorbereiten sollen, was in Anbetracht des Ergebnisses nicht wegzudisku-
tieren ist – eine Fünf ist eine Fünf. Genauso wie ein Manager sich
Kritik gefallen lassen muss, wenn vereinbarte Ziele nicht erreicht
werden.

Es ist leicht, in diesen Situationen Kritik zu üben. Ein Manager, der
einen Mitarbeiter wie ein kleines Kind rügt, weil er seine Ergebnisse
nicht erreicht hat? Genauso brauchen wir unseren Kindern keine

Predigt halten, wenn die Fünf im Zeugnis steht. Das Schamgefühl ist bereits da. Bei Mitarbeitern wie bei Kindern gilt es, sich zu fragen: Ist der Betroffene grundsätzlich dazu in der Lage, die Aufgabe zu meistern? Und hätte jemand unter denselben Umständen ein besseres Ergebnis liefern können?

Bei dem Mitarbeiter können Sie die Entscheidung fällen, ihn auszutauschen. Oder Sie helfen ihm dabei, die richtigen Schritte einzuleiten, gemeinsam nach Erkenntnis zu streben. Kritik ist also in Anbetracht eines Ergebnisses, dass der zu Kritisierende bereits als Rückmeldung in Form einer Note oder eines Umsatzergebnisses vor sich sieht, schlicht unnötig und unnütz. Kritik ist nur nützlich, wenn sie gegeben wird, bevor das Ergebnis eintritt. Dann erzeugt nicht das Ergebnis Scham oder Schuldgefühle, sondern Sie als Kritisierender! Das macht das Kritisieren ja so schwer: Sie wissen nicht, ob es dadurch besser, einfacher, schneller wird. Aber Sie müssen es versuchen. Nach dem Motto »Ich will nur, dass du erfolgreich bist. Die Entscheidung liegt bei dir, du kannst mich gerne ignorieren. Ich will dir lediglich etwas geben, was dich erfolgreich macht«. Sinnvolle Kritik ist keine Besserwisserei im Nachhinein, sondern der im Vorhinein unternommene Versuch, einen Beitrag für ein besseres Ergebnis zu leisten. Vor allem ist sinnvolle Kritik auf das Gelingen des Vorhabens Ihres Gegenübers gerichtet!

Kritik ist ein zentrales Mittel für ein bedeutendes Maß an Erkenntnisgewinn – für Sie selbst und Ihr Team. Das ungeschönte Feedback Ihres Vorgesetzten sorgt dafür, dass Sie die Schwachstellen in Ihrem Konzept entdecken, die Sie daraufhin beheben können. Es ist die Meinung des Marketingchefs, die dem Vertriebsleiter den notwendigen Hinweis gibt, durch welche Maßnahmen er seinen Bereich wieder in die Erfolgsspur bringt. Wer sich Kritik verschließt, der verzichtet freiwillig auf mehr Produktivität und Wettbewerbsstärke.

Gerade Hochleistungsteams zeichnen sich durch eine Kultur aus, in der sich mit Leidenschaft (8) und sportlich fairem Ehrgeiz (2) permanent herausgefordert wird. Für das interne Ringen um die beste Lösung liefert das schonungslose gegenseitige Feedback die notwendige Antriebskraft. Denn an guten Ideen mangelt es selten, aber an der notwendigen Kritik an unzureichend durchdachten Konzepten.

Mit Kritik verhindern Sie, dass es in Meetings, etwa Lenkungsausschüssen, zu bequem zugeht. Dass Sie sich mit den eigenen Themen langweilen und regungslos den gewünschten Haken auf der Agenda setzen. Nur aus Scheu davor, sich gegenseitig zu hart anzufassen. Nein, jede Managementrunde ist dafür da, dass die Zahlen und Darstellungen aller Teilnehmer offen hinterfragt werden, auch die eigenen. Und nicht einfach das hingenommen wird, was wir uns gegenseitig an scheinbar unanfechtbaren Erkenntnissen und Leistungen auftischen.

Wenn Sie in Ihrem Unternehmen mehr Kritik einfordern, wird sich dem kaum ein Manager verweigern. Jeder will Kritik, und doch ist sie selten anzutreffen. Chefs mögen zwar gerne davon sprechen, dass ihre Mitarbeiter doch bitte kein Blatt vor den Mund nehmen sollen. Leider aber erlebe ich oft, wie schnell Mitarbeiter in Ungnade fallen, die mit ihrer Meinung nicht hinter dem Berg halten, weil sie das Unternehmen besser machen wollen. Die Folgen sind verheerend: In solchen Unternehmen ist die Zahl kritischer Äußerungen verschwindend gering. Einen Vorstand erreicht die hässliche Realität (15) nur noch in gefilterter Form, weil die eigene Entourage einen kritikfreien Kokon bildet.

Aber weder die eigenen Scham- und Schuldgefühle noch die der anderen befreien Sie von der Pflicht, zu kritisieren und selbst kritisiert zu werden. Betrachten Sie Kritik als das, was sie im unternehmerischen Sinne im besten Fall sein kann: das Hinterfragen von Aussagen, Handlungen oder Entscheidungen bezogen auf ein gemeinsames Ziel, das dadurch klüger oder effizienter erreicht werden kann. Oder eine Nachbetrachtung von Aussagen, Handlungen oder Entscheidungen, um in ähnlichen Situationen in der Zukunft geschickter oder produktiver zu sein.

Kritik ist nur dann als durchweg positiv zu betrachten, wenn sie nicht auf die Person selbst, sondern ausschließlich auf deren Handlungen und Aussagen bezogen ist. Mit dem Ziel, die betroffene Person oder eine Organisation erfolgreicher zu machen. Leider leisten wir uns viel zu oft eine Form von Kritik, die ihren Namen nicht verdient. Weil das Motiv dahinter nicht in unserem Wunsch nach Erkenntnisgewinn wurzelt, sondern in der dunklen Seite unserer Emotionen.

Eine triviale Situation: Mein Bruder regt beim gemeinsamen Kochen an, dass ich die Champignons nicht so klein schneiden soll, da diese geschmacklich sonst den Rest überdecken. Eine auf Erkenntnisgewinn ausgerichtete Kritik. Ich entgegne, dass das keine Rolle spiele und er selbst gut beraten wäre, mehr darauf zu achten, dass der Reis nicht klebrig wird. Ich hatte also nichts Besseres zu tun, als mein eigenes kleines an Champignons haftendes Ego zu verteidigen. Und so läuft das bei vielen Menschen ununterbrochen.

Achten Sie in einem Meeting (36) einmal darauf, wie häufig aus Minderwertigkeit oder Niedertracht agiert wird. Hier das Mäkeln an der Idee eines Kollegen, dem man den Erfolg nicht gönnt. Dort ein scheinbar ehrliches Feedback, das von einem hämischen Grinsen begleitet wird und nur dazu dient, dem anderen etwas heimzuzahlen. Es sind oft solche unbedeutenden Kritiken, die eine Kultur entstehen lassen, in der nicht mehr offen gesagt wird, was man denkt, und in der großartige Ideen zurückgehalten werden.

Und wie steht es mit Ihrem eigenen Kritik- und Feedbackverhalten? Sind Sie wirklich auf Erkenntnisgewinn ausgerichtet, der Ihnen selbst oder anderen zugutekommt? Oder sagen Sie auch mal in den leeren Raum hinein: »Mein Gott, wie sieht es denn hier aus?«, um Ihrem Partner oder Ihren Mitarbeitern das ungute Gefühl zu geben, dass sie ihren Pflichten nicht nachkommen?

Haltung: Mit sich, nicht gegen sich

80 Ungezwungenheit

Frei von Konventionen sein, äußere Zwänge abschütteln, auf der eigenen Unabhängigkeit bestehen – was wir gemeinhin unter Ungezwungenheit verstehen, hat im Alltag viele Facetten. Das kann die legere Garderobe bei einem festlichen Anlass sein, der Punk, der selbstbewusst in der Fußgängerzone herumlungert, der Topmanager, der mit lässig aufgeknöpftem Hemd vor der zugeknöpften Führungsmannschaft seine Ideen präsentiert. Oder der Mitarbeiter, der pünktlich Feierabend macht, wenn der Rest noch ein bisschen Zeit absitzt, weil der Chef das unter Fleiß (61) versteht. »Ich muss noch ein bisschen hierbleiben«, sagt dann der scheinbar pflichtbewusste Mitarbeiter, wenn er seiner Frau zu Hause erklären möchte, warum es heute wieder einmal ein bisschen später wird.

Ist Ihnen schon einmal aufgefallen: **Je weniger ungezwungen Sie sind, desto häufiger benutzen Sie Worte wie »müssen«:** »Ich muss vorher noch den Müll runterbringen«, »Ich muss arbeiten« oder »Ich muss das Konzept noch mit dem Marketing abstimmen«. All diese kleinen Sätze rund ums Müssen sind Zeichen für ein nicht eigenverantwortliches Leben, eine nicht eigenverantwortliche Haltung. Ein gezwungenes Leben.

Sie finden, ich übertreibe? Ich behaupte: Sobald wir uns bewusst machen, wie oft wir solche Formulierungen im Alltag benutzen, wird das Maß an Eigenverantwortung und auch die Art der Kommunikation gegenüber anderen deutlich an Klarheit (25) gewinnen.

Um bei dem Beispiel zu bleiben, dass man sich noch mit dem Marketing abstimmen müsse: Es ist wesentlich klarer dem Gegenüber, das eine Entscheidung einfordert, zu sagen: »Meiner Meinung nach kommen wir zu einem besseren Ergebnis, wenn wir unser Konzept für den Launch des neuen Produktes rechtzeitig mit dem Marketing abstimmen.« Um vielleicht noch festzulegen, wie der Abstimmungsprozess intelligenterweise ablaufen soll.

Und wenn meine Frau sagt, ich solle in der Küche helfen, und ich meine, vorher noch den Müll herunterbringen zu müssen, kann ich mir überlegen, ob ich mich tatsächlich genau jetzt um den Müll kümmern muss. Es geht um Prioritäten, um Entscheidungen (20), die immer wir selbst fällen und niemand sonst. **An wen geben Sie Ihre Kontrolle ab, wenn Sie etwas müssen?** Wer zwingt Sie zu etwas? Es sind letztlich doch immer Sie selbst. Sie selbst in Ihrer Unbewusstheit darüber, welchen Zwängen Sie sich aussetzen. Pseudozwängen, die Sie sich meist selbst auferlegen. Weil Sie meinen, dass bestimmte Dinge getan werden müssen oder a priori gegeben sind.

Warum weise ich den Wunsch meines Sohnes, ihn am Samstag beim Fußballspiel zuzuschauen, mit der Begründung zurück, dass ich heute leider arbeiten »muss«? An wen gebe ich hierbei die Kontrolle (13) ab? Warum bin ich mir nicht bewusst, was ich will, und sage genau das zu meinem Sohn: »Weißt du, mir ist es wichtig, dieses Konzept am Montag fertig zu haben, und deshalb widme ich mich meiner Arbeit.« Nur das wäre aufrichtig, nur dann wäre ich mir selbst meiner Motive bewusst. Zu häufig verstecken wir uns vor unserer eigenen Kleingeistigkeit und dem Urteil anderer. Gegenüber meinem Sohn schiebe ich als Ausrede ein protestantisches Arbeitsethos vor, das gesellschaftlich geschätzt wird. Um gleichzeitig ruhigen Gewissens das zu machen, was ich machen möchte: an meinem Konzept arbeiten.

Stellen Sie sich vor, Sie würden in Ihrem Wortschatz von dem Wort »muss« zu »möchte« wechseln – welch großer Schritt wäre damit getan! Sie würden damit Ihren Willen (73) ausdrücken, zeigen, wozu Sie stehen, und nicht das, wozu Sie sich gezwungen fühlen. Beobachten Sie, wie häufig Sie jeden Tag das Wörtchen »muss« benutzen. Wäre es nicht eine echte Willensbekundung, diese Wörter durch »möchte« und »will« zu ersetzen?

Warum verhalten wir uns nicht viel öfter im wahrsten Sinne des Wortes ungezwungen? Selbstverständlich will uns unser Umfeld zu allen möglichen Dingen zwingen. Ja, wir werden auch reichlich manipuliert. Machen Sie sich das einfach klar und stehen Sie bewusster zu dem, was Sie meinen, denken und gemäß Ihrer Werte für richtig halten. Sie treffen durch diese Bewusstheit sicher bessere Entscheidungen.

Bereits durch die selbstreflektierte Aussage gegenüber meinem Sohn, dass ich das Konzept fertigstellen möchte, wird mir bewusst, was ich – und niemand anderes – für eine Entscheidung treffe. Und dabei kann es passieren, dass ich mir überlege, ob das wirklich eine gute Entscheidung ist. Schließlich könnte es für die Beziehung zu meinem Sohn abträglich sein, weil ich ständig so handele. Sie sehen: Haltung hat viel mit Sprache zu tun. Alleine dadurch, wie wir mit uns selbst und anderen sprechen, werden wir unter Umständen ein wenig reifer.

Ja, wir fühlen uns Zwängen ausgesetzt, aber letzten Endes stehen wir vor der Frage, inwieweit wir uns diesen kulturellen und sozialen Zwängen überlassen und uns damit einem Teil der Verantwortung (62) für uns selbst und damit auch der Kontrolle über unser Leben entledigen wollen. Fürchten Sie, ansonsten einen Preis für Ihre Ungezwungenheit zahlen zu müssen? Sicher, sobald Sie nichts mehr müssen, werden Sie in der einen oder anderen Situation sozialen Druck spüren. Wer als Mitarbeiter, nachdem er seine Arbeit verrichtet hat, vom Schreibtisch aufsteht und verkündet, dass er jetzt nach Hause gehe, wird die verärgerten Blicke all derer spüren, die sich das nicht herausnehmen. Wenn wir den pünktlichen Feierabend für gerechtfertigt halten, wäre es aber schlicht feige, dies nicht zu tun. Viel bequemer wäre es, einfach am Schreibtisch sitzen zu bleiben und zu warten, bis das Gros der Belegschaft den Feierabend einläutet. **Aber wer Rückgrat hat, tut sein eigentliches Motiv kund, äußert seine wahren Vorstellungen und steht dazu.**

Sie haben in Ihrem Leben immer wieder bewusste Entscheidungen zu treffen, wofür Sie stehen und wofür nicht. Und das tut sich im Kleinen mehr kund als im Großen. Und wenn Sie meinen, bestimmte Dinge nur deshalb tun zu müssen, weil das sozial erwünscht und anerkannt wird, machen Sie sich diese Tatsache bewusst und stehen dann dazu. Es ist nichts verwerflich daran, soziale Anerkennung und Wertschätzung zu wollen. Aber warum tun Sie so, als wären Sie nicht Herr Ihrer selbst?

81 Schweigen

Reden, so mein Eindruck, wird überbewertet. Oder ist uns eigentlich klar, wie viel von dem, was gesagt wird, schier unnötig ist, weder zu mehr Erkenntnis noch zum Erreichen eines Zieles beiträgt und im Zweifel noch nicht einmal Teil einer angenehmen Plauderei ist? Würden wir viel öfter einfach nichts sagen, könnten wir erleben, dass es tatsächlich keinen Unterschied macht oder gar in einigen Momenten die bessere Wahl ist.

Wie oft setzen wir alles daran, um in der großen Runde oder im Zweiergespräch ebenfalls zu Wort zu kommen. Aus einem Impuls heraus: Weil wir uns vielleicht noch profilieren möchten, wir selbst uns zuvor nicht genug beachtet fühlten oder wir dem Drang nachgeben, anderen ungefragt unsere Meinung kundzutun. Das mag sich gut anfühlen, geschieht aber gerne auch einmal ohne Sinn und Verstand.

Wie gerne reden wir etwa auf Leute ein, von denen wir meinen, sie ändern zu müssen. Sei es, dass die eigene Mutter ihrem längst erwachsenen Sohn erklären möchte, was er in seinem Leben nicht alles ändern sollte. Oder eine Führungskraft dem Kollegen ihre

Sicht der Welt und der Mitarbeiterführung im Besonderen auf-
drängen möchte. Was wir uns dabei viel zu selten eingestehen: Mit
jedem Wortschwall, den wir von uns geben, erreichen wir genau das
Gegenteil.

Meiner Meinung nach ist das der Grund, warum viele Beziehungen
irgendwann nicht mehr funktionieren. Weil wir als Eltern unsere
Kinder und als Führungskraft unsere Mitarbeiter nicht ernst nehmen, sie ständig bevormunden, indem wir sie mit unseren gut ge-
meinten Weisheiten versorgen, ungefragt. Dabei bemerken wir gar
nicht, dass unsere Botschaft in dem Erfahrungskontext (7) unseres
Gegenübers keinen Anker findet. Oder wir meinen arroganterweise,
dass unsere Erlebnisse auf andere genauso zutreffen müssten. Es
fehlt uns manchmal an der Gelassenheit (30) zu akzeptieren, dass
jeder Mensch, jedes Leben einzigartig ist, es keine Patentrezepte
gibt und dass Menschen ihre eigenen Erfahrungen machen müssen
und werden. Und so reden wir einfach immer weiter, statt uns so lange zurückzunehmen, zuzuhören und zu versuchen zu verstehen, bis
der Moment kommt, an dem man uns um unsere Meinung fragt.

Geht es um gute Führung, können Sie nicht einfach den Mund halten. Mitarbeiter zu führen, das heißt, mit klaren Vorgaben für Orientierung zu sorgen. Aber nicht eine Entscheidung so lange mit
allen zu besprechen, bis jeder zustimmt. Sie können es auch ohne
große Worte aushalten, wenn es anderen schwerfällt, eine womöglich unangenehme Entscheidung mitzutragen. Seien Sie als Führungskräfte konsequent.

Geht es um gutes Mentoring, dem Entwickeln der nächsten Ebene,
brauchen Untergebene nicht unsere ausschweifende Sicht auf die
Welt. Konfrontieren Sie Ihre Mitarbeiter lieber mit Fragen, deren
Reflexion sie weiterbringt. Vielleicht haben Sie ja auch die Erfahrung gemacht: Wer als Mentor meint, Mitarbeiter unbedingt an seinem reichhaltigen Erfahrungsschatz teilhaben lassen zu müssen,
der langweilt und wird nicht selten als selbstverliebt wahrgenom-

men. Der Unterschied zwischen Management und Erziehung ist in diesem Zusammenhang viel geringer, als man denkt: Eltern, die sich so verhalten, nerven ebenfalls nur ihren Nachwuchs.

Es sind gerade die besonders Kompetenten unter uns, die vor lauter Expertise nicht anders können, als jeden Sachverhalt erst einmal ausführlich in den richtigen Kontext einzuordnen. Die genervten Gesichter der erzwungenen Zuhörerschaft sprechen Bände. **Wie viel mehr Gehör finden wir, wenn wir klarer und reduzierter sind in dem, was wir sagen!** Kommen Sie auf den Punkt! Das bringt Ihnen nicht nur mehr Anerkennung, sondern dem Unternehmen einen wesentlich größeren Nutzen.

82 Genuss

Was meinen Sie, was in der Regel passiert, wenn wir Menschen gemeinsam ein Glas guten Weins genießen, vom Berggipfel auf die wunderschöne Landschaft unter uns schauen oder im Job eine große Herausforderung gemeistert haben? Wir philosophieren über die unterschiedlichen Geschmacksnuancen des Weins, wir versichern uns gegenseitig, wie herrlich doch der Ausblick von hier oben sei oder wir loben uns in den größten Tönen, was wir doch Außerordentliches geleistet haben. Lässt sich an einem solchen Verhalten etwas aussetzen? Eigentlich recht wenig – außer, dass uns das viele Gerede (23) daran hindert, diese Momente wirklich zu genießen! Es ist wie das ständige Fotografieren im Urlaub: Wäre es nicht ein viel intensiveres Erlebnis, die Dinge einfach ganz in uns aufzunehmen, statt zu versuchen, einen Moment mit der Kamera einzufangen?

Mein Eindruck ist: Wir agieren (53) immerzu, anstatt einfach nur präsent (4) zu sein. Wir reden darüber, wie toll etwas ist oder, wenn es nicht so gut läuft, wie schrecklich die Dinge sind. Wir jammern über alle möglichen Umstände und eigene Unzulänglichkeiten.

Wir vergleichen uns mit anderen und ziehen leidvoll den Kürzeren. Oder wir fallen ins andere Extrem und schwärmen darüber, wie gut wir es doch haben. Wieso hören wir nicht auf, uns den Kopf zu zerbrechen, um das zu tun, was wir so gut wie nie tun: den Augenblick in seiner vollen Größe anzunehmen? Ja, nehmen wir das Leben so an, wie es ist – im Guten wie im Schlechten, in seiner ganzen Schönheit, mit seinen Härten.

Wenn Sie viel Arbeit vor sich haben, ja und? Was nützt es, sich darüber zu beschweren? Einfach eines nach dem anderen erledigen, und das mit Genuss! **Ja, es ist ein Genuss, sich zu überwinden und das zu tun, was notwendig ist, um stolz erfüllt auf das Ergebnis zu blicken.** Natürlich gibt es Phasen, in denen es vermeintlich mehr zu tun gibt, als Sie leisten können. Aber es ist eben nur vermeintlich so. Sie tun das, was Sie tun können, um dann zufrieden zu sein. Es gibt nur den Moment, und den gilt es zu genießen – egal, wie anstrengend er gerade zu sein scheint. Energie raubt uns doch vor allem die Vorstellung von dem, was da alles noch kommt oder kommen könnte. Das Telefonat mit dem möglicherweise enttäuschten Kunden, das für den nächsten Tag angesetzt ist. Die Präsentation, die es in einer Woche zu halten gilt und für die noch kein Chart steht. Ja, all das kommt noch, aber eben nicht jetzt in diesem Moment!

Und wie wäre es, wenn Sie sich nicht nur für Überstunden oder besondere Leistungen belohnen würden? Ich rauche abends genüsslich eine Zigarre bei einem guten Wein, selbst wenn der Tag nicht so gelaufen ist, wie ich mir das vorgestellt habe. Ich habe es dennoch verdient und gräme mich nicht: Ich habe mein Bestes gegeben, und dafür belohne ich mich. Seien wir doch einfach gut zu uns selber und ruinieren uns nicht den Genuss am Leben, bloß weil es gerade nicht so läuft.

Das Leben findet nur im Hier und Jetzt statt. Wie viel mehr hätten wir vom Leben, wenn wir uns mit Dankbarkeit dem Genuss des

Tuns widmen würden? Zu arbeiten, für andere da zu sein, über die Schönheit der Welt zu staunen. So wie Meister Eckhart es schon im Mittelalter erkannte: »So begehrlich ist das Leben in sich selber, dass man es um seiner selbst willen begehrt.«

Die Essenz der Konsequenz

Vertrauen ist das bewusste Eingehen eines **Risikos**, verletzt oder enttäuscht zu werden.

Mut bedeutet zu sagen oder zu tun, was in Anbetracht der Situation das **Richtige** ist. Das **Richtige** ist das, was mehr Menschen nützt als schadet.

Offenheit ist der aufrichtige Wunsch, andere verstehen zu wollen. Etwas völlig anderes als zuzuhören.

Reife bedeutet, sich klar darüber zu sein, was man warum tut.

Eine **Vereinbarung** ist eine im Dialog getroffene Übereinkunft bezüglich **Erwartungen** und der zur Erfüllung dieser Erwartungen notwendigen **Bedingungen**. Dies unterscheidet eine Vereinbarung von Ansagen und Delegationen. Effektives Management beruht auf Vereinbarungen.

Verbindlich ist, wer eine Vereinbarung mit der Absicht, diese einhalten zu wollen, unter Gewahrsein sämtlicher relevanter Notwendigkeiten und Möglichkeiten schließt.

Verlässlich ist, wer sich an Vereinbarungen hält oder diese rechtzeitig neu verhandelt.

Disziplin ist Verlässlichkeit bezüglich mit sich selbst getroffener Vereinbarungen.

Geschwindigkeit ist der **Wille**, Ziele oder Aufgaben in maximal möglichem Tempo zu erreichen. Das maximal mögliche Tempo ist der schmale Grat zwischen Umsichtigkeit und Fahrlässigkeit.

Perfektion verhindert Geschwindigkeit. Sie ist keine Tugend, sondern eine Schwäche im Umgang mit **Unschärfe** oder **Unsicherheit**.

Konsequenz ist die **weise** Umsetzung getroffener Entscheidungen mit hoher Geschwindigkeit auch gegen **Widerstände**.

Weise ist, wer eine Entscheidung unter Beachtung aller relevanter und verfügbarer Informationen bewusst trifft und diese Entscheidung bei gegenläufigem **Erkenntnisgewinn** revidiert oder anpasst. Starrköpfig ist, wer trotz andersartiger Erkenntnisse an einer Entscheidung festhält.

Danksagung

Meine Erlebnisse, Einsichten und Erfahrungen im Management sind die Basis für das, was ich Ihnen, lieber Leser, in diesem Buch als Anregung für eigene Reflexionen geben möchte. Ob meine Einschätzungen richtig oder falsch sind, ist sekundär. Wir entwickeln uns nur durch Reflexion unseres eigenen Handelns, unserer Motive. Nur dazu soll dieses Buch dienen.

Ich empfinde tiefe Dankbarkeit für die Arbeit, der ich nachgehen darf, da sie unter Vereinigung von Interesse und Leidenschaft stattfindet – keine Selbstverständlichkeit. Ohne die zahlreichen Themen, ob in Sachen Management, Strategie oder Transformation, die ich mit Hunderten von Managern die vergangenen zwanzig Jahre erleben und an vielen Stellen vertrauensvoll durchleben durfte, hätte ich Ihnen diese Anregungen für konsequentes Management nicht zur Verfügung stellen können. Ihnen allen gilt mein aufrichtiger Dank. Im Besonderen möchte ich im Rahmen der Erstellung dieses Buches folgenden Managern danken, da sie mir bei einzelnen Abschnitten mehrfach geholfen haben, die eigene Sicht kritisch zu hinterfragen und mit Ihrer Kritik einen besonderen Beitrag bei der Entstehung geleistet haben: Dr. rer. pol. Stefan Asenkerschbaumer, stellvertretender Vorsitzender Geschäftsführung Robert Bosch GmbH, Achim Berg, Partner General Atlantic, Dr.-Ing. Leonhard Birnbaum, Vorstand E.ON SE, Rainer von Borstel, Vorstand Diehl Stiftung & Co. KG, Bernhard Heinrich, CEO Nagel Group, Jost Hellmann, Geschäftsführer Hellmann Worldwide Logistics, Hartmut Jenner, Markus Kleiner, COO Schunk Unternehmensgruppe, Dr. Wolf-Rüdiger Knocke, Vorstand Nürnberger Ver-

314 Die Essenz der Konsequenz

sicherungsgruppe, Frank Kuhlmann, CFO TUI Cruises, CEO Alfred Kärcher GmbH & Co. KG, Roland Polte, Geschäftsführer HR und Legal Dräxlmaier Group, Dominik Lucius, CFO FMS Logistics, Markus Reithwiesner, CEO Haufe Gruppe, Markus Scheitzach, CFO Dräxlmaier Group, Daniel Thomas, Vorstand HUK-Coburg, Christoph Vilanek, CEO Freenet AG.

MATTHIAS KOLBUSA*
DENKER. REDNER. UNTERNEHMER.

Erhellend. Provokant. Inspirierend.

VORTRÄGE MIT MATTHIAS KOLBUSA

Ob vor Studenten einer renommierten Universität, als Referent im kleinen Kreis eines Führungskräfte-Seminars oder als Keynote Speaker bei einem großen Management-Kongress: Matthias Kolbusa überzeugt das Publikum bei seinen Vorträgen mit großen Bildern und klaren Thesen. Er erfüllt keine Erwartungen, sondern fordert heraus. Kolbusa rüttelt an persönlichen und strukturellen Blockaden. Seine Zuhörer nimmt er mit auf eine Entdeckungsreise jenseits ihrer Denkhorizonte. Seine Aufforderung: Denkt abseits des Üblichen! Verlasst das Gefängnis eurer bisherigen Erfahrungen!

VORTRAG „KONSEQUENZ"

Wege zur High-Performance-Kultur

- Der Fluch der Inkonsequenz – und warum sie sich immer wieder breitmacht
- Verbindlichkeit und Verlässlichkeit. Das Prioritäten-Dilemma besiegen
- Unhöflich oder einfach nur klar? Die richtige Einstellung für weniger und kürzere Meetings
- Warum Kritik immer persönlich ist und Höchstleistungen ohne sie ausbleiben
- Was Mut, Offenheit und Geschwindigkeit für die Management-Leistung bedeuten
- Falsche Kriegsschauplätze: Energien auf den Markt statt nur nach innen richten
- Worte sind Silber, Taten und Ergebnisse Gold. Warum Kommunikation nicht alles ist
- Loyalität, Kameradschaft, Würde, Ehre, Demut: Management-Ethik oder Schnee von gestern?

VORTRAG „UMSETZUNGSSTÄRKE"

Secrets of EXECUTION®

- Von Technokraten, Chaoten und Verzweifelten: Wie wir uns selbst auf den Füßen stehen
- Warum wir mit unseren Organisationen mehr leisten können, als wir glauben
- Geschwindigkeit als Wert an sich erkennen und leben
- Komplexität und Emotionen – wie echte Begeisterung und Zugkraft entstehen
- Komplexität und Angst – vom Umgang mit Unsicherheit und Unschärfe
- Agilität – notwendige Werte und Prinzipien
- Dialektik – die Rolle der Sprache im Umsetzungsmanagement

Mehr zu den Inhalten,
weiteren Angeboten und zur
Buchung erfahren Sie hier: **KOLBUSA.DE/VORTRAEGE-UND-SEMINARE**

MATTHIAS KOLBUSA*
DENKER. REDNER. UNTERNEHMER.

KOLBUSAS VORSTANDSDISKUSSIONSREIHE

Sie sind Vorstand oder Geschäftsführer und wünschen sich einen Austausch auf Augenhöhe mit Menschen, die Ihre Herausforderungen teilen? Dazu fundierte und inspirierende Thesen zur Diskussion von einem der führenden Management-Vordenker unserer Zeit?

Herzlich willkommen zu Matthias Kolbusas Vorstandsdiskussionen. Das sind:

- Sie und 10 bis 20 weitere Vorstände/Geschäftsführer,
- Matthias Kolbusa, Management-Bestsellerautor und Top-100-Speaker,
- Denkmodelle und kontroverse Thesen,
- ein exquisiter Ort mit entsprechendem Ambiente und
- intensive Diskussionen in vertrauensvoller Atmosphäre. Von 10 bis 16 Uhr.

Die Themen:

KONSEQUENZ

- Was ist der Unterschied zwischen Konsequenz und Härte?
- Wie ist das Prioritäten-Dilemma zu überwinden?
- Was sind die Hebel für eine organisationsweite Verbindlichkeit und Verlässlichkeit?
- Welche emotionalen Hürden gilt es für eine Konsequenz-Kultur zu überwinden?

UMSETZUNG

- Wieso bekommt die Organisation die vorhandenen „PS" nicht auf die Straße?
- Wie lässt sich die Umsetzung von Projekt, Strategie und Change beschleunigen?
- Welche verbreiteten Management-Verhaltensweisen bremsen die Umsetzungsperformance?
- Wo und wie rächt sich die unerträgliche Leichtigkeit des Managements?

„Ein einzigartiges Format, das durch seine hochkarätige Besetzung und die branchenübergreifende Diskussion spannender Thesen auf Top-Manager-Niveau besticht."
**Dr. Monika Sebold-Bender,
Vorstand, ERGO Versicherung**

„Eine sehr professionelle Diskussionsrunde mit einem beeindruckenden Moderator und inspirierenden Gesprächsthemen, die zu neuen Denkanstößen anregen."
**Thomas Elsner, CFO,
Alfred Kärcher GmbH & Co. KG**

Die detaillierte Themenliste, weitere zahlreiche Teilnehmerstimmen und Möglichkeiten zur Anmeldung finden Sie unter: **KOLBUSA.DE/VERANSTALTUNGEN**

Werden Sie zum Business-Barrakuda!

Matthias Kolbusa I **GEGEN DEN SCHWARM**
Aus eigener Kraft erfolgreich werden
272 Seiten, gebunden mit Schutzumschlag, ISBN 978-3-424-20095-9

Matthias Kolbusa fordert und findet auf essentielle Fragen inspirierende Antworten. Der unkonventionelle Strategie- und Veränderungsexperte orientiert sich dabei nicht am Status-quo oder an der Mehrheitsmeinung. Er stellt sich bewusst gegen den Schwarm – und lenkt ihn, wenn sich dieser in die falsche Richtung bewegt. Sein Glaubenssatz: Ob wir als Menschen, als Unternehmen oder Gesellschaft erfolgreich sind, hängt von unserer inneren Kraft ab: Dem Mut, in jeder Situation selbstbestimmt zu denken und zu handeln, Geschwindigkeit aufzunehmen und auf dem eigenen Weg Widerstand aus- und durchzuhalten.